果树嫁接百问百答

王天元　编

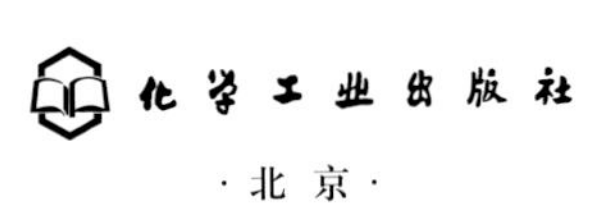

·北京·

图书在版编目（CIP）数据

果树嫁接百问百答 / 王天元编. —北京：化学工业出版社，2022.2
ISBN 978-7-122-40341-4

Ⅰ. ①果… Ⅱ. ①王… Ⅲ. ①果树-嫁接-问题解答 Ⅳ. ①S660.4-44

中国版本图书馆CIP数据核字（2021）第240433号

责任编辑：邵桂林
文字编辑：李娇娇 陈小滔
责任校对：田睿涵
装帧设计：关 飞

出版发行：化学工业出版社
（北京市东城区青年湖南街13号 邮政编码100011）
印 装：北京缤索印刷有限公司
850mm×1168mm 1/32 印张11 字数306千字
2022年4月北京第1版第1次印刷

购书咨询：010-64518888 售后服务：010-64518899
网 址：http：//www.cip.com.cn
凡购买本书，如有缺损质量问题，本社销售中心负责调换。

定 价：69.80元

前言

果树通过种子实生繁殖不能保持亲本的优良经济性状。扦插、压条等无性繁殖虽然能保持母本的性状，但多数果树不易成活，不能满足果树生产的需求，因此，大多数果树主要应用嫁接育苗。此外，在果树高接改劣换优、品种更新改造、病树桥接挽救、果树育种等工作中，也广泛采用嫁接技术。

为了适应果树生产的需求，笔者结合各地嫁接实践经验，编写了这本书。本书主要介绍了北方常见果树嫁接育苗、大树改劣换优等技术方法。书中设计了“提示”和“注意”等小栏目，以引起读者的注意；同时注重内容的科学性和实用性，力求贴近农业生产、贴近农村生活、贴近果农需要。本书适合广大果树种植户、果树技术人员及相关的农林院校师生学习、阅读、参考。希望读者通过阅读本书，提高果树嫁接技术水平，为农村致富、农业增产、农民增收贡献一份力量。

本书的编写得到了有关专家和社会上相关人士的大力支持与帮助，在此对相关单位和个人表示衷心的感谢！

尽管笔者主观上力图将理论与实践、经验与创新、当前与长远充分结合起来写好此书，但由于水平有限，加之编写时间仓促，疏漏之处在所难免，敬请广大读者批评指正，希望提出宝贵意见，以便修改和完善。

王天元

2022.4

目录

第一章

果树嫁接基本知识

果树苗木是发展果树生产的基础。苗圃是果树的摇篮，果树栽培从育苗开始，果树苗木质量的好坏，直接影响到建园的效果和果园的经济效益。因此，培育品种纯正、砧木适宜、生长健壮、根系发达、无检疫对象、符合规格标准要求的优质果树苗木，既是果树育苗的基本任务，也是果树早果、丰产、优质和高效栽培的基本条件。

果树繁殖方法大体可分为实生繁殖（有性繁殖，实生苗）、无性繁殖（嫁接、自根繁殖）和微体繁殖等。果树在遗传性状上高度杂合，通过有性繁殖（种子繁殖）无法保持亲本的优良经济性状。因此，在果树生产中，主要采用无性繁殖（营养繁殖），即利用母株的营养器官繁殖新个体。通过营养繁殖不仅可以保持母株的品种特性，而且由于新个体来源于性成熟植株的营养器官，所以，只要完成一定的营养生长，即可以成花结果。自根繁殖分为扦插、压条、分株等。利用嫁接繁殖的果树，是由优良砧木和接穗构成的砧穗共同体，综合了接穗、砧木双方的优良性状，使果树早果、高产、优质，并增强了其对环境的适应能力。

第一节　果树嫁接及成活原理

一、什么是嫁接？

嫁接经常用于果树、花卉和蔬菜上。

嫁接是以增殖为主要目的的一种营养繁殖技术，是指人们有目的地将优良品种植株上的枝或芽等器官或组织，接到（移植到）其他植株的枝、干或根等的适当部位上，接口愈合生长，接合在一起，形成一个新的独立生长正常的新植株的繁殖方法。

> **提示**：嫁接是果树生产中应用最广泛的苗木繁殖的方法。

用来嫁接的枝段或芽，称为接穗或接芽，俗称“树码子”；承受接穗或接芽的植株部分（根段或枝段）称为砧木，俗称“树母子”。用枝条作接穗的称为“枝接”，用芽作接穗的称为“芽接”（图1-1）。由砧木和接穗两部分构成的共生体，称为砧穗。嫁接符号用“+”表示，即“砧木+接穗”，如山桃+桃，山荆子+苹果；也可用“/”来表示，但它的意义与“+”表示的相反，一般接穗放在“/”之前，即“接穗/砧木”，如桃/山桃，苹果/山荆子。

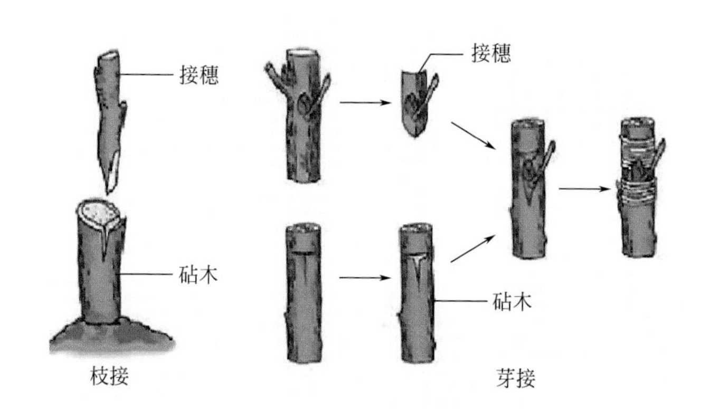

图1-1　嫁接砧穗组合

通过嫁接愈合，而形成的独立植株，培育出的苗木，称为嫁接苗。嫁接苗与其他营养繁殖苗所不同的是借助于另一植株的根，因此，嫁接苗为“它根苗”。在嫁接共生体中，砧木构成地下部分，接穗构成其地上部分。

一般的嫁接植株，仅由砧木和接穗组成，有时为了生产上的特殊要求，在砧木、接穗间的部分再嫁接一段枝条，由三部分构成共生体的情况，称为二重嫁接。中间的一段称为“中间砧”；在两个砧木中，中间起矮化作用的，叫矮化中间砧；在最下面的作基础的砧木，称为基砧或底砧，有时也叫根砧。

二、嫁接繁殖的意义及作用有哪些?

嫁接繁殖技术除在生理学、遗传学、病理学等研究方面具有广泛的应用外，在果树和林木生产上，一直也是重要的无性繁殖技术。嫁接繁殖除具有一般营养繁殖的优点外，还具有其他营养繁殖所无法起到的作用。果树实生繁殖，往往产生变异，不能保持母本的优良性状，而且株间形态差异很大；扦插、压条繁殖，虽然能保持母本的性状，但多数果树不易成活，不能满足果树生产的要求。因此，大多数果树主要应用嫁接育苗。历史上过去长期沿用实生繁殖的果树，如板栗、核桃等树种，近年来，也都逐渐改用嫁接繁殖。嫁接繁殖具有重要的意义及作用。

1. 嫁接苗能保持接穗品种的优良性状

嫁接繁殖属于无性繁殖的方法，所用的接穗或接芽，均来自具有优良品质的母株，均已进入了成熟阶段，遗传性状稳定，能保持接穗品种优良的性状，有利于新品种的快速推广应用。异花授粉植物种子繁殖后代，一般不能保持母本原有的特性。因为种子具有父本和母本的双重遗传基因，其后代会发生性状分离。为了保持母本品种的优良特性，用优良品种上的芽或枝，嫁接在有亲和力的砧木上，由接穗长成地上部的植株，可以保持母本的优良性状，并且生长结果整齐一致，形成具有较高经济价值的无性系品种，在果树生产上，已经被广泛应用。长期以来，大部分果树一直都用嫁接的方法进行繁殖，虽然嫁接后，会不同程度地受到砧木的影响，但基本上能保持母本的优良性状，培育大量性状一致的优种苗木，满足果树栽培对苗木的需求。

2. 可充分利用砧木的优良特性，扩大栽植地区

嫁接的目的是为了利用实生砧木根系主根发达、分布深广，适应性和抗逆性较强等良好特性。嫁接所用的砧木，大多采用野生种、半

野生种和当地土生土长的种类，这类砧木的适应性很强，能在自然条件很差的情况下正常生长发育。一旦被用作砧木，嫁接品种能够适应不良的环境条件。砧木对接穗具有良好的生理影响，利用砧木的抗性、矮化效应、适应性等，提高果树的抗性，如抗旱、抗寒、耐涝、耐盐碱、抗病虫等特性，增强栽培品种的适应性和抗逆性，扩大栽培范围或降低生产成本。

例如：酸枣耐干旱、耐贫瘠，用它作砧木嫁接枣，增强了枣适应贫瘠山地的能力；枫杨耐水湿，嫁接核桃，就扩大了核桃在水湿地上的栽培范围；君迁子上嫁接柿树，可提高抗寒性；苹果嫁接在山荆子和大秋果上，可提高抗寒性，嫁接在海棠上可抗棉蚜；美洲葡萄上嫁接欧洲葡萄，可减轻根瘤蚜的危害；酸梨树上高接西洋梨，可以显著减少巴梨枝干病害的发生；将柑橘无病毒的茎尖，嫁接在无菌培育出来的无病毒实生砧木上，可培养无病毒柑橘无性系；生产上，如板栗，先栽植砧木，过几年后，再高接优良品种，即所谓的“高接建园”或“砧木建园”，可很好地利用条件较差的土地，扩大果树的栽植范围。

还可以利用砧木，调节树势，改变树形，使树体乔化或矮化，以满足栽培上或消费上的不同需求。

（1）矮化　目前国内外优质高产果园，多采用矮化密植栽培技术，使果树生长矮小紧凑，便于机械化生产，有利于早期丰产和提高果品质量；能够削弱嫁接树的生长势，使树冠生长矮小，容易形成花芽，结果早。便于矮化密植的砧木，称为矮化砧木。利用矮化砧木进行嫁接，是促进果树矮化的主要手段。

（2）乔化　能够增强嫁接果树的生长势，形成高大树冠，结果较晚，但是单株结果数量多。抗性强、寿命长的砧木，称为乔化砧木。有些树木可以用嫁接的方法达到乔化的目的，使树木生长高大。

例如：碧桃嫁接在山桃上，长势旺盛，易形成高大植株；嫁接在寿星桃上，则会形成矮小植株。

苹果嫁接在实生海棠上，形成高大树冠，以此为标准，树冠大小为乔化树的1/3 ～ 1/2，为半矮化树，可以由普通型品种嫁接在半矮化砧上，或短枝型品种嫁接在乔化砧上形成。树冠大小约为乔化树1/3的为矮化树，可以由普通型品种嫁接在矮化砧上，或短枝型品种嫁接在半矮化砧木上形成。矮化砧木必须采用扦插、压条等无性繁殖方法进行繁殖，以保证矮化性状的一致性。有些矮化砧木扦插、压条等生根困难，则以中间砧的方式加以利用，也有矮化效应，但效果一般稍差于矮化自根砧。矮化中间砧用实生砧作根砧，适应性强于矮化自根砧。我国苹果主要产区，受生态条件等因素的限制，矮化砧木的应用，以中间砧的方式更为普遍。

3. 便于大量繁殖，扩大繁殖系数，实现快速育苗

多数砧木可用种子繁殖，繁殖系数大，可获得大量砧木，便于在生产上大面积推广。嫁接其实也是一种快速繁殖无性系的手段，通过嫁接，成活后，一个芽就可以发展成一株优良的植株，再通过不断嫁接，就可以发展成很多植株，这样就能够用少量的接穗，在短时间内获得大量的优质苗木，尤其是芽变的优良新品种，采用嫁接的方法，可迅速扩大品种的数量。因此，嫁接是无性繁殖中最重要的一种常规育苗方法。

嫁接还能克服不易繁殖的现象。一些品种由于培育目的，而没有种子或种子极少，不能靠种子繁殖，扦插繁殖困难或扦插后发育不良，而用嫁接繁殖则可以较好地完成繁育苗木工作。例如果树中的无核葡萄、无核柑橘、柿等。

4. 培育新品种

嫁接可以保持和繁殖营养系变异，促进杂交幼苗早结果、早期鉴定育种材料；加速繁殖，缩短育种年限。嫁接选育新品种的方法，主要有以下三种。

（1）利用“芽变”培育新品种　芽变通常是指1个芽和由1个芽产生的枝条所发生的变异，这种变异是植物芽的分生组织体细胞所发生的突变，芽变常表现出新的优良性状。如高产、品质变好、抗病虫能力增强、早熟、增色、短枝型、矮化等。人们将芽变后的枝条进行嫁接，再加以精心管理，就能培育出新品种。如苹果中的“新红星”品种是利用“红星”品种的芽变，经过嫁接选育而成的。与原品种相比，具有提前着色、色泽浓红鲜艳、高桩、五棱突起、短枝型等优点。

（2）进行嫁接育种　嫁接育种和嫁接繁殖虽然都要进行嫁接，但二者是两个不同的概念。嫁接繁殖是一个繁殖过程，它运用嫁接方法，保持接穗和砧木原有的优良性状，并增强适应能力和促进提早开花结果。因此，嫁接繁殖基本上不产生变异，不出现新的性状。嫁接育种则是一个无性杂交的过程。它也是运用嫁接方法，但要通过接穗和砧木间的相互影响，使接穗或砧木产生变异，从而产生新的优良性状。

要进行嫁接育种，就需要选定杂交组合，选择接穗和砧木。例如选择系统发育历史短、个体发育年轻、性状尚未充分发育、遗传性状尚未定型的植株作接穗；选择系统发育历史长、个体发育壮年、性状已充分发育、遗传性状已经定型的植株作砧木。嫁接后，保持砧木枝叶，减少接穗枝叶。这样，就有可能使砧木影响接穗，使接穗产生某种变异。在变异产生之后，再通过进一步培育，就有可能繁育成一个新的优良品种。

（3）进行无性接近，为有性远缘杂交创造条件　有性远缘杂交常有杂交不孕或杂种不育的情况，如果事先将两个亲本进行嫁接，使双方生理上互相接近，然后再授粉杂交，常能获得成功。例如，苹果枝条嫁接到梨的树冠上，开花后用梨的花粉授粉，获得苹果和梨的属间杂种。如果不经过嫁接，便不能受精。

在果树实生选种和有性杂交育种中，采用嫁接技术，将新选育的材料，嫁接在成龄大树上，利用砧木树体的营养供应，或矮化促花效应，可促使其提早结果，缩短育种周期。

5. 对于低产劣质果树，可进行高接改劣换优，更新改造

很多果园由于在初建的时候，品种选择和搭配不恰当，造成品种混乱或者品种过于单一，严重影响授粉和结果，影响果树的产量和品质。随着新品种的引进和选育的成功，有的果园急需更新原有的老品种。但由于果树寿命较长，如果连根砍掉实在可惜，费时又费力，大大增加建果园的成本，且新树生长及产量的形成，还需要较长的时间。进行高接换优，可以很好地解决这一问题，一般嫁接后2～3年，即可恢复到嫁接前原树冠的大小，并在短期内，就可以改变果园的现有

状况，更新品种，提高果品的产量和质量。在园林树种中，进行嫁接改造，可以变劣为优，提高观赏价值。

6. 挽救重创垂危大树

一些名贵的果树或者古树的主要枝干或者根颈部位，如果受到病虫害、恶劣天气、机械刮碰或人为损伤等，造成树体严重受损，容易引起树皮的腐烂，如果不及时进行抢救，就可能造成大树生长衰弱，甚至死亡。对于大树病疤，衰老树木，可利用强壮砧木的优势，通过桥接、寄根接等方法，使病树皮上下重新接通，沟通伤口上下养分的运输，促进生长，恢复树势，修复树冠树貌，救治病株创伤，从而挽救濒临死亡的大树。

7. 可缩短童期，使生长快、树势强、提早开花结果，有利于早期丰产

无论是什么树种，用种子繁殖，其后代结果一般都比较晚。实生播种的果树之所以结果晚，是由于种子发芽后长出新苗，必须生长发育到一定的年龄，才能进入开花结果期。而由于嫁接所用的接穗，都是从已经进入开花结果期的成龄树上采取的枝和芽，将接穗嫁接在砧木上，成活后的枝条，已经具有成年树的发育特点，枝芽早已具备了开花结果的生理基础，一旦愈合和恢复生长，很快就会开花结果，因此能够提早结果。例如用种子繁殖板栗，15年以后才能结果，平均每株产栗果1～1.5千克，而嫁接后的板栗，嫁接后第二年就能开花结果，4年后株产即可达到5千克以上，板栗树嫁接5年后，相当于实生树15～60年生的产量；苹果实生苗6～8年才能结果，嫁接苗结果仅需3～4年；柑橘实生苗需10～15年方能结果，嫁接苗4～6年即可大量结果。

8. 改善授粉条件

有些异花授粉或雌雄异株的树种，通过嫁接，改变植株的雌雄，可使雌雄异株变成同株，例如将雄株银杏改接为雌株；或在同一株树上，嫁接上授粉品种，可弥补建园的缺陷，改善授粉条件，为果树的丰产、优质提供保障。

9. 完善树体

树冠出现偏冠、中空，可通过嫁接，调整枝条的生长发展方向，

使树冠丰满、树形美观。

10. 实现一树多种

同一株植株上，可嫁接上不同的树种和品种，可使一树多种、多头、多花、多果，增加观赏效果，提高其观赏价值。

11. 补枝造型

多用于插枝补空，防止外移。园林树种中的垂枝型，也是重要的美化类型，但这些垂枝型无法增高生长，必须用嫁接法来繁殖发展。嫁接可以提高或恢复一些树木的绿化、美化效果。

12. 促进成活

有些优良葡萄品种，扦插难以生根，成活率很低，培育这类品种苗木时，先将其枝条嫁接在容易生根的品种上，再扦插繁殖，可大大提高育苗的成活率。还可以消除嫁接亲和力障碍。如榲桲是一种洋梨的矮化砧木品种，有些洋梨品种与其嫁接，通常表现亲和力差，嫁接不易成活，使梨矮化砧木的应用受到一定的限制。但以“故园”“哈代”等品种作为中间砧，嫁接在榲桲与洋梨品种之间，成活良好，使得榲桲矮化砧得到更加广泛的应用。

由于嫁接苗具有很多优点，所以，目前果树生产中，苹果、梨、山楂、桃、李、杏、柿、板栗、核桃等主要树种，多用嫁接繁殖苗木。此外在果树高接换优、品种更新、病树桥接、树势恢复、病株救治、果树育种等工作中，也广泛采用嫁接技术。

三、嫁接繁殖有哪些缺点?

嫁接繁殖也有一定的局限性和不足之处。

1. 有些嫁接组合不亲和

嫁接繁殖一般限于亲缘关系较近的种内之间嫁接，要求砧木和接穗的亲和力强，因而有些植株不能用嫁接方法进行繁殖，单子叶植物由于茎构造上的原因，一般嫁接较难成活。

2. 嫁接苗寿命较短

一般嫁接苗结果早，但与实生果树苗相比，寿命要短一些。

3. 嫁接操作环节较多，对技术要求较高

嫁接繁殖包括砧木种类选择与砧木培育、接穗选择与处理、嫁接时期和嫁接方法选择与应用、嫁接后的管理等很多技术环节，在操作技术上也比较繁杂，各个环节技术要求较高，嫁接技术水平与嫁接繁殖的成败密切相关。有的还需要先培养砧木，人力、物力上投入较大。

4. 通过嫁接可传播病毒

大多数果树病毒通常都能通过嫁接传播，随同接穗传播扩散，扩大危害，如苹果的花叶病、锈果病等，主要通过嫁接传播病毒。因此，应建立良种采穗圃，或在确认无病毒的母树上采集接穗，新育成或新引进的接穗、砧木品种，常利用高接繁殖，必须选择不带病毒的母树进行高接。一定要注意，要将种苗繁殖圃与嫁接圃分开，不能在矮化砧木的种苗繁殖圃里嫁接栽培品种，以免引起病毒的传播。

四、嫁接繁殖成活的基本原理是什么？

不同植物的嫁接愈合过程有相似之处，砧木和接穗，都有一种叫做“形成层”的组织，形成层是介于木质部与韧皮部之间再生能力很强的薄壁细胞层，是植物生长最活跃的部分，它的细胞不断分裂，向内形成木质部，向外产生韧皮部，这样砧穗便结合为统一体，形成一个新的植株（图1-2，图1-3）。

形成层是韧皮部与木质部之间的一层很薄的细胞分生组织，这层细胞组织具有很强的分生能力，也是植物生长最活跃的部分。

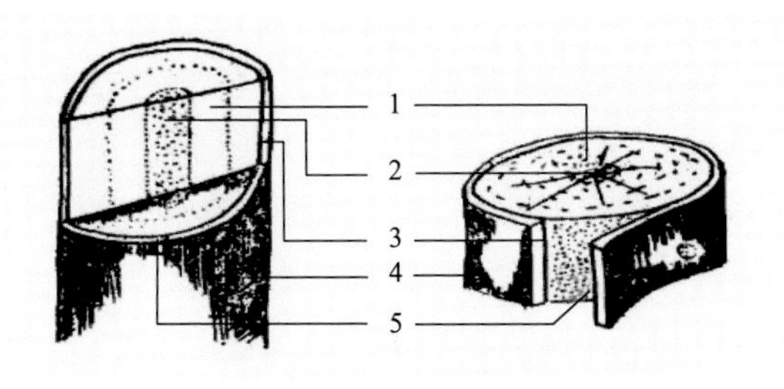

图1-2 枝的纵横断面

1—木质部；2—髓；3—韧皮部；4—表皮；5—形成层

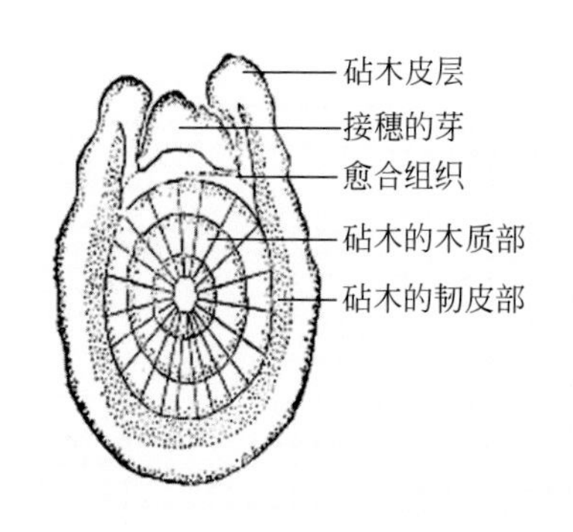

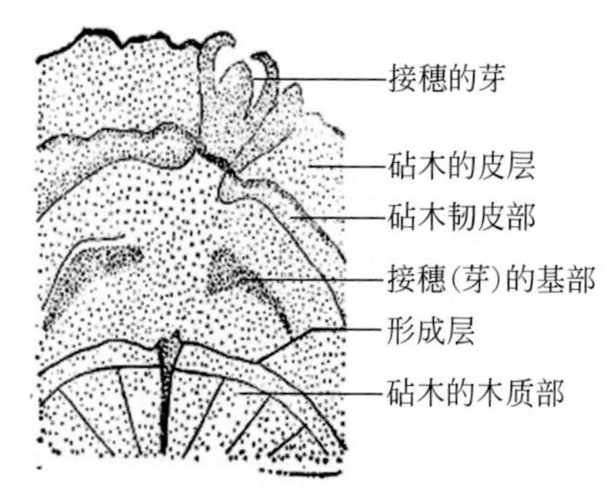

图1-3　芽接后的愈合过程

接穗和砧木嫁接后，能否成活的关键在于二者的组织是否愈合，而愈合的主要标志应该是维管组织系统的连接。嫁接能够成活，主要是依靠砧木和接穗之间的亲和力，以及结合部位伤口周围的细胞生长、分裂和形成层的再生能力。

在正常情况下，形成层薄壁细胞层不断地进行细胞分裂，向内不断分化，形成新的木质部细胞；向外不断分化，形成新的韧皮部细胞，使树木加粗生长。果树的枝干和根系每年不断加粗生长，就是形成层活动的结果。在树木受到创伤后，薄壁细胞层还具有形成愈伤组织、保护伤口的功能。所以，嫁接后，砧木和接穗结合部位各自的形成层薄壁细胞进行分裂，形成愈伤组织，逐渐填满接合部的空隙，使接穗与砧木的新生细胞紧密相接，形成共同的形成层，向外产生韧皮部，向内产生木质部，两个异质部分从此结合为一体。这样，由砧木根系从土壤中吸收水分和无机养分供给接穗，接穗的枝叶制造有机养料输送给砧木，二者结合形成了一个能够独立生长发育的新个体（图1-4）。

由此可见，在技术措施上，除了根据树种遗传特性考虑亲和力外，嫁接成活的关键是接穗和砧木二者形成层的紧密接合，其接合面愈大，愈易成活。

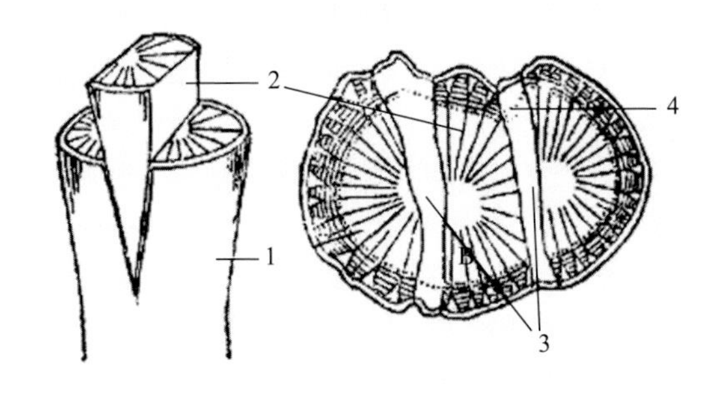

图 1-4　劈接砧穗愈合后的横切面图

1—砧木；2—接穗；3—愈伤组织层；4—新的维管组织将二者连接起来

> 提示：实践证明，要使两者的形成层紧密接合，嫁接时，必须使它们之间的接触面平滑，形成层对齐、夹紧、绑牢。

五、砧木与接穗嫁接成活的愈合过程如何?

嫁接时，砧木和接穗的形成层对准，由于形成层细胞的分生作用，产生愈伤组织，并进而分化出接合部的输导组织，将砧木和接穗原来的输导组织上下沟通，连接起来，使砧穗养分上下交流、水分畅通，成为一个新的统一的有机体。一般认为，嫁接愈合过程可能包括以下几个阶段：

① 砧木和接穗之间坏死层的形成。

② 因细胞质的活化引起的高尔基体的积累以及砧木和接穗的密接。

③ 砧木与接穗分别产生愈伤组织和坏死层的消失。砧木与接穗形成层细胞及活的薄壁细胞，向伤口外分裂和生长，形成愈伤组织。愈伤组织与薄壁细胞之间互相连接和混合。

④ 在砧木和接穗的愈伤组织中，分化出维管束，维管束将砧木和接穗连接起来。愈伤组织中，靠近砧木和接穗形成层的细胞，分化形成新的形成层细胞，并且和砧木、接穗的形成层连接起来。

⑤ 嫁接共生体的形成。新的形成层产生新的维管组织，形成新的

韧皮部和新的木质部，并产生新的导管和筛管，使双方运输系统相连通。砧木可以供给接穗水分和无机盐，使接穗获得足够营养，萌芽生长和展叶；同时，接穗的叶片能够进行光合作用，供给砧木根系所需要的有机营养，使二者形成一个新的有机的整体。

当接穗嫁接到砧木上后，砧木和接穗伤口的表面，由于死细胞的残留物形成一层褐色的薄膜，覆盖着伤口；随后在愈伤激素的刺激下，伤口周围细胞及形成层细胞旺盛分裂，并使褐色的薄膜破裂，形成愈伤组织；愈伤组织不断增加，接穗和砧木间的空隙被填满后，砧木和接穗的愈伤组织的薄壁细胞便互相连接，将两者的形成层连接起来；愈伤组织不断分化，向内形成新的木质部，向外形成新的韧皮部，这样砧穗就结合为统一体，形成一个新的植株。

六、愈伤组织是怎样形成的?

愈伤组织原指植物体的局部受到创伤刺激后，在伤口周围表面细胞分化的覆盖创面，能够愈合伤口的特殊保护组织。其性质和作用类似于人体受伤后的结痂。它由柔嫩的薄壁细胞群组成，可起源于植物体任何器官内各种组织的活细胞，通常是生长疏松、表面不平滑、没有分化的白色细胞团。它对伤口起保护和愈合作用，因此也称为愈合组织。

1. 愈伤组织的形成

在果树生长季节进行嫁接，接穗和砧木的形成层细胞仍然在不断地进行分裂，而且在伤口处能够产生愈伤激素，刺激形成层及附近的薄壁细胞加速分裂，生长出愈伤组织。

另外，愈伤激素能刺激生长素的转移，特别是在黑暗的情况下，使伤口生长素的浓度增加，促进细胞分裂，形成更多的愈伤组织。

在植物体的创伤部分，愈伤组织可帮助伤口愈合；在嫁接中，可促使砧木与接穗愈合，并由新生的维管组织使砧木和接穗相互沟通；在扦插中，从伤口愈伤组织可分化出不定根或不定芽，进而形成完整的植株；在植物器官、组织、细胞离体培养，条件适宜时，也可以长出愈伤组织。其发生过程是：外植体中的活细胞经诱导，恢复其潜在的全能性，转变为分生细胞，继而其衍生的细胞分化为薄壁组织而形成愈伤组织。从植物器官、组织、细胞离体培养所产生的愈伤组织，在一定条件下，可进一步诱导器官再生或形成胚状体，从而形成植株；在单倍体育种中，也可由花粉产生的愈伤组织或胚状体分化成单倍体植株，甚至可由原生质体培养诱导植株或器官再生。因此，愈伤组织的概念已不局限于植物体创伤部分的新生组织了（图1-5，图1-6）。

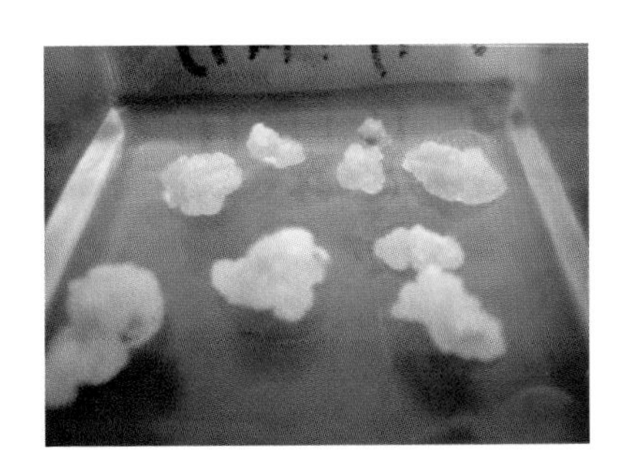

图1-5　愈伤组织

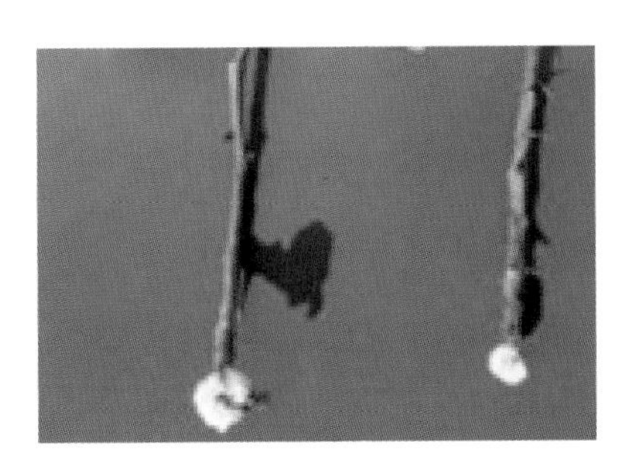

图1-6　两周后形成的愈伤组织

2. 愈伤组织的特性

愈伤组织主要来源于形成层，其形态结构特点为：一是薄壁细胞，二是无固定形态，三是没有分化。

愈伤组织是由伤口表面细胞分裂而形成的一团没有分化的细胞，细胞排列疏松而无规则，是一种高度液泡化的呈无定形状态的薄壁细胞。

此外，韧皮部薄壁细胞、髓射线薄壁细胞、木质部靠近形成层处的一些活细胞，也都可以产生愈伤组织，但数量较少。

3. 愈伤组织的愈合作用

嫁接时，砧木和接穗上都要造成一定的伤口，伤口表面部分细胞死亡，这些死细胞的残留物，形成一层褐色隔膜，封闭和保护伤口（图1-7）。

图1-7　表面变褐，隔膜封闭和保护伤口

通过观察嫁接伤口的变化，可以看到，开始2～3天，由于切削表面的细胞被破坏或死亡，形成一层薄薄的浅褐色隔膜，有些鞣质含量高的植物，褐色隔膜更为明显；嫁接后4～5天，褐色层才逐渐消失；此后，在愈伤激素的作用下，砧穗双方伤口周围细胞和形成层细胞开始分裂，形成愈伤组织，并使隔膜破裂；7天后，就能产生少量的愈伤组织；10天后，接穗愈伤组织可达到最高数量。但是，如果此时砧木没有产生愈伤组织相接应，那么，接穗所产生的愈伤组织，就会因养分消耗尽，而逐步萎缩死亡。

砧木愈伤组织在嫁接10天后，生长加快。由于根系或叶片能不断地供应养分，因此，砧木的愈伤组织的数量，要比接穗多很多。这时，愈伤组织可将接穗与砧木双方间的空隙填满，从而将砧穗的形成层连接起来。此后，连接起来的形成层逐渐分化，向内分化新的木质部，向外分化新的韧皮部，砧穗双方木质部导管和韧皮部筛管各自连通。愈伤组织外部细胞分化成新的周皮，与砧穗周皮相连，达到全面愈合。

愈伤组织产生的速度及连接的快慢，受多种因素的影响。砧木和接穗本身的特性和质量，是主要的内在因素，外在影响因素有隔膜的厚薄、砧穗削面的平滑程度、绑缚的松紧、温度和湿度等。

七、愈伤组织形成需具备哪些条件?

1. 内部条件

愈伤组织形成的内部条件是：砧木和接穗的生命力要旺盛，生长势要强，生长要充实，枝条内积累营养要充足。这样，砧木和接穗的细胞组织分裂就快，形成的愈伤组织就多，嫁接就更容易成活。

相反，如果接穗在长途运输中，失水过多或抽干；接穗在高温下贮藏，枝条上的芽已经膨大或萌发，或者树皮已经发生褐变，养分已经被消耗；接穗过于细弱，或受病虫为害，生命力差；等，造成接穗形成的愈伤组织很少，或不能形成愈伤组织，其嫁接成活率就低，甚至嫁接不能成活。

2. 外部条件

（1）温度　通过不同温度的生物培养箱培养，可以探究愈伤组织的形成与温度的关系。一般温度在10℃以下时，愈伤组织基本不生长；在15～20℃时，愈伤组织能够生长，但比较缓慢；在20～30℃时，愈伤组织生长最快；30～40℃时，愈伤组织生长受阻；40℃以上时，愈伤组织停止生长。

愈伤组织生长的最适宜温度，因树种不同而有所差异。

杏树约20℃；樱桃、桃和李树约23℃；梨、苹果、山楂、石榴约25℃；板栗、核桃树约27℃；柿子、枣树约30℃。

落叶果树春季芽萌发早的，其愈伤组织生长所需要的温度稍低一些；芽萌发晚的，其愈伤组织所需要的温度稍高一些。

（2）湿度　湿度是形成愈伤组织的关键。保持伤口湿度，是嫁接成活的重要技术之一。只有在接口处保持空气湿润，相对湿度接近饱和的情况下，才有利于愈伤组织的生长和进一步分化，有利于愈伤组织的快速形成。

常用包树叶、涂蜡、培土、缠塑料条、套塑料袋等方法对嫁接口进行保湿（图1-8）。

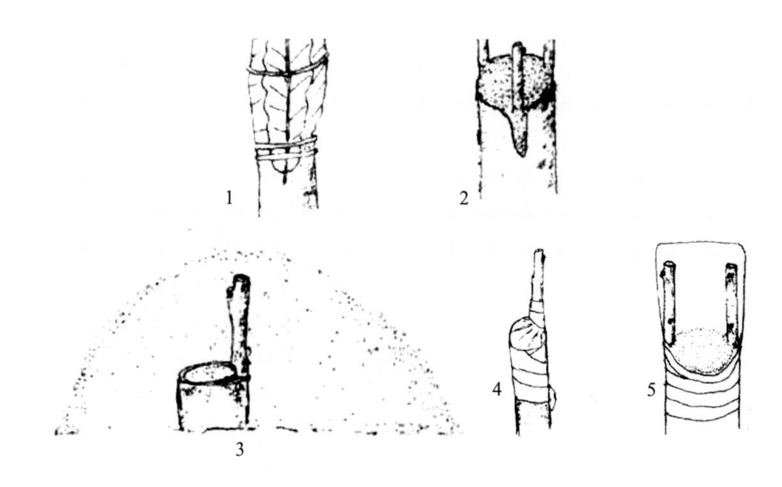

图1-8　保持接口湿度的方法

1—包树叶；2—涂蜡；3—培土；4—缠塑料条；5—套塑料袋

（3）空气　空气是植物组织细胞生长生活必不可少的重要条件之一。

有些树种如核桃和葡萄，春季嫁接时，伤口有伤流液，影响通气。实际操作中，可通过砧木放水，来避免伤流液浸泡接穗接触面。

（4）光照　光照也是影响愈伤组织生长的因素之一，但不是必要条件。光线对愈伤组织生长有抑制作用。

据观察，愈伤组织在黑暗中生长，比在光照条件下生长，速度要快3倍以上。而且在黑暗中，生长的愈伤组织白而嫩，愈合能力强。在光照下生长的愈伤组织，易老化；有时，还产生绿色组织，愈合能力没有前者好。

八、什么是嫁接亲和力？亲和性类型有哪些？

1. 嫁接亲和力

一般认为，嫁接以后，砧木与接穗完全愈合，而成为共生体，并能够长期正常生长和结果的砧穗组合，是亲和的组合，否则为不亲和的组合。

这种砧木和接穗经嫁接后，能否愈合成活和正常生长开花结果的能力，称为嫁接亲和性，也叫嫁接亲和力。具体地说，就是砧木和接穗在形态、内部组织结构、生理和遗传特性等方面，彼此相同、相似或相近，因而通过嫁接能够互相亲和、成活以及成活后生理上相互适应，而正常结合生长在一起，形成新植株的能力。

> **提示**：亲缘关系越近，亲和力越强，嫁接越易成活。

嫁接亲和力的大小，表现在形态、结构上，是彼此间形成层和薄壁细胞的体积、结构等相似度的大小；表现在生理和遗传性上，是形成层或其他组织细胞生长速率、彼此间代谢作用等所需的原料和产物的相似度的大小。

嫁接亲和力是嫁接成活最基本的条件。嫁接亲和力越强，愈合性越好，成活率越高，生长发育越正常。例如苹果和海棠、山荆子，梨和杜梨，枣和酸枣，柿和黑枣，葡萄和山葡萄等组合，亲和力都很强。

嫁接亲和与否，受砧木、接穗双方的亲缘关系、遗传特性、生理机能、生化反应及内部组织结构等的相似性和相互适应能力等因素的影响，也与气候条件和病毒侵染有关。亲缘关系和生长习性是影响嫁接亲和力的两个主要因素。

> **提示**：嫁接亲和力的大小直接影响嫁接成活，嫁接体的长势、抗性和寿命，以及产量和品质等。

2. 嫁接亲和性类型

砧木和接穗不亲和或亲和力低的现象表现形式很多，根据砧穗组合的外部特征，强弱表现，可将嫁接亲和性分为以下几种类型：

（1）强亲和　亲和力强的砧穗组合，嫁接后，接口愈合良好、比较平整，寿命长，能够进行正常的生长、开花和结果。

（2）半亲和　也叫亲和不良。砧穗嫁接能够成活，并且能正常地生长和结果，但常常出现结合部部分坏死；生长势较差，树冠矮小；

接口不平滑整齐，接口愈合不好，有明显的瘤状物；结合不牢固，遇到外力较强时，易从接口处折断，断面非常整齐等异常现象。有时嫁接亲和力差，常表现为嫁接树近地面处，产生大量萌蘖，且很难除尽。

如果砧木和接穗的细胞结构、生长发育速度不同，或砧穗接口上下的加粗生长不一致，生长不协调，出现明显的“大脚”（砧木粗于接穗）、“小脚”（砧木细于接穗）或“环缢”（中间细，两边粗）等现象（图1-9）。这些现象不一定反映亲和力的好坏，例如：以山荆子为砧木嫁接苹果，会出现小脚现象，但结合牢固，生长正常，而且生长状况也很好。在生产实际中，山荆子是我国北方苹果产区常用的优良砧木。因此，不能仅仅从结合部的状态，来评价嫁接亲和力，还要观察嫁接树的生长和结果的表现。

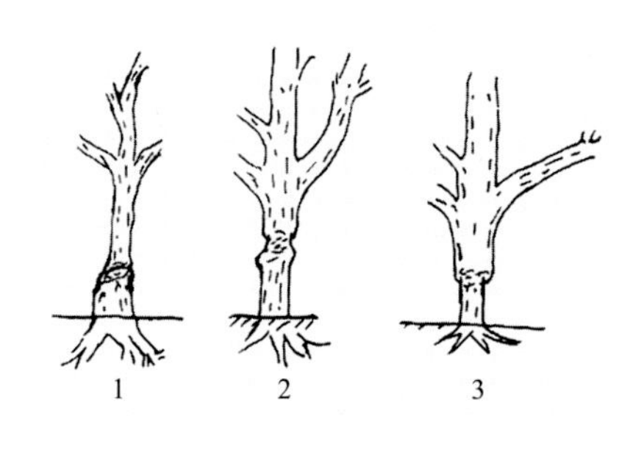

图1-9　嫁接亲和不良的表现症状

1—大脚；2—环缢；3—小脚

有些砧穗组合，嫁接亲和力表现不良，但嫁接树的某些生长特性对果树栽培有利，在生产实际中，仍然被广泛应用。例如：苹果嫁接在矮化砧MM9上，形成矮化树，表现为树冠矮小，结果早，但嫁接结合部不牢固，固地性差。一般要采用立支柱或搭架栽培的方法来克服。

（3）后期不亲和　有些嫁接砧穗组合，嫁接后，当时可以成活，前期生长良好，但后期出现严重不亲和现象，树势表现极度衰弱，以致死亡，称为后期不亲和。其表现也是多种多样：有的当时成活率就很低；有的当时成活率很好，但后期生长衰弱，或逐渐死亡；还有的在几年之后，才表现出来。

虽然接口能够愈合生长，能正常生长结果，但经过一段时期的生长和结果，接穗和砧木的新陈代谢不统一，或疏导组织不畅通，经过几年至几十年后，接穗逐渐生长不良，出现树体衰弱、枝叶黄化，叶片小而簇生，接口整齐断裂，树体逐渐死亡的现象。有的早期形成大量花芽，但果实发育不正常，肉质变劣，果实畸形。

在同科不同属，或同属不同种的亲缘关系较远的植物间嫁接时，后期不亲和现象发生较多。不同的品种间、不同的砧穗组合都有不同的亲和力表现，在繁育果苗时，要特别注意。例如桃嫁接到毛樱桃砧上，进入结果期后不久，即出现叶片黄化、焦梢，枝干甚至整株衰老枯死现象；将早生黄金梨嫁接在杜梨上，成活率还不到70%；桃嫁接在山杏砧木上，其接口处外表愈合良好，但接口内有空腔，导管未能相互通畅，导致接口处膨大，苗木在接口处易折断，实际上，这是一种假愈合的现象。

（4）不亲和　指嫁接后因砧穗组合不适当等原因，表现出嫁接不能成活，或成活后生长发育不正常及出现生理病态等的现象。砧木和接穗的亲缘关系太远，可能出现以下状况：嫁接后不能愈合，不成活，接口、接穗迅速或逐渐干枯；或愈合能力差，成活率低；有的虽能愈合，暂时不干枯，但接穗芽不萌发，或发芽后生长势很弱，并逐渐黄化，枝叶簇生，提早落叶，死亡；或愈合的牢固性很差，萌发后生长后期极易断裂；过早大量形成花芽，结果畸形及患生理病害；输导系统连接不良等。

一般在植物分类上不同科之间的植物，其染色体数目不同，遗传基因有明显差异，嫁接都不能成活。其原因有：砧穗遗传上不亲和；砧穗养分、水分输导不协调；对营养物质的需求和吸收有差异；砧穗双方在生理上不相适应；代谢过程中产生酚类、树脂、鞣质等有毒物质，阻碍了亲和性的出现；受到病毒感染等。

在不亲和的砧穗组合中，又存在移动型不亲和和定域的不亲和。

① 移动型不亲和　也叫可传递的不亲和，即不亲和的砧木和接穗加入一个与砧穗都亲和的中间砧后，仍然表现不亲和；但反过来调换砧穗组合位置，则有可能表现亲和。如甜橙嫁接在酸橙上表现不亲和；但酸橙嫁接在甜橙上，则表现亲和。

② 定域的不亲和　不因砧穗组合的调换而表现亲和，即砧木和接穗互相置换，也都不亲和；但中间嫁接一段与砧穗都亲和的中间砧后，则表现亲和。如巴梨/榅桲或榅桲/巴梨组合，表现为不亲和；巴梨/故园梨（冬季瑞梨）/榅桲组合，则表现为亲和。

实际上亲和与不亲和之间并没有明显的界限。例如苹果的矮化砧木多数嫁接苹果品种后，存在着“大脚”和“小脚”现象，应该是一种不亲和的表现，但是仍能正常生长结果。因此，在生产中被认为是亲和的组合。此外，一些早期被认为是不亲和的组合，随着嫁接技术和工具的改进，而表现亲和现象，说明其本质上是亲和的；有些组合早期表现亲和，而后期则表现不亲和现象，说明其本质上是不亲和的。这种后期的不亲和，往往给生产带来很大的损失。因此研究嫁接不亲和机理及克服不亲和的技术，进行亲和性的早期预测，具有重要的意义。

3. 嫁接不亲和的原因

嫁接不亲和的原因，也是砧穗间相互影响的机理，主要有以下几个方面：

① 砧木和接穗间的亲缘关系。植物在发展进化过程中，形成了不同远近的亲缘关系。近缘植物在形状上是比较相似的，而远缘植物差别很大。例如苹果和山荆子、海棠是近缘，橙类和橘类是近缘；而苹果和橙类就是远缘。人们根据植物亲缘关系的远近，将植物分成不同的科、属、种等，不同科、属之间的植物在生物、生理生化等方面有不同的差异。

在植物分类上，砧穗间亲缘关系较近的近缘植物，接穗和砧木嫁接时，彼此供应的营养成分适合双方的需求，嫁接亲和性较强，嫁接容易成活；反之，远缘植物的接穗和砧木差别很大，嫁接一般难以成活。所以，在嫁接时，接穗和砧木的配置要选择近缘植物。一般种内嫁接易成活，属间较难。相同种、品种亲和性最强，如板栗嫁接板栗、核桃嫁接核桃；同属异种的组合次之，有很好的嫁接亲和力的常见的有苹果嫁接在山荆子、海棠果、花红等砧木上，梨嫁接在杜梨上，柿嫁接在黑枣上等；而同科异属间，除特殊组合外，亲和力一般较小，多数嫁接表现不亲和，能够嫁接成活的有洋梨接于温桲，核桃接于枫杨上等。栽培中，除采用共砧（栽培品种的实生苗作砧木）外，一般以同属异种的嫁接组合较多。

② 砧木和接穗双方组织结构的差异。砧木和接穗的形成层、输导组织、薄壁细胞等组织结构相似程度越大，越能促进双方组织连接，

亲和力越强。

③ 生理机能和生化反应的差异。主要表现在营养物质制造、新陈代谢、酶活性、激素等方面的差异。

④ 生长特性的差异。

⑤ 有害物质及病毒的影响。

⑥ 砧穗间特异蛋白质识别机制的差异。

⑦ 嫁接组织的年龄。也影响愈合和成活，如茎尖微嫁接。

4. 克服不亲和的途径

克服不亲和的途径主要是利用中间砧。此外采用桥接、靠接等，作为后期不亲和的补救措施。

九、影响嫁接成活的因素有哪些?

嫁接是园艺栽培上常用的技术。嫁接能否成活，受诸多因素的制约，既有内因，又有外因。内因是嫁接成功的前提和动力，外因是嫁接成功的条件，各因素间是相互影响的对立统一的整体。影响果树苗木嫁接成活的主要内因包括砧木和接穗的亲和力、砧木和接穗的质量，以及树种的生物学特性（伤流、鞣质等物质的影响）等。外因包括温度、湿度、空气、水分、光照等外界条件的影响。要想提高果树嫁接的成活率，必须注意以下几个关键因素（图1-10）。

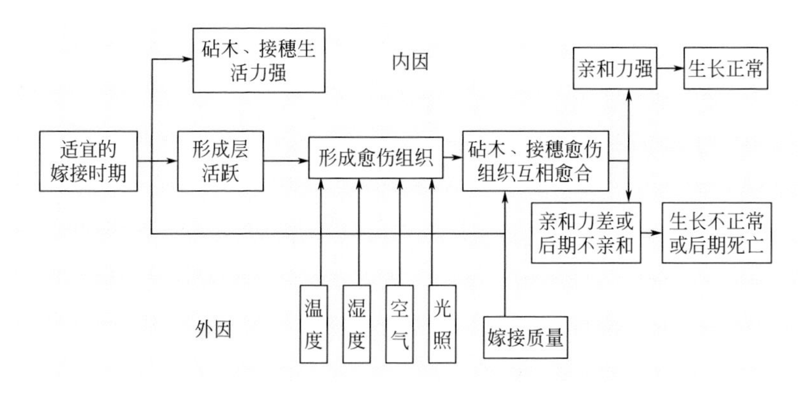

图1-10　影响嫁接成活因素及相互间的关系

（1）砧木和接穗的亲和力　砧木和接穗的亲和力是决定嫁接成活的主要因素和最基本条件。不论用哪种植物，也不论用哪种嫁接法，砧木和接穗之间，都必须具备一定的亲和力。

亲和力强，嫁接成活率高；反之，则成活率低。亲和力的强弱，取决于砧、穗之间亲缘关系的远近。一般亲缘关系越近，亲和力越强。同种或同品种间的嫁接亲和力最强，最容易成活，例如板栗接板栗、秋子梨接南果梨等；同属异种间的亲和力较不同科不同属的强，有的也因果树种类而异，例如苹果接于花红，梨接于杜梨、秋子梨，柿接于君迁子，核桃接于核桃楸等，亲和力都很好；同科异属间的亲和力一般比较小，但柑橘类果树不但同属异种间的亲和力强，而且同科异属间的亲和力也较强，因此，以枳为砧、以芦柑为接穗，其嫁接成活率仍然很高；不同科之间嫁接，就会比较困难。

此外，砧穗组织结构、代谢状况及生理生化特性与嫁接亲和力大小有很大的关系。如中国板栗嫁接在日本栗上，由于后者吸收无机盐较多，因而产生不亲和，而中国板栗嫁接在中国板栗上，则亲和良好。

（2）亲缘关系　同种异品种之间，同属异种之间嫁接亲和力较强；同科异属的嫁接亲和力较弱；不同科之间嫁接很难成活。

（3）砧木和接穗的质量　愈伤组织的形成与植物种类和砧、穗的生活力有关。由于形成愈伤组织需要一定的养分。因此，嫁接成活率与砧木和接穗的营养状况有关，一般来说，砧木生长旺盛，接穗粗壮，营养器官发育充实，接芽饱满，砧穗光合产物（特别是碳水化合物）积累多，贮藏的营养物质多，营养水平高，含水量充足，生活力强，形成层细胞分裂最活跃，嫁接成活率高；而砧木管理水平差，肥水不足，病虫害严重，或接穗纤弱，则嫁接成活率低，即使成活，苗木也会生长不良。

① 砧木　要选择生长健壮、发育良好的植株。早春嫁接，应在砧木根系进入开始活动状态后进行，因为愈伤组织愈合和接穗芽萌动生长，都要靠根系吸收养分。砧木本身要健壮、无病，直径一般在1～2厘米以上，枝龄以2～5年生为宜。

② 接穗　最好使用健壮母株的树冠外围阳面、生长良好、节间

短、组织充实健壮、芽体饱满、内部养分含量高的1年生枝条作接穗。用2～3年生枝条作接穗，嫁接成活率较低。越是充实的幼嫩组织，愈伤组织的形成能力越强，越有利于愈合。另外，由于接穗（枝梢）存在异质性，同一条接穗，不同枝段的芽的饱满程度和营养积累情况也不一样，一般接穗中部的芽体较饱满充实，嫁接成活率高。嫁接时，应剪除顶端不充实和基部分化不良的芽，只利用中间部分充实而饱满的芽。

接穗的新鲜度也影响成活率。接穗愈新鲜，嫁接成活率愈高。早春休眠期嫁接，要利用贮藏的枝条作接穗，这种休眠状态的枝条，有利于嫁接成活。枝接接穗采集后，要贮存好，做好保湿措施，防止接穗失水，确保接穗新鲜，维持其旺盛的生命力。通常大多数果树，接穗失水越多，愈伤组织形成越少，嫁接成活率也越低。一般采集至嫁接时间，在50天以内为宜，最多不要超过80天。如果已经打破了休眠，接芽呈萌动状态，嫁接后仅靠自身的养分水分供应生长，愈伤组织不能充分愈合，嫁接后不易成活。芽接接穗应随采随接，一般保存时间最长不要超过3天。

在生长季节内嫩枝嫁接，接穗选用营养充足且达到一定成熟度的枝条为好。嫩枝嫁接最好在新梢旺盛生长停止后进行，北方地区以5—6月以后嫁接最为适宜。春季萌芽后至新梢旺盛生长时嫁接，成活率低。

春季嫁接，砧木木质化，接穗木质化，成活率高。夏季嫁接，砧木半木质化，接穗木质化，成活率最高；砧木半木质化，接穗半木质化，成活率也高；而砧木木质化，接穗木质化，成活率就较低；若砧木木质化，接穗半木质化，成活率更低。如果砧木萌动比接穗稍早，可及时供应接穗所需的养分和水分，嫁接易成活；如果接穗萌动比砧木早，则可能因得不到砧木供应的水分和养分，呈“饥饿”状态，嫁接后无营养补给而死亡；如果接穗萌动太晚，砧木溢出的液体太多，又可能“淹死”接穗。

（4）伤流、树胶、鞣质等物质的影响　有些树种的特殊生物学特性，如柿树、核桃富含鞣质，切面易形成鞣质氧化隔离层，阻碍愈合，处理不当也会影响愈合。

① 伤流　有些根压大的果树，春季根系开始活动后，地上部有伤口的地方，容易产生伤流，直到展叶后才能停止。例如葡萄、核桃等，根压强大，落叶起至早春展叶前，枝干若受损伤，伤口会发生伤流。如果接口处有伤流液，就会阻碍砧木和接穗双方的物质交换，抑制接口处细胞的生理活性，降低嫁接成活率。因此，应避免在伤流期嫁接，或采取控制灌水、嫁接前放水等措施减少伤流。

② 鞣质　有些树种，如柿、核桃等，树体的枝和芽内的鞣质含量都很高，在空气中易氧化，缩合成不溶于水的鞣质复合物，它与细胞内的蛋白质结合，使蛋白质沉淀，形成黑褐色的隔离层。嫁接柿、核桃时，常因鞣质类物质较多，而影响嫁接成活。嫁接时，要尽量加快操作速度，减少鞣质的氧化，保证嫁接成活。

③ 树胶　有些树种，如桃、杏嫁接时，往往因伤口流胶，抑制接口细胞的呼吸，造成其进行无氧呼吸，妨碍了愈伤组织的形成，降低了嫁接成活率。

（5）嫁接技术　果树嫁接技术是影响成活的重要因素。嫁接要操作熟练，主要技术是嫁接面的削切、形成层的结合和接口的缚绑三道工序的操作，即切削面要平滑，形成层要对准对齐，接口缚绑要紧；操作过程熟练，干净迅速。总的要求是要做到“大、平（光）、齐（准）、净、严、紧、快”。

① 大　指接穗和砧木的形成层接触面要大。果树苗木嫁接时，必须尽量扩大砧木和接穗之间形成层的接触面，接触面越大，结合就越紧密，二者的输导组织越易相互沟通，成活率就越高；反之，成活率就越低。因此，嫁接时，接穗削面要适当长些，接芽削取要适当大些，这些都有利于保证嫁接的成活。

② 平（光）　指砧木和接穗的削面要光滑平整。嫁接成活的关键因素是接穗和砧木两者形成层的紧密结合，要求接穗的削面一定要平滑，这样才能和砧木紧密贴合。接口切削的平滑程度与接穗和砧木愈合的快慢关系紧密。如果切削面不平滑或很粗糙，削面过深或过浅，嫁接后接穗和砧木之间的缝隙就大，需要填充的愈伤组织就多，隔膜形成较厚，都会影响愈伤组织的产生和形成，不易愈合。即使稍有愈

合，发芽也很晚，生长衰弱，接芽易从接合部脱裂。所以要求嫁接工具锋利，嫁接技术娴熟。

③ 齐（准） 指砧木和接穗双方的形成层要对准。果树苗木嫁接愈合主要是靠砧木和接穗双方形成层相互连接，所以两者距离越近，嫁接时二者的形成层对得越准，愈合越容易，成活率就越高。因此，在嫁接时，一定要使两者的形成层对准；否则，形成层错位，会导致愈合缓慢，愈合不牢固或无法愈合。

④ 净 指刀具，以及削面、切口、芽片等部位要保持干净，有利于嫁接伤口快速愈合。

> **注意**：嫁接工具应经常消毒，防止嫁接时，人为地通过带毒工具传播病菌及病毒到健康的植株上。

⑤ 严 指绑扎要严密，塑料条由下往上缠绕，层层叠压，环环紧扣，呈叠压状，防止雨水流入接口。

⑥ 紧 指接口绑缚要紧。果树苗木嫁接完成后，要将接口缠严绑紧。一方面可使砧木和接穗形成层紧密连接，防止由于人为碰撞等造成错位；另一方面可保湿，有利于愈伤组织的形成。

> **提示**：当前生产上，常用塑料条或塑料薄膜绑缚，效果较好。

⑦ 快 指动作要快，嫁接操作速度要快而熟练。无论采用哪种嫁接方法，削面暴露在空气中的时间越长，削面就越容易风干或氧化变色，影响分生组织的分化，其成活率也就越低。尤其是柿、核桃、板栗的枝条和芽体中，含有较多的鞣质，在空气中氧化很快，极易变黑，影响其嫁接成活率。熟练的嫁接技术和锋利的嫁接刀具，是嫁接成功的重要保证。

> **注意**：嫁接时，应先处理砧木，后削接穗。因为砧木有根系供应养分，而接穗属于无本之木。不能削好接穗后放置一段时间，再去处理砧木。

> **提示**：嫁接技术有个熟练的过程，多实践，技术熟练后，自然会掌握要领。

（6）环境条件　属于影响嫁接成活的外因，主要是温度和湿度的影响。在适宜的温度、湿度和良好的通气条件下进行嫁接，有利于愈合成活和苗木的生长发育。主要包括：

① 温度　温度与愈伤组织形成的快慢和嫁接是否成活有很大的关系，接穗愈伤组织形成量也与温度有直接关系。气温和土壤温度与砧木、接穗的分生组织活动程度密切相关，在适宜的温度下，愈伤组织形成最快且易成活，温度过高或过低，都不利于愈伤组织的形成。一般温度在约15℃时，愈伤组织生长缓慢；在15～20℃时，愈伤组织生长加快；在20～30℃时，愈伤组织生长较快；气温一般在20～25℃（热带果树在25～30℃），有利于愈伤组织的形成；一般植物约在25℃时，嫁接最适宜。因此，嫁接时的适宜温度应为20～25℃，夜间不低于15℃。嫩枝嫁接为保持嫁接口的温度，常用塑料袋包扎接口部分，中午袋内温度常常很高，但为了保持湿度，不要急于破袋。

不同物候期的果树，对温度的要求也不同。物候期早的比物候期迟的适温要低，如桃、杏在20～25℃最适宜。春季进行枝接时，各树种安排嫁接的时间早晚次序，主要以此来确定。不同树种和嫁接方式对温度的要求有差异。如梨苗嫁接后，在25℃时，愈伤组织生长最快；苹果形成愈伤组织的适温约为22℃；核桃为22～27℃；葡萄室内嫁接的最适温度是24～27℃，超过29℃，形成的愈伤组织柔嫩，栽植时易被损坏，低于21℃时，愈伤组织形成缓慢。

温度通常与嫁接时期有关，春季嫁接时间过早，温度偏低，砧木、接穗形成层刚刚开始活动，代谢微弱，愈伤组织增生较慢，嫁接后不易成活；嫁接时间过晚，由于气温升高，导致接穗上的芽萌发，也不利于嫁接成活。在5～32℃条件下，愈伤组织增生迅速，且随着温度的升高而加快；超过40℃时，愈伤组织死亡。因此，春季无叶片枝接时间一般在3月下旬—5月中上旬。春季枝接时，应将大的削面朝向阳面，以提高接口处的温度。芽接虽然春、夏、秋三季均可进行，但也应避开高温或低温时段。在春季芽接时，尽量将接穗嫁接在苗木的向阳处，以提高接口处的温度；而夏季芽接时，应尽量将接穗接在苗木的背阴处，以降低接口处的温度。

② 湿度　包括嫁接湿度、大气湿度和土壤湿度。湿度合适，嫁接后容易成活。据试验，接穗和砧木自身含水量约50%为好，如果砧木和接穗自身含水量过少，形成层就会停止活动，甚至死亡。因此，接穗在运输和贮藏期间，不要过干过湿，砧木干旱时，应提前浇灌，以保持应有的湿度。由于愈伤组织由柔嫩的薄壁细胞组成，空气湿度对愈伤组织的形成有较大的影响。在愈伤组织表面保持饱和湿度，对愈伤组织的大量形成有促进作用。嫁接时空气湿度如果过于干燥，就要人为创造条件，如提前喷水或用湿布包裹覆盖接穗。嫁接时，接口处的相对湿度要求在90%～95%，有利于愈伤组织的形成。嫁接实践中，为保持接口处的湿度，常用涂抹石蜡、塑料条包扎、塑料薄膜扎紧伤口，或用湿润泥土对嫁接面进行培土堆等方法，来提高嫁接处的湿度，达到保湿的目的。

> **提示**：如果接口包扎不紧，保持湿度不够，或过早除去绑缚物，都会影响成活率，应在接口完全愈合之后再解绑。

但嫁接口不能积水，接口一定不要浸入水中，否则造成缺氧，可使伤口周围细胞窒息，细胞进行无氧呼吸，也同样影响成活。核桃、葡萄枝接易出现伤流，这是影响嫁接成活的主要障碍。

湿度影响嫁接成活主要有两个方面：一是愈伤组织的形成本身需要一定的湿度条件；二是接穗只有在一定的湿度下，才能保持其生活力。大气干燥，会影响愈伤组织的形成和造成接穗失水干枯，土壤湿度、地下水的供给也很重要。因此，嫁接时，如果土壤干旱，要灌水增加土壤湿度，土壤保持水分充足，使砧木处于良好的水分环境中。另外，采取蘸蜡密封、缠塑料薄膜等措施，保证接穗不失水；接口应绑严实，以保持接口湿度；解绑时间不宜过早。

> 提示：嫁接时，必须使接口处于湿润的环境条件下，嫁接后接口必须密闭不能透气，以防止水分蒸发。检验方法：一般在嫁接后第2天，绑缚的薄膜内要求有水珠，如果没有水珠，说明绑缚不严，需要再重新嫁接。

③ 光照　嫁接后，愈伤组织在较暗的条件下生长速度较快。光线对愈伤组织的形成和生长有明显的抑制作用。在黑暗条件下，有利于愈伤组织的形成，接穗削面上生出的愈伤组织呈乳白色，比较柔嫩，砧木和接穗的接面易愈合；在强光下，形成的愈伤组织少而硬，呈浅绿色，不易愈合。因此，在接穗从离开母体到开始嫁接的这段时间里，要保持接穗的无光保存；同时，在嫁接包扎时，也须注意嫁接口的无光条件。强光会使接穗水分蒸发快，嫁接部位覆盖材料温度上升也快，接穗容易失水凋萎，一般嫁接后在遮光条件下，成活率较高。低接用土埋，既保湿又遮光。

> 提示：在夏季嫁接时，尽量将接穗接在苗木的背阴处，避免强光直接照射。

在嫩枝嫁接时，应避开光照少的天气时段，如阴雨天、雾天等，因为嫁接完成后，需要较强的光照。接穗愈伤组织的形成，最初时，靠接穗的贮藏养分，以后渐渐靠自身的同化物质供应。常绿树嫁接和嫩枝嫁接，接穗上带有叶片有利于成活。因接穗上带有叶片，能在光照条件下进行光合作用，生产同化物质，可以促进接穗萌发。

④ 氧气　通气对愈合成活也有一定的影响。愈伤组织的形成，需要充足的氧气，给予一定的通气条件，可以满足砧木与接穗接合部形成层细胞呼吸作用所需的氧气。尤其对某些需氧较多的树种，如葡萄，在硬枝嫁接时，嫁接口宜稀疏地加以绑缚，不需涂蜡。

⑤ 水分　嫁接后下雨，对成活很不利。原因是接口很容易被雨水浸入，妨碍愈伤组织的形成，常会造成愈伤组织滋生霉菌，或因长期阴雨天气不见阳光，而影响嫁接成活。

⑥ 大风　嫁接时遇到大风，易使砧木和接穗创伤面水分过度散失，影响愈合，降低成活率。当新梢长到约30厘米时，要贴近砧木，设立1～1.5米高的支柱，将新梢绑在支柱上，防止大风吹折新梢，否则前功尽弃。

（7）嫁接时期　嫁接成败与气温、土温及砧木与接穗的活跃状态有密切关系。要根据树种特性、方法要求，选择适期进行嫁接。

> **提示**：砧木和接穗两者形成层处于活跃状态时，嫁接易成活；低温、雨季和大风天气嫁接，不易成活。

（8）嫁接极性　果树的砧木和接穗由于在嫁接时接合的方向或切削方法等不同，而使其本身形成愈伤组织特性有所差异的现象，称为果树嫁接的极性。

① 垂直极性　砧木和接穗都有形态上的顶端和基端，愈伤组织最初都发生在基端部分，这种特性叫垂直极性。在嫁接时，接穗和接芽的形态学基端，应该嫁接在砧木的形态学顶端部分；而在根接时，接穗的基端要插入根砧的基端。这种正确的极性关系对保障砧木和接穗的愈合嫁接成活及以后的正常生长是非常重要的。在一般的情况下，接穗倒接，不易成活；在特殊情况下，如果是桥接，将接穗的极性倒置，即接穗的形态学顶端向下进行嫁接，接穗和砧木也能够愈合，并能够存活一定的时期，但是接穗不能进行正常的加粗生长；而芽接将接穗接倒了，接芽也能成活，开始时接芽向下生长，然后新梢长到一定程度后，弯过来向上生长，这样从形成层分化出来的导管和筛管，呈现扭曲状态。但是，在板栗倒腹接生产实践中，却能够愈合良好，正常生长，并能够弯下来向上生长，使角度开张，效果很好，可在嫁接时少量运用。

② 横向极性　对于一些枝条断面不一致的果树，其愈伤组织在横断面上发生的顺序也是先后有别的，这种特性叫横向极性。例如葡萄的枝条有四个面，即背面、腹面、沟面和平面。愈伤组织形成最快的是茎的腹面，因其腹面组织发达，含营养物质较多。

③ 斜面先端极性　若是将果树的枝条断面削成一个斜面，则在斜

面的先端先形成愈伤组织，这种特性叫斜面的先端极性。

第二节　砧木和接穗的选择和培育

十、砧木的种类有哪些？什么是砧木的区域化？

1. 砧木种类

我国果树资源丰富，栽培历史悠久，在长期的生产实践中，经过不断地探索发现、人工培育和国外引进，积累了大量的砧木资源。果树砧木资源，可采用不同的分类依据，划分多种不同的类型。

（1）依据繁殖方式　分为实生砧木和无性系砧木。无性系砧木再依据繁殖方式又可分为自根砧木（扦插、压条、组织培养等）和根蘖砧木。

（2）依据砧木对树体生长的影响　分为乔化砧木、半矮化砧木、矮化砧木、极矮化砧木。

（3）依据砧木利用方式　分为共砧（同种）、自根砧、中间砧、基砧。

2. 砧木区域化

砧木对接穗有明显的影响，确定适宜某一地区的砧木种类，是培育优良苗木，建立规范化、高标准、高效益果园的关键。不同气候、土壤类型，对砧木有适应范围的要求；不同种类的砧木对气候、土壤等环境条件的要求和适应能力也不同。因此，发展果树生产时，应根据当地的生态环境条件，选择适宜的果树砧木，才能充分发挥果树生产的潜能，实现高产、优质、低耗、高效的果树栽培目标。栽培上必须贯彻砧木区域化的原则，选用适应当地条件的砧木，或从当地原有树种中选出适于本地发展的种类。

砧木区域化是在不同的生态区域条件下，经过长期的比较观察，而选择的该区域的适宜砧木，是果树集约化经营的重要内容。

一种果树通常可有多种砧木可供选择利用，具体选择时，首先应考虑砧木对当地自然条件，尤其是气候条件的适应性，适应性越强，利用价值越高。在一定生态条件下选出的砧木，对当地的自然条件的适应性最强。因此，提倡尽量选用当地的砧木资源。如果当地种源缺乏，必须从外地引进异地资源时，应对引种的砧木特性进行全面充分的调查了解，不宜盲目大量引用；可借鉴条件类似的其他地区的引用经验，或先经栽培，实验观察其适应能力后，再大量地引用。一般来说，外来树种能否适应当地的自然环境，主要取决于原产地和引种地的自然环境与生态因子的差异程度，差异越小，适应性越大，引种成功率越高。

性状优异的砧木是培育优良树木的重要环节。为了培育出优良的果苗，应根据砧木区域化，选择的具体条件是：

① 与接穗有良好的亲和力。

② 对栽培地区的环境条件适应能力强。风土适应性、抗性强，根系发达，生长健壮。包括对低温、干旱、水涝、盐碱、病虫害的适应和抵抗能力强。具备抗旱、抗寒、抗涝、抗盐碱、抗病虫害等适应能力。

③ 有利于品种接穗的正常生长和开花结果，实现早果、优质。对接穗的生长和结实的影响良好，生长健壮，丰产，长寿。

④ 具有特殊需要的性状。如矮化、集约化等。

⑤ 砧木材料丰富，易于大量繁殖。便于在较短的时期内，大量繁殖推广应用。

北方苹果乔化砧木以山荆子、海棠为主，花红等次之，还可应用矮化砧木及矮化中间砧，进行苗木繁殖；北方生产上梨的砧木多用杜梨；桃的砧木多用山桃和毛桃；杏用山杏；柿用黑枣；枣用酸枣等作砧木。

十一、果树砧木与接穗是怎样相互影响的?

嫁接苗木地上部分是由接穗利用砧木的根系生长发育起来的。也就是说，其地上部分生长发育所需的水分、矿物质营养和在根部合成的一些物质是靠砧木供给的。而苗木根系生长发育所需要的碳水化合物等，又是靠由接穗形成的树冠来供给的，这种代谢关系的对立统一必然在嫁接树的生长发育方面反映出来。所以，在培育嫁接苗木时，研究确定适宜的砧穗组合是十分重要的，只有选用良好的砧穗组合，才能达到预定的生产目的。

嫁接成活以后，砧木和接穗在营养物质上彼此交换，互相同化，因而在发育方面彼此发生深刻的影响。砧木对接穗有广泛的影响，如树体生长与结实性、根系生理生化特性及其对环境的适应能力等；接穗对砧木也有明显的影响，如根系的生长能力、再生能力、根系密度以及根系的抗逆性等。

1. 砧木对接穗的影响

（1）砧木对树体生长的影响　有些砧木可影响嫁接树树体的大小，能控制接穗长成植株的大小，使其乔化或矮化。果树嫁接后，有的砧木促使树体生长旺盛、生长高大，促进树体形成高大乔木。如使用苹果中的海棠果、某些类型的山荆子等砧木嫁接苹果，就可形成高大的苹果树，这种影响称为乔化，对接穗具有乔化作用的砧木，称为乔化砧。如海棠、山荆子等是苹果的乔化砧；山桃、山杏是梅花、碧桃的乔化砧；杜梨、秋子梨是梨的乔化砧。乔化砧可增强栽培品种的生长势，扩大树冠，延长寿命。相反，有些砧木具有限制树体生长的作用，能使嫁接苗树体生长势变弱，植株生长矮小，这种影响称为矮化，具有矮化作用的砧木称为矮化砧。如寿星桃是桃和碧桃的矮化砧；用崂山柰子嫁接红星苹果等品种，可使树体矮化；栒子嫁接苹果后有矮化表现；烟台沙果（属海棠果）、武乡海棠（属河南海棠）嫁接苹果后，则使树体半矮化；从国外引入的许多苹果砧木，如M系或MM系苹果矮化砧或半矮化砧都属于这一类型。例如接在MM27矮化砧上的苹果，树高仅有1～1.5米，矮化作用非常明显；MM9、MM26、MM27使树体矮化；MM7、M4、MM106等使树体半矮化。同一种砧木嫁接不同的品种会产生不同的反应，河南海棠砧木嫁接金冠、国光表现矮化，嫁接其他品种矮化不明显；而在山荆子上嫁接金冠和国光，树体较高，树冠较大，干周较粗；但山荆子上嫁接祝光，则树体较矮，树冠小，干周细。

所以，可以通过选择不同类型的砧木，来达到培育高大树体或矮小树体苗木的不同生产目的。在果树生产上，为便于管理和密植，提高单位面积产量，并且提早结实，已广泛地选用矮化砧。

砧木也会改变接穗的生长量、生长势和叶片生长发育状况等。嫁接在湖北海棠上的1年生青香蕉苹果，副梢少而短，而嫁接在河北南口海棠上的，副梢粗而多，总生长量超过湖北海棠5～6倍；嫁接在矮化砧上的苹果树，中短梢比例、中短枝鲜重、单枝叶面积等明显高于乔化砧，其他各类枝的质量也好。此外，砧木对嫁接树的物候期，如萌芽期和落叶期，也有明显的影响，红玉和青香蕉苹果嫁接在宁夏酸果子上，落叶期要比酸果子本身早10天以上，春季萌芽也会提早。

嫁接后，树体的寿命受砧木影响也很大，这与生长势有密切的关系。一般乔化砧能推迟嫁接苗的开花、结果期，延长植株的寿命；矮化砧则能促进嫁接苗提前开花、结果，缩短植株的寿命；乔化砧比矮化砧寿命长；同一品种嫁接在乔化砧上，寿命长，嫁接在矮化砧上，寿命则大大缩短；一般嫁接树的寿命，都比实生树的寿命短。

（2）砧木对结果及果实品质的影响　不同砧木嫁接后，对栽培品种达到结果期和果实成熟期的早晚，果实的产量、品质、色泽以及贮藏性能等，都有一定的影响。矮化砧有提早结实的作用，一般嫁接在矮化砧和半矮化砧上的苹果，结果期都早；同为乔化砧，金冠苹果嫁接在难咽（属西府海棠）、茶果（属海棠果）、河南海棠、山荆子砧木上，进入结果期较早，而嫁接在三叶海棠砧木上，则进入结果期较晚。据报道，有些地区苹果用花红作砧木比用山荆子作砧木的产量低，但果实个大，味甜，色泽好。一般嫁接在矮化砧木上的苹果，嫁接在榅桲砧木上的洋梨，结果都会提早。

砧木对果实品质也有一定的影响，果实品质除受树体光照条件的影响外，与砧穗组合也有关，但在一般条件下嫁接，砧木对接穗遗传性状的影响较小。所以，在果树栽培和建园时，一般不会因砧木的作用而改变接穗母体固有的遗传性状。实验分析了4种砧木（MM26、MM9、MM106中间砧及山荆子乔化砧）对金冠苹果的果实品质及矿质营养的影响，结果表明：除了MM106砧木果实品质表现较差外，其余砧木的果实品质无明显的差异；MM26砧木果实磷、钙含量较低，MM106砧木果实钙含量较高；不同砧木上果实的镁、钾含量无显著差异。不同砧木的富士系、元帅系苹果果肉中13种挥发性芳香物质的含量测定表明，矮化砧木嫁接的红富士、红星苹果中酯类物质含量显著高于乔化砧木。砧木也影响果实的贮藏、着色和成熟期。据山西省果树研究所试验观察，在耐贮性方面，嫁接在保德海棠上的各个品种，最耐贮藏；其次为武乡海棠、沁源山荆子和花红；用花红砧木嫁接的红玉，品质较好；武乡海棠和保德海棠嫁接的红星苹果，色泽鲜红。

结实的早晚，还与采集接穗时，枝条的发育状态有关系。如果从成年苗木的树冠上部采集发育枝作接穗，其发育阶段较老，嫁接的幼树苗木，进入结实期也较早；如果从树干基部采集萌蘖作接穗，则嫁接树结实较晚。因此，在选取接穗枝条时，需根据嫁接的目的要求，而有所区别。

（3）砧木对树体生理特性的影响　不同砧穗组合，对嫁接品种的叶片光合效率有明显影响。以MM26和MM7为砧木的同一品种的苹果叶片光合效能，显著高于嫁接在Bud-9上的，以嫁接在MM26上的叶片光合效率较高；苹果树各器官水势的年变化中，大部分时间，乔化砧高于矮化中间砧树，与半矮化中间砧树差异较小，与矮化中间砧树差异较大；不同砧木苹果树一年生枝和叶片水势的年变化总趋势大致相似，生长前期水势较高，随着叶片生长而逐渐下降，红星苹果乔化砧大部分时间内，叶片水势均高于矮化中间砧树；不同砧木苹果树果实水势的年变化差异较大，乔化砧红星苹果树果实水势一般高于矮化中间砧树，并且高而平稳，随着果实发育，缓慢上升；SDC系苹果砧木嫁接的红星树，叶片蒸腾量小，脱落酸（ABA）含量高，单位叶面积失水量小，抗旱性强；嫁接树越冬期，枝条自由水含量高，抽条率明显低于MM9，越冬能力强。

（4）砧木对树体抗性和适应性的影响　果树嫁接利用的砧木，一般是野生或半野生的种类，它们具有较强和广泛的适应性和抗逆性，如抗寒、抗旱、抗涝、耐盐碱和抗病虫害等；因此，砧木能增加嫁接苗的抗性。嫁接苗木对于栽培地区的干旱、过湿、盐碱、寒害以及病虫害等不良环境条件的适应抗御能力，与砧木树种的生态学和生物学特性有密切关系。

由于种类不同，差异很大，嫁接后对栽培品种的影响也不一样。如山荆子原产于我国的北方，抗寒力强，有些类型可抗−50℃以下的低温，所以嫁接在山荆子上的苹果，相当抗寒，能减轻冻害，其抗寒、抗旱力较强，适合于山地栽培。但山荆子对盐碱的抗性差，而且不耐涝，在黄河故道地区、平原地区pH较高的盐碱性土壤上，用山荆子作砧木的幼树，易患黄叶病，不如用海棠果、西府海棠和花红砧木生长得好。如果用海棠作苹果砧木，一般对黄叶病抵抗力较强，可增加苹果的抗旱和抗涝性，提高其适应性。地势低洼，夏季地下水位距地表较近的地区，苹果接在海棠果砧木上，生长良好，年年丰产；河北怀来的八棱海棠、冷海棠（均属西府海棠），能耐盐碱和抗黄叶病。枫杨作核桃的砧木，能增加核桃的耐涝性和耐瘠薄性。

还有些砧木树种具有抗某种病虫的能力。据观察，营养系砧木M1有明显的抗黄叶病的能力；圆叶海棠和君袖苹果砧木抗苹果绵蚜和根癌肿病的能力较强；接在兰州楸子上的苹果，日烧病较轻，同一个品种用山荆子作砧木的较重；用美洲葡萄作欧洲葡萄的砧木，可提高对根瘤蚜的抵抗能力。

所以，在培育苗木或果树嫁接时，必须根据当地的自然条件特点，选择最能适应当地气候土壤特点的砧木树种。如果引用外地砧木树种，需在了解其生态特性的基础上，通过引种实验，加以确定后，再大面积推广，不可盲目引种，一哄而上，以免造成严重的经济损失。

根据砧木对接穗在适应性和抗逆性方面的明显影响，在一些较寒冷的地区，采用坐地苗（例如板栗在果园先定植砧木1～2年后，再嫁接栽培品种）和抗寒中间砧果苗的方法，来提高果树抗寒力，效果很好。例如吉林省以山荆子作基砧，四棱海棠作中间砧，再嫁接栽培品种，这样培育的果苗抗寒力大大提高。

砧木对接穗在各方面的影响，均属于生理机能方面，而不能使遗传性状发生变异，所以不能改变栽培品种的固有特性。

（5）中间砧对砧木和接穗的影响　中间砧木是在接穗及砧木接口之间接入的一段枝或芽。为了某种目的（例如增加亲和力、培育抗寒树干或控制树体生长），在普通砧木上，先嫁接有特殊性能的枝或芽（中间砧），成活后，以此枝为二重砧木再嫁接栽培品种接穗，形成一个由基砧-中间砧-栽培品种组成的嫁接植株。

中间砧可以限制基砧的生长，可使树体矮化；能减弱接穗的生长势，使树体矮小，提早开花，增加花量，提高产量。

2. 接穗对砧木的影响

嫁接以后，砧木根系是靠接穗制造的养分供其生长，因此，接穗对砧木的影响也是很明显的。

接穗对砧木的生长能力有重要的影响。例如用杜梨作砧木，嫁接成活后，其根系分布较浅，且易发生根蘖。MM106嫁接在山荆子上，使山荆子根系变得强大；MM9嫁接到山荆子上，山荆子仅有少量粗根，须根稀少。在苹果实生砧上嫁接红魁，砧木须根非常发达，而直根很少；如果嫁接初笑或红绞品种，则砧木具有2～3个深根性的直根根系，而不是须根性根系。普通元帅系嫁接在MM106砧木上，MM106根系分根紧密；短枝元帅系使MM106根系分根稀疏。据山东农学院观察，用益都花红接祝光，其根系分布多，须根密度大，接青香蕉表现较差，而接国光则根系分布少，最差。以海棠为砧木嫁接的青香蕉苹果，根系为褐色，主要分布层深；嫁接元帅，则根系为黄褐色，主要分布层较浅。

不同接穗的物质代谢作用和物候期的差异，也能引起砧木的适应性（如抗旱、抗寒）或其他性状的改变。嫁接晚熟品种的砧木，根系在年生长周期中出现3次生长高峰；嫁接早熟品种的，根系只有2次生长高峰。抗寒性接穗能够提高砧木的抗寒能力；不抗寒接穗品种，会降低砧木的抗寒能力，如君袖嫁接在MM106上，MM106根系抗寒能力下降；杜梨砧木接梨以后，根系分布比不接梨的要浅，并易生根蘖。

接穗也影响砧木的固定性，以及根系的再生能力等。

接穗应选自性状优良，遗传稳定，生长健壮，经济价值高，无病虫害的成龄树。

十二、砧木苗的培育方法有哪些？实生砧木苗是如何培育的？

果树砧木苗的培育方法通常有无性繁殖和实生繁殖两大类。无性繁殖主要用于矮化砧木和特殊砧木的培育。如果当地野生砧木资源丰富，且方便利用时，可刨取野生植株，归圃培育，如山楂、酸枣等。对于野生砧木资源，也可以就地嫁接，直接利用，如核桃楸。但多因管理不便，效果不如归圃育苗。实生繁殖也叫播种繁殖。由种子播种长成的苗木称为实生苗，是原始的繁殖方法。

一般果树栽培上，进行嫁接育苗时，砧木需在嫁接1～3年以前，进行播种。如果想使砧木影响接穗，则需在嫁接4～5年乃至5～6年以前播种。具体提前播种育苗时间，因各种树木的初花年龄而异。如果想以接穗影响砧木，则砧木需要在1～2年前播种。

1. 实生砧木苗的特点

实生砧木苗有以下特点：繁殖方法简便，易于掌握；种子来源广，便于大量繁殖；实生苗根系发达，生理年龄小，活性高，对环境适应性、抗性强，寿命长；种子不带病毒，在隔离的条件下，可繁育成无毒苗。因此，苹果、梨、山楂、板栗、核桃、桃、李、杏、柿等大多数果树，都是以实生苗作砧木，再进行嫁接繁殖。

2. 苗圃地的选择与规划

（1）苗圃地的选择　因地制宜地建立苗圃，选择园地时，应考虑以下主要因素：

① 地点　选择在需用苗木地区的中心，交通方便，苗木对当地的气候条件适应性强，栽植成活率高。

② 地势　苗圃地应选在背风向阳、地势平坦、日照充足的地带，稍有坡度的缓坡地更适于育苗；平地地下水位宜在1～1.5米以下；低洼地和山谷地，易遭霜冻，也易积水，不宜作育苗用地。

③ 土壤　育苗地的土壤要求土层深厚、肥沃疏松，一般以中性的沙壤土、轻黏壤土为宜。忌重茬育苗，要适当轮作。

④ 土壤酸碱度　不同树种对土壤的pH适应性不同。板栗、山楂喜酸性；葡萄、枣、无花果较耐盐碱。北方多数果树树种适应微酸至微碱性土壤。

⑤ 灌溉条件　注意水质干净卫生，保证水质无污染；做到旱能浇，涝能排。

⑥ 病虫害　无检疫性病虫害及病毒病，尤其要保证做到无立枯病、根癌病、线虫等。

（2）苗圃地的规划　为培育优质苗木，应建立不同级别的专业苗圃，专业苗圃应严格管理，具备生产许可证、合格证、检疫证，挂牌销售等。专业苗圃规划应包括：

① 建立“三圃一制”　“三圃”即母本保存圃：保存原种，包括接穗、砧木品种，由主管部门或指定单位保存管理。母本扩繁圃：包括采穗圃、采种圃、压条圃，由行业主管部门指定的大型苗圃管理。苗木繁殖圃：繁育苗木的基层单位，应受主管部门的监督和管理。“一制”即档案制度：立地条件及变化档案、树种品种砧木引种及繁殖档案、分布档案、轮作档案、管理技术档案，包括育苗技术、肥水管理、病虫害发生和防治等。

现代化的专业苗圃，应包括母本园和繁殖区两大部分。

母本园主要供应砧木种子、实生果苗种子、自根砧木繁殖材料、自根苗繁殖材料、优良品种接穗等，要保证种苗的纯度和丰产性。

繁殖区应根据培育苗木的种类和便于管理的原则，划分为实生苗培育区、嫁接苗培育区和自根苗培育区。繁殖区必须实行合理的轮作制度，以防止由于连作而引起的土壤结构破坏、土壤中的某些营养物质缺乏、病虫害严重以及有毒物质的积累，从而提高合格苗木的出圃率，一般至少需要间隔2～3年，再进行育苗。为了耕作管理方便，多采用长方形划定小区，一般长度不小于100米，宽度为长度的1/3～1/2。

② 规划设计　结合苗圃地的区划，专业苗圃还必须规划道路、排灌系统、防护林以及必要的办公用房等建筑物。

3. 育苗方式

（1）露地育苗　是指果树苗木的整个培育过程或大部分培育过程，都是在露地进行的育苗方法，是当前最主要的育苗方式。分为坐地育苗和圃地育苗。露地育苗设备简单，生产成本低，适用于大量育苗，应用普遍；但受环境影响较大。

（2）保护地育苗　利用保护设施，在人工控制的环境条件下，培育果树苗木的方法。可调控温、湿、光等环境条件，提高成苗率和苗木质量，提高繁殖速度。保护设施可用于整个育苗周期，也可用于某个生育期阶段。

保护设施类型：包括增加地温的设施，如地热装置、酿热物、地热线、地膜覆盖等；增地、气温设施，如塑料拱棚、温床、温室、大棚等；降温、遮光设施，如地下式棚窖、荫棚等。

（3）组织培养（工厂化育苗）　是在无菌的条件下，在培养基中接种果树的组织和器官，经过培养增殖，形成完整植株的繁殖方法。利用组织培养，苗木品种纯正、繁殖速度快、繁殖系数高、无病毒，易工厂化；但技术性较强，前期工作繁重。

4. 实生砧木的培育方法

（1）种子的采集和处理　种子的质量影响实生苗的长势和质量，采种的总要求是：选择品种或类型一致、纯正、生长健壮、丰产、稳产、优质、抗逆性强、无病虫害的植株作采种母树，再从采种母树上采集充分成熟、饱满的优良种子。应注意：

① 适时采收　种子的成熟度是决定种子质量的重要因素。未成熟的种子，种胚发育不完全，贮藏养分少，发芽率低。种子成熟一般经历生理成熟和形态成熟两个阶段。

生理成熟。种胚形成，营养积累达到一定水平，种胚已经具有发芽能力时，即达到生理成熟。此时内部营养物质呈易溶状态，含水量高，种胚通透性强，易吸水和失水。采后立即播种，即可萌发，且出苗整齐。但是养分不足，幼苗生活力弱，种子不易长期贮存。一般山楂种子种皮较厚，层积时间长，适宜早采种。

形态成熟。种胚已经完成生长发育阶段，内部营养充分积累，并大部分转化为不溶解状态，如淀粉、脂肪、蛋白质状态，生理活动明显减弱，进入休眠状态，种皮老化，致密、坚硬，不易霉烂，适宜长期贮存。生产中，多数果树宜采用形态成熟的种子。鉴定种子形态成熟时，多依据果实和种子的形态特征，果实完熟后，果面形成其固有的色泽，果肉变软，种皮颜色变深、有光泽、种子充实饱满。少数果树种子形态成熟后，种胚继续发育，充实营养，如银杏。

② 选好果实，合理取种　果实肥大，果形端正，其种子多、饱满、生活力强；偏果、畸形果，种子发育差；有些外壳坚硬的种子（山楂、桃等），畸形果内的种子存在无种胚现象。

取种方法。肉质果实采收后，果肉可利用的，采用人工剥取法取种，或结合加工取出种子，但应注意避免高温，应低于45℃，不能选用经过45℃以上处理过的种子。凡是小果或果肉无利用价值的，采用堆沤腐烂法。例如山荆子、海棠、山楂、山杏、酸枣等，采收后，经过一段时间的堆放，使果肉变软。注意堆放不易过厚，一般为25～30厘米，每隔1～2天，翻动1次，防止发热，损伤种胚，降低种子的发芽力。待果肉变软后，揉碎淘洗，取出种子，用清水漂洗。

③ 晾晒和分级　通常采用阴干法，将种子放到通风处阴干，不宜暴晒。依据种子大小和饱满度，精选分级，剔除杂物和破粒，保证种子纯度达95%以上。

④ 妥善贮存　种子贮藏中，影响种子生理活动的主要条件是：种子本身的含水量，贮藏环境中的温度、湿度和通气状况。多数果树种子的安全含水量与它充分风干后的含水量大致相同。贮藏中如果温度过高，会导致种子的呼吸作用旺盛，使贮藏物质大量消耗，从而降低生活力；但如果温度过低，又会使种子结冰，而损伤种胚。贮藏温度一般以0～5℃为宜。贮藏环境中，如果湿度过大，易使种子吸水，导致霉烂变质，一般空气的相对湿度保持在50%～70%为宜。大量贮藏种子时，还应注意种子堆内的通气状况。如果通气不良，会加剧种子的缺氧，进行无氧呼吸，积累大量的二氧化碳，使种子受害。特别在温度、湿度较高的情况下，更应注意保证良好的通气条件。

果树种子的贮藏方法，因树种不同而有所差异。大多数落叶果树的种子，如山荆子、海棠果、杜梨、山桃、毛桃、山杏、酸枣、核桃等，在充分阴干干燥后，放于通风、阴凉、干燥的室内贮存即可；但板栗种子怕冻、怕热、怕风干，采后需立即进行湿沙贮藏，以免丧失发芽力；银杏及多数常绿果树的种子，采种后，也需要立即播种或湿沙贮藏，湿度50%～80%，气温0～8℃，注意保持通风透气。

（2）种子的休眠及解除　休眠是种子长期发育过程中，形成的抵御不良外界条件的适应能力。

① 种子休眠　是指有生活力的种子，即使吸水并给与适宜的温度和通气条件，也不能发芽的现象。落叶果树大都有自然休眠，常绿果树则无明显的休眠，或休眠期很短。

自然休眠。种子成熟后，内部存在妨碍发芽的因素，使其不能正常萌发。自然休眠是长期系统发育形成的抵御寒冷气候的特性，有利于种子生存和繁殖，也利于贮存，但给育苗增加了难度。

后熟。休眠期间，在综合外界（温、湿、气）条件下，内部发生一系列的生理、生化变化，从而进入萌发状态，这个过程叫后熟。

被迫休眠。通过后熟的种子，由于不良的环境条件，使其不能正常萌发，称为被迫休眠或二次休眠。

② 影响种子休眠的因素

a.种胚发育不全。有些果树的种子外观已成熟，并已采果脱离母体，但是胚处于幼小阶段或发育不全，幼胚还需经过一段时间的发育，吸收胚乳。如银杏，种胚只有约1/3，需经4～5个月的生长；桃、杏等早熟品种，也有种胚发育不全的现象。

b.种皮或果皮的结构障碍。有些果树的种子，如山楂、桃、杏、葡萄、枣等，种皮坚硬、致密、蜡质、革质化等，通透性差。需经过机械磨伤、冻融交替、鸟等动物消化道软化，才能萌芽生长。

c.种胚未通过后熟过程。多数种子需发生一系列的生理、生化变化，完成后熟的过程，使复杂的有机物水解。

③ 解除休眠的措施　北方落叶果树的种子，大都具有自然休眠的特性。采收后，需要进行一定时间的后熟过程，才能萌发。

种子在后熟的过程中，在一定的低温、湿度和通气条件下，种子内部进行一系列的生理、生化变化，如种皮的吸水能力增强，细胞间恢复联系，原生质的透性及酶的活性提高，复杂的有机物逐渐转化为简单的有机物，最后种子开始萌动。

秋季播种的种子，在田间自然条件下，可自身通过后熟过程；春季播种的种子，必须在播种前进行必要的处理，才能保证种子通过后熟过程。常用的方法为：

层积处理。也叫沙藏处理。是使种子完成生理后熟，打破休眠的一项措施。即在果树种子播种前的一段时间，将种子与河沙分层堆积在一起，并保持一定的低温、湿润、通气条件，使种子后熟，并通过低温阶段的措施。

层积一般采用冬季露天沟藏。首先，选地势较高、排水良好、背风阴凉的地方，挖深60～90厘米，宽30～50厘米的沟，长度依种子的多少而定。沟底先铺一层厚约10厘米的洁净河沙，沙子的湿度，以手握成团而不滴水，松手一触即散为宜（图1-11，图1-12）。

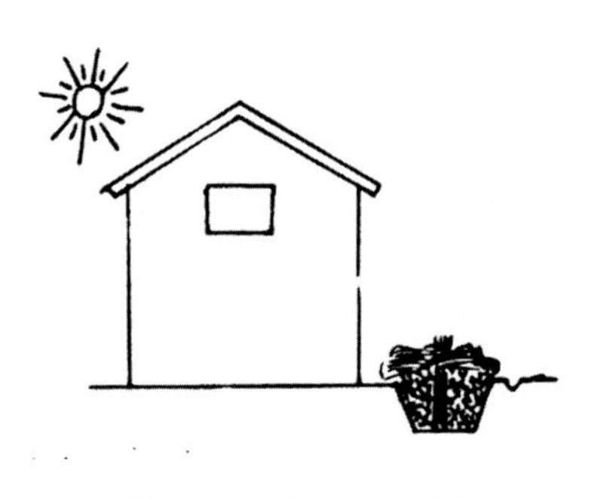

图1–11　选背风阴凉处

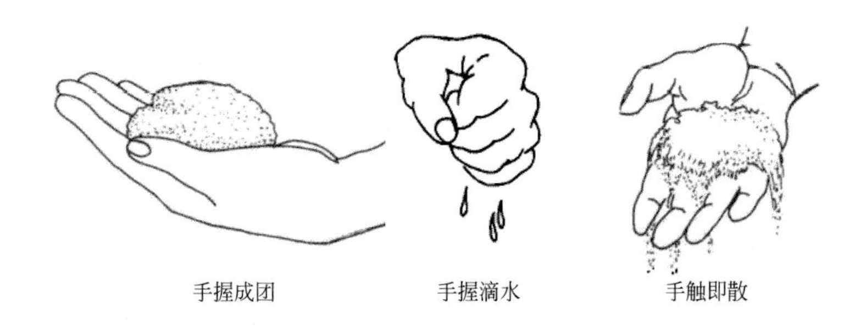

图1–12　沙含水量手握成团不滴水，松手即散

先在沟底沙层上放一层种子，种子上再盖一层湿沙，再放一层种子，种、沙厚度各约10厘米，如此方法重复，种、沙相间放入，因此叫层积。也可将1份种子与3份湿沙，掺匀混合后，放入沟内。沙的比例因种子大小而不同，一般小粒种子需沙量为种子体积的5～20倍，大粒种子为5～15倍。层积至距地面15～20厘米时为止。在放种子的同时，如果种子量大，贮藏沟长，沟内中央每隔1米的距离，由沟底到沟顶竖立一个直径约15厘米的秫秸把或草把，上端露出，以利于通气散热。种子放完后，上面用湿沙填平，冬季地面上部培土30厘米，堆成屋脊形，四周做好排水沟，以防雨水渗入，造成种子霉烂。沙藏坑周围最好布下金属网或投鼠药，防止老鼠盗食种核。在沙藏过程中，应检查1～2次，如果发现有霉烂种核应及时拣出，并掺以少许干沙降低湿度。如果发现坑内过干，应适当洒水。待大部分种核裂开时，即可取出播种（图1-13，图1-14）。

如果种子量少，可用小型沟、坑或装入通气的容器中埋藏，方法同上。对于贮藏的种子，要定期检查，发现问题及时处理。

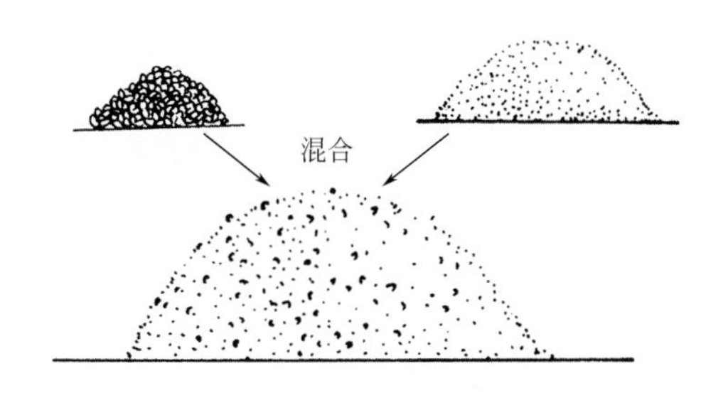

图1-13　种子与河沙混合

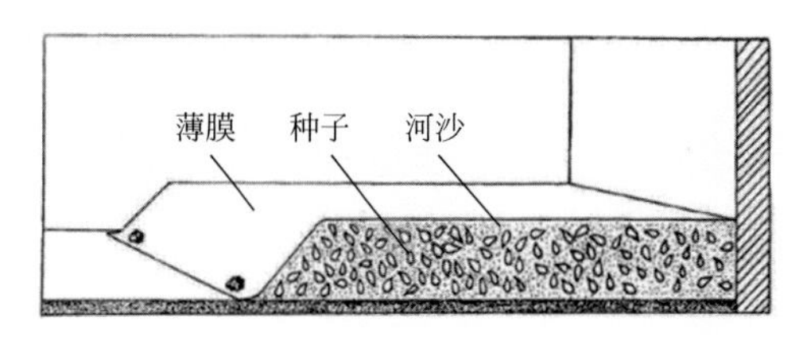

图1-14　室内、室外河沙层积贮藏种子

一般落叶果树需要的处理温度为1～10℃，层积温度以2～7℃为最适宜。有效最低温-5℃，最高温17℃；湿度50%～60%；通气（氧气充足，后熟快，高温下进入二次休眠与氧气不足有关）。

层积时间的长短，与果树的砧木种类有关（表1-1）

表1-1 主要果树砧木种子层积时间

砧木种类	层积时间/天	砧木种类	层积时间/天
山荆子	30～50	秋子梨	40～60
楸子	40～50	杜梨	50～60
海棠果	60～80	豆梨	10～30
西府海棠	40～60	山桃、毛桃	100～120
塞威氏苹果	60～100	杏	80～100
湖北海棠	30～35	欧洲酸樱桃	150～180
花红	60～80	中国酸樱桃	90～150
猕猴桃	60～90	枣、酸枣	60～90
山葡萄	90～120	黑枣	80～90
核桃、山核桃	60～80	板栗	100～150
山楂	240（隔年出苗）		

机械处理。即通过碾压、敲壳等机械磨伤措施，使种皮破裂或出现深凹点，以便气体和水分进入。

化学处理。即通过生长调节剂（赤霉素、细胞分裂素等）或化学药剂（石灰氮、硫脲、生石灰、碳酸氢钠、浓硫酸等）处理，以促进种子萌发。

（3）种子的生活力鉴定　播种育苗前，需对果树种子进行生活力鉴定。常用的鉴定方法：

① 目测法　直接观察种子的外部形态，有生活力的种子饱满、种皮不皱缩、有光泽、有弹性、手指按压不破碎、无霉味、单粒较重，剥开皮后，胚和子叶呈乳白色，不透明。反之，是失去生活力的种子。

② 染色法　将砧木种子浸入水中10～24小时后，使种皮柔软，剥去种皮，将胚放入染色剂（常用靛蓝、胭脂红或红墨水）中，浸2～4小时，再将种子用清水冲洗。根据死细胞的原生质易着色的原理，观察胚和子叶的染色情况，来判断种子生活力的强弱。凡是胚和

子叶完全染色者，为无生活力的种子；完全不染色者，为生活力强的种子；部分染色者，为生活力较差的种子。统计出有生活力种子的百分率。

③ 发芽试验法　在培养皿中，给予适宜的条件和一定的水分，置于20～25℃条件下，促其发芽，观察出芽的情况，计算发芽率，判断种子的生活力，作为确定播种量的参考依据。

（4）播种

① 播种时期　可分为春播和秋播。春播在早春土壤解冻后进行；秋播在初冬土壤结冻前进行。采用春播或秋播，要根据当地的土壤、气候条件和种子的特性来决定。一般在土壤疏松、温度适宜、冬季较短且不太严寒的地区，秋播的种子能在田间自然通过后熟，翌年春季出苗早而整齐，生长期长，生长健壮；但在秋冬季风沙大、土壤结冻较深、土壤黏重、墒情不好的北方地区，宜采用春播。

② 播种方式　可分为直播和床播两种。直播是播后不经移植，就地生长成果苗，或用作砧木，再嫁接培育成果苗出圃；床播是在小面积上先进行密播，然后再经过稀植移栽，培养成果苗或砧木苗。

床播的优点是面积小、易管理，能获得较多的苗木；但移栽比较费工，最好用营养钵进行播种，带土移栽。一般小粒种子，多用床播方式进行播种。

> **提示：**在地势低洼、地下水位过高及雨量充沛的地方，可用高畦育苗；相反，则应采用低畦。

③ 播种方法　根据种子的大小和土壤条件，可采用撒播、条播、点播等不同的播种方法。

撒播。为了节约土地，便于管理，小粒种子可进行撒播。先取出覆盖用土，将苗床整平，灌水。待水下渗后，撒下种子，然后覆盖细土1.5厘米即可。撒播用种量大，苗木需要移植，分布密，管理不便，营养面积小，生长较细弱。

条播。大、小粒种子均可采用。但一般多用于较小的种子，如山荆子、海棠、杜梨、君迁子等。根据畦面的大小，每畦可播2行或4

行，也可采用双行带状条播，带内行距15厘米，带间距离50厘米。播种时，按照行距开沟，沟深1～3厘米，将种子连同湿沙一起播入沟内，播后立即覆土，并稍加镇压。

点播。对于大粒种子，如核桃、板栗、桃、杏、酸枣等，常用点播的方法。一般可按30～50厘米行距开沟，按10～20厘米株距点播，覆土厚度一般为种子直径的1～3倍，干旱地区可适当加厚覆土。

点播的优点是节省种子，苗木分布均匀，生长较快，苗木质量较好；缺点是单位面积产苗量较低。

芽苗移栽。选背风向阳的地方作畦，畦内铺6～7厘米厚的湿锯末，然后将层积过的种子撒于畦内，再覆盖一层2厘米厚的湿锯末，保持适当的温度和湿度，待出苗后，在子叶期进行移栽。芽苗移栽用种量少，苗木生长整齐一致，成活率高，省工省地，便于管理，能提高当年嫁接成活率。

点芽播种。将层积过的种子，置于背风向阳处，种子堆厚10～20厘米，用塑料薄膜覆盖，进行催芽，选取发芽的种子进行播种。点芽播种节省种子，苗木生长整齐一致，便于管理，山楂、桃、杏、板栗等树种，一般多用此方法进行播种。

④ 播种量　是指在单位面积内所用种子的数量。播种量在很大程度上，影响苗木的产量、质量和育苗成本的高低。为了有计划地采集和购买准备播种用的种子，应正确计算播种量。计算播种量的公式为：播种量（千克/亩[①]）=计划育苗数/种子粒数×种子发芽率×种子纯净率。果树砧木常用播种量和出苗数见表1-2

表1-2　果树砧木常用播种量和出苗数

树种	种子粒数/（粒/千克）	播种量/（千克/亩）	出苗数/（株/亩）	播种方法
山荆子	16万～20万	0.75～1.25	1.5万～1.8万	条播
海棠	5.6万	1～1.5	1.2万～1.5万	条播
杜梨（大粒）	约2.8万	1.5～2	0.7万～1万	条播

① 1亩≈667平方米。

续表

树种	种子粒数/（粒/千克）	播种量/（千克/亩）	出苗数/（株/亩）	播种方法
杜梨（小粒）	6万～7万	1～1.5	7000～8000	条播
毛桃	300～400	40～50	5000～6000	条播、点播
山桃（大粒）	240～280	40～50	6000～7000	条播、点播
山桃（小粒）	400～600	20～25	6000～7000	条播、点播
山杏（大粒）	约900	50～100	6000～7000	条播、点播
山杏（小粒）	约1800	25～30	7000～8000	条播、点播
酸枣	约5000	5～6	6000～7000	条播、点播
君迁子	约7400	5～6	6000～7000	条播
板栗	160～200	100～125	5000～6000	点播
核桃	70～100	100～150	3000～4000	点播
山核桃	140～160	150～175	3000～4000	点播

（5）播后管理　出土前，应保持土壤一定的湿度。当幼苗长到2～3片真叶时，对过密的幼苗进行间苗、移栽，缺苗处进行补苗。移栽前灌水，随挖随栽。最好在阴天或傍晚进行移栽，栽后立即灌水，以利于成活。

幼苗生长期间，要经常中耕除草，保持土壤疏松。雨季之前，在5—6月间，结合灌水追施肥料，促进快速生长。生长较弱的小苗，可在7月上中旬再追肥1次。

为了促使山荆子、海棠、杜梨等幼苗加粗生长，保证供当年秋季嫁接之用，可在苗高约30厘米时，进行摘心，并除去苗干基部5～10厘米处发生的侧枝（侧梢），形成光滑带，以利于嫁接操作。

十三、自根砧木苗是如何培育的?

砧木品种化是现代果树生产的重要方向之一。由自身器官、组织的体细胞形成根系的砧木，称为自根砧，主要用于培育矮化砧。生产上多用扦插、压条、分株、组织培养等方法繁殖自根砧。自根砧其遗传组成与亲本相同，可以保持苗木整齐一致。

自根砧繁殖需要建立自根砧母本园或母本繁殖圃，从母本园、母本繁殖圃中，获取繁殖材料。

1. 自根苗的特点及应用

自根繁殖主要是利用果树营养器官的再生能力（细胞全能性），萌发新根或新芽而长成一个独立的植株。能否进行自根繁殖，关键是茎上是否易发生不定根；根上是否易发生不定芽。这种能力与树种在系统发育过程中形成的遗传特性有关。自根繁殖主要包括扦插、压条、分株、组织培养等。

自根苗的特点是：变异小，能保持母株优良性状，遗传稳定；无童期，进入结果期较早。缺点是：根系浅，抗性差，适应性差，寿命短，繁殖系数较小。

应用：用于果苗繁殖，如葡萄；用于砧木繁殖，如用压条繁殖苹果矮化砧，用根蘖分株繁殖苹果、梨、山楂、酸枣等果树砧木。

2. 自根繁殖的基本原理

（1）不定根的形成　不定根由茎、叶等器官发生，因其位置不定，故称为不定根。根原基形成部位依植物种类不同而有差异，但通常是在形成层与髓射线交界处的临近外侧形成层、与形成层连接的韧皮射线及韧皮部产生；有的是在维管束间的形成层、次生木质部、中柱鞘产生。根原基的产生时期，多数果树是在扦插后，部分细胞恢复分裂而开始，在细胞分裂的同时，也进行细胞扩大，并向皮层和表皮的方向伸长，直至生根。根原基在到达皮层时，根原基中的形成层开始分化，并与原有的形成层相连接。生根前的根原基，已经具备根的形态。

不定根发生与愈伤组织的形成，多数情况下，是同时发生，而又各自独立的。一般认为二者无必然联系。愈伤组织对于防止病菌入侵、伤口腐烂，减少养分流失有重要的作用，也有利于发根。

（2）不定芽的发生　定芽是在茎的叶腋间，不定芽无定位，根、茎、叶上都可分化，发生不定芽的能力与遗传特性有关，与繁殖关系最密切的是根上发生不定芽。幼根上的不定芽多发自中柱鞘靠近维管束形成层的部位；老根上的发自木栓形成层或射线增生愈伤组织；伤根上的在伤口处愈伤组织里形成。

（3）极性　在组织再生作用中，器官的发生、发育有极性现象。

> 提示：一定要知道形态学顶端抽生新梢，下端发根。

3. 自根繁殖方法

（1）扦插　是指将果树的枝条、叶片和根等营养器官，从母株上切取后，插于苗床内，使其发生不定根或不定芽，而获得独立的新个体的繁殖方法。根据所用材料的不同，分为枝插、叶插和根插，一般以枝插为主。枝插又分为硬枝扦插和嫩枝扦插。实行扦插繁殖的果树常见的有无花果、石榴、菠萝、香蕉、柑橘、葡萄、猕猴桃等，苹果的矮化砧通常也采用扦插繁殖。此外，对一些难生根的果树，采用嫩枝扦插也可能获得成功。

① 硬枝扦插　多在春季发芽前进行。结合冬剪，在落叶后至翌年早春树液流动前，采集插条。采集时，要选择枝条充实、芽体饱满、充分木质化、无病虫害的一年生枝，剪成长约50厘米，每50～100条，捆成一捆，标明品种，挂好标签，放于窖内或沟内沙藏，温度应保持在1～5℃（图1-15）。

图1-15　采集整理插条

扦插时，将插条剪成长10～25厘米（1～4芽），一般多剪成25厘米，有2～3个芽眼；上端在节间平剪，剪口距芽0.5～1厘米，下端在节以下斜剪，呈斜面（图1-16）。

扦插可以采用平畦插和垄插。先开沟，沟深与插条长短一致，一般密度为行距20～40厘米，株距10～15厘米。苗床育苗（速生绿苗）密度应加大。扦插时应斜插，将插条斜放沟内，注意将上部顶芽露出地表，覆土压实，覆地膜（图1-17）。如果土壤湿度不够，插后要适当浇水。成活的关键是地温高、气温低，扦插时期以土温（15～20厘米处）达到10℃以上时为宜。扦插时期过早，土温低，不利于生根。

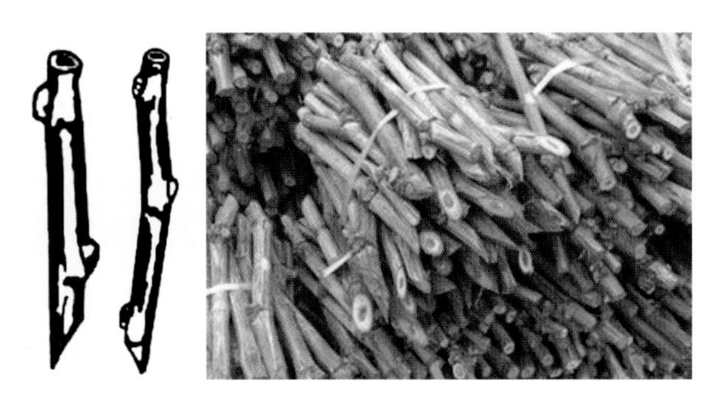

图1-16　剪取插条，上端平剪，下端斜剪

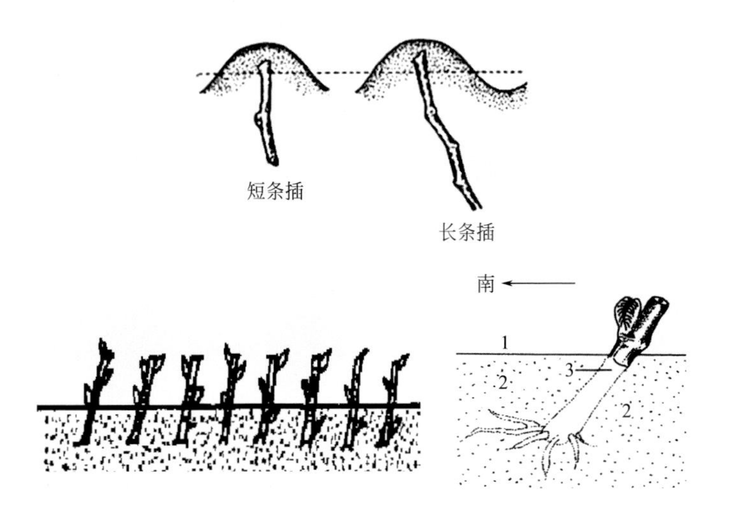

图1-17　插条斜插

1—塑料地膜；2—苗圃土壤；3—插条

② 嫩枝扦插　插条采用半木质化新梢，在生长季进行带叶扦插。通常采用迷雾扦插法，多在夏末进行。采集插条时间，以早晨枝条含水量最多，且空气凉爽时较好。选取当年生半木质化的新梢，剪留2～3节，去掉下部叶片，上部只留1～2片叶，并剪去叶的一半，减少蒸腾，采后随即投在清水中；然后立即扦插，插后苗床遮阴，并经常喷水，以保持苗床的土壤和空气湿度。待成活后，逐渐去掉遮阴设备（图1-18）。

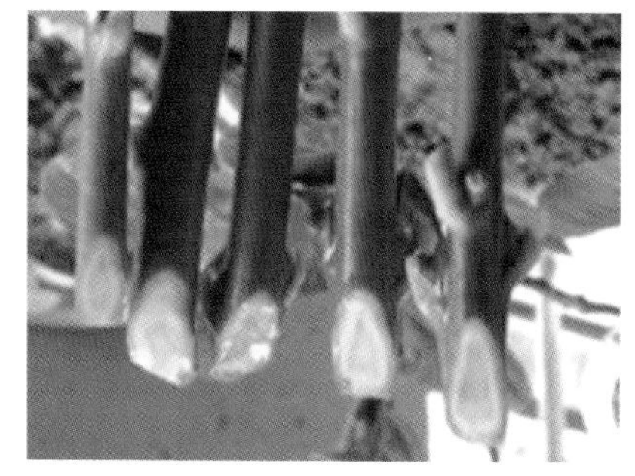

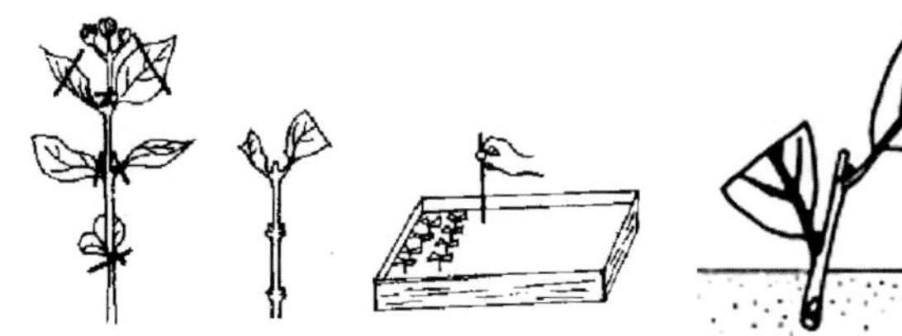
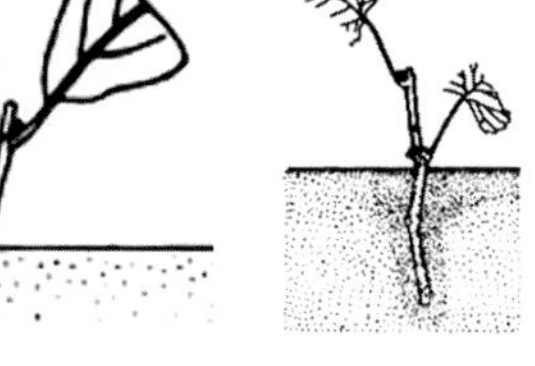

图1-18　嫩枝扦插插条剪截及扦插方法

嫩枝扦插对空气和土壤湿度要求较高，特别是空气湿度对嫩枝生根起重要作用。因此，采用自动控制的间歇喷雾装置或迷雾扦插法，进行室内喷雾，可保持生长所需要的较高的空气湿度，使插条内较少的水分蒸发。室内气温比较均衡，有利于发生新根。

③ 根插　凡是根系能形成不定芽的树种，可用根插繁殖。一般多用于砧木繁殖，如杜梨、山荆子、海棠、山楂、苹果的矮化砧木等。可在苗木出圃时，选择剪下的或残留在土中的适宜根段，要求直径0.3厘米以上，长约10厘米，将根段上口平剪，下口斜剪。寒冷地区，在冬季先沙藏，翌年春季，再进行扦插（图1-19）。

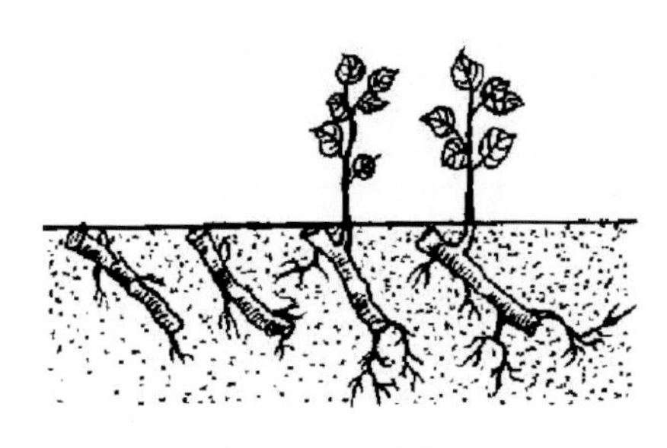

图1-19　根插

扦插成活后，一般只留一个新梢，其余的及早抹除去掉。新梢长到一定的高度时，进行摘心，促其生长充实，并注意中耕除草，加强水肥管理，及时防治病虫害，当年秋季即可嫁接，或苗木出圃。

④ 芽叶插或叶插　多用于花卉，一般叶部具有粗壮的大叶柄。叶插方法：剪取生长旺盛的中年生叶，用刀在其主要支脉上切几个小口，然后将叶背朝下平铺在沙土插床上，并用沙土覆盖切口。保持空气湿度及土壤湿度，约经20天后，可从切口处长出小植株（图1-20，图1-21）。

图1-20　芽叶插

（2）压条　是将枝条在不与母株分离的状态下，埋于生根介质中，待不定根产生后，与母株分离剪除，而成为独立新植株的营养繁殖方法。生根前所需的养分、水分，均由母株供应，有利于发根。通常用于扦插不易生根的树种和品种。目前繁殖苹果、梨矮化砧木，主要采用此法。

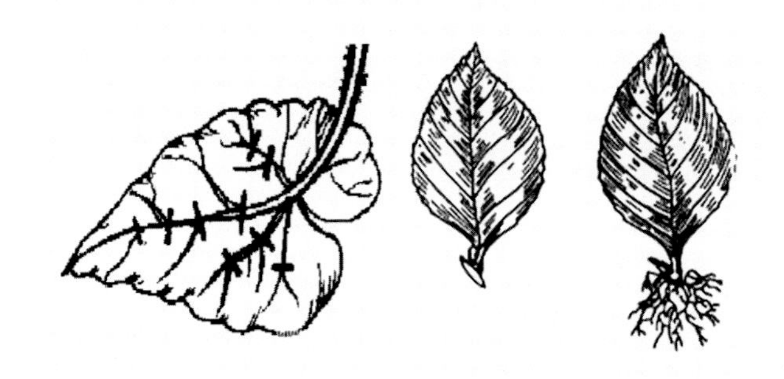
图1-21　叶插

压条繁殖应建立相应的压条繁殖母本园，株行距应大些，最好1.5～2米，以便于压条培土。压条方法一般分为地面压条和高枝压条两大类。

① 地面压条　又分为地面垂直压条、地面水平压条和地面曲枝（波状）压条。

地面垂直压条。也叫直立压条、培土压条、堆土压条法。多用于繁殖苹果、梨矮化砧木，樱桃、李、石榴等。一般在冬季或早春，将母株从近地面处（离地面15～20厘米）剪断，促其发生多数萌蘖，待春季萌蘖新梢长到20厘米时，在基部环剥或刻伤，培土，促生新根。培土高度约为新梢高度的一半。当新梢长到40厘米时，进行第二次培土，培土高度约30厘米，一般经过两次培土即可。秋后，扒开土堆，从新根下部剪离母株，就能获得多数苗木（图1-22）。

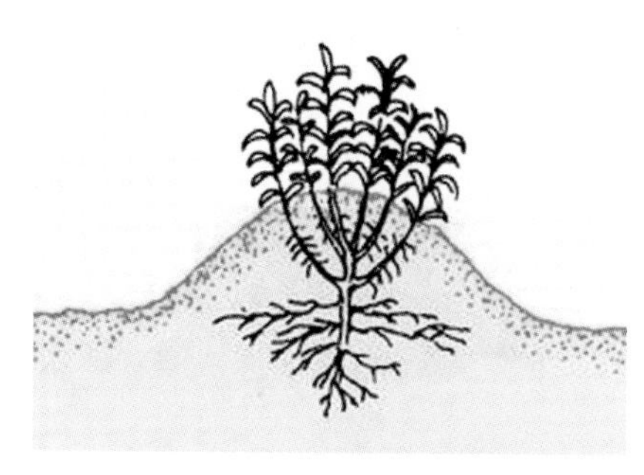

图1-22　地面垂直压条

地面水平压条。多用于繁殖苹果矮化砧木。先在地面开沟，深约10厘米，将枝梢平压入沟内，顶梢要露出地面，待各节抽出新梢后，随着新梢的增高，分次培土，使新梢基部生根，秋季落叶后，进行成苗分栽（图1-23）。

地面曲枝（波状）压条。多在枝条离地面位置较高时进行，在葡萄上较常用。先在地面开沟，深约10厘米，将枝梢弯曲压入沟内，顶

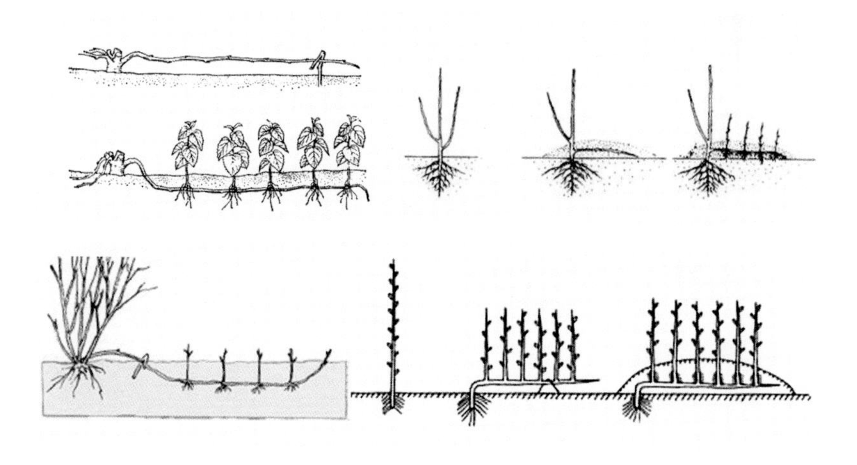

图1-23　地面水平压条

梢要露出地面（图1-24）。

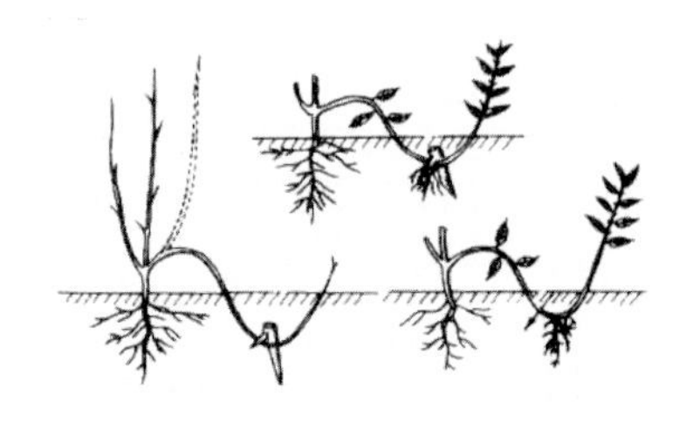
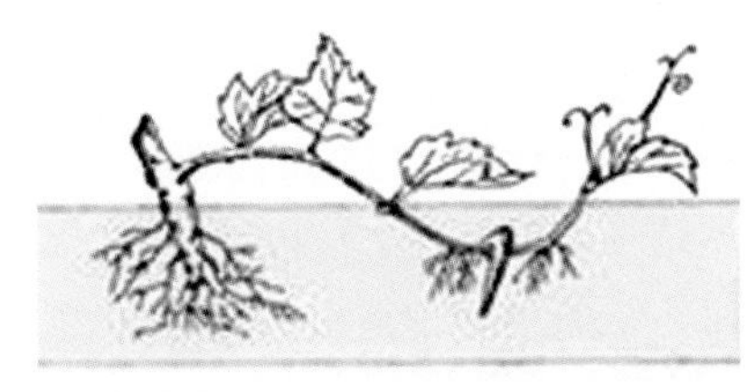

图1–24　地面曲枝压条

> 提示：地面曲枝压条时，最好先进行刻伤曲枝，再进行压条，最后进行分株成苗。

② 高枝压条　也叫高压法。多用于不易弯曲的果树树种进行压条，或是在葡萄等果树盆栽造型时应用。该法繁殖系数小，对母株损伤较大，近代应用较少。具体操作时，将枝条裹上保湿生根材料，待其生根后，剪离母体，因为在树体上进行，因此称为高枝压条。在春季3—4月份，选择1～2年生枝条，在想要使其生根的部位，进行环剥或刻伤，伤口上涂促进生根的生长调节剂更好，用塑料布卷成筒状，裹在刻伤或环剥的部位，先在下端扎紧，装上湿润、肥沃、通气的土壤，再将上端扎紧。待生根后，剪离母株（图1-25）。

（3）分株繁殖法　分株是指利用母株的匍匐茎、吸芽、根蘖等，在自然状况下，生芽或生根后，与母株分离而繁殖成独立新植株的营养繁殖方法。

匍匐茎繁殖法用于匍匐茎的节上容易发枝和生根的植物，如草莓。草莓的匍匐茎自然着地后，可在基部生根，上部发芽，切离母体后，可成为新的植株。

吸芽繁殖法多用于香蕉和菠萝，香蕉地下茎的吸芽长成幼苗后，将其带根切离母体，即可成为新的植株；菠萝地上茎叶腋间抽生的吸芽，带根切离母体，也可成为新的植株。

图1-25　高枝压条

北方落叶果树中，根系容易发生不定芽，而长成根蘖苗的树种，常用根蘖分株法。如枣、山楂、石榴、山荆子、海棠果、杜梨、银杏等。采用断根方式，促发根蘖苗，脱离母体即可成为新个体。休眠期或萌芽前，在母株树冠外围挖沟，沟宽30～40厘米，深40～50厘米，将母株树冠外围的2厘米以下的根切断，削平断面，铺垫湿土，一般在5月份即可萌出，在秋季或翌年春季挖出，分离栽植即可。

4. 影响扦插和压条生根成活的因素

扦插和压条能否生根成活，与繁殖材料的内在因素及环境条件有密切的关系。

（1）繁殖材料的内在因素

① 果树种类不同，根和枝的再生能力也不同　由于树种基因型存在明显的差异，萌发不定根的难易程度不同。如山荆子、秋子梨、枣、山楂、李、核桃、柿子等不同的树种，其枝条再生不定根的能力很弱，

但根系再生不定芽的能力强，这些树种，根插容易成活；葡萄、石榴枝插容易生根，但根插却很难成活。同属不同种的果树，发根难易也不同，如欧洲葡萄、美洲葡萄比山葡萄、圆叶葡萄发根容易。

② 树龄、枝龄、枝位影响其再生能力　一般生理年龄小，易发根，幼龄树比成龄树再生能力强；枝龄也是如此，枝龄小易发根，同一株树上，一年生枝比二年生枝和多年生枝再生能力强，扦插更容易成活；同一枝条上，梢尖易发根。

③ 枝条内贮存的养分也是影响生根的重要因素　因为枝条内贮存的养分是扦插和压条后，形成新器官的营养物质基础，所以，枝条内贮存的有机营养越多，碳水化合物多，扦插、压条也越容易生根成活。因此，生产上，多选取生长充实的一年生枝进行扦插和压条；也可采用环剥、绞缢等技术措施，来增加枝条的营养物质积累。

④ 枝条内生长素的多少对生根也有一定的影响　植物体内所含的生长素、细胞分裂素、赤霉素、维生素B_1、维生素B_2、维生素B_6、维生素C，等，对根的分化均有影响。吲哚乙酸、吲哚丁酸、萘乙酸等，都有促进不定根形成的作用。所以，生产上常在扦插前，应用一些生长调节剂进行处理，以促进生根。

（2）环境条件

① 温度　插条生根的适宜土温为15～20℃，夜温15℃以上，气温21～25℃。但不同树种要求有所不同，如葡萄最适土温为20～25℃，过低不易生根。北方地区，早春气温比土温升高快，插条萌芽早，但尚未生根，容易引起枝条死亡。所以，在春季扦插能否成活的关键，在于土壤温度的高低。如果能提高土温，有利于生根。如果能够使地温高于气温3～5℃，使插条先发根后发芽，可大大提高成活率。

② 湿度　扦插或压条，要求土壤湿度为田间持水量的60%～80%，空气湿度则越大越好，生根前要求达到饱和湿度。一般在扦插后，地面上应经常洒水，有条件的地方，可进行喷雾，以提高空气湿度，减少蒸发，防止嫩芽及新梢枯萎。

③ 空气（通气）　葡萄需要的氧气含量为15%以上，低于2%不发

根。沙壤土、蛭石、锯末等通气条件好的基质，有利于生根。土壤黏重，通气不良；沙土通气良好，但保水能力差，二者均不利于生根。所以，扦插时，宜选用结构疏松、通气良好、能保持稳定土壤水分的沙质壤土。

④ 光照　发根前，进行适当的遮阴，减少水分蒸发。

5. 促进生根的方法

（1）机械处理　通常采用环状剥皮、纵刻伤等方法。

① 环状剥皮　木栓层较发达的果树，剥去木栓层减少障碍。环状剥皮要在插条由母树上取下以前15～20天进行，一般在新梢加长生长停止后，在想要作插条枝的基部进行环剥，剥口宽3～5毫米，使枝条内的养分和生长素积累在环剥口的上方，积累营养，从而促进细胞分裂和根原体的形成。待伤口长出愈伤组织，尚未完全愈合时，再进行扦插，有利于发根（图1-26）。

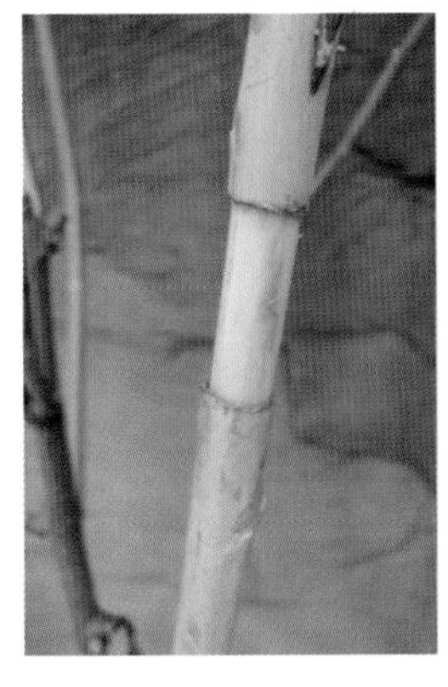

图1-26　环剥，促愈伤组织形成

② 纵刻伤　在葡萄插条基部1～2节（3～5厘米）的节间，纵刻伤5～6道，深达木质部。在纵伤沟中，很容易发生不定根。

（2）加温催根　一般生根较困难的树种或品种，扦插前应进行催根。适宜在扦插前约25天进行。早春扦插时，常因土温低，而生根困难。多用温床增温催根，温床铺一层3～5厘米厚的细沙，将插条直立摆好，用湿沙填充，露出顶芽，经常喷水，以保持湿度。由于土温高，插条可迅速分生根原体，而芽则受低温的抑制，延迟萌发，能提高成活率。此外，也可用火炕、阳畦、塑料薄膜覆盖或电热等热源增温，促进发根。

当床内温度达到20～25℃时，将剪好的插条浸水24小时，打捆后，下端插于温床的湿沙中，只露出上部芽眼，气温应低于床内温度。大约20天后，即可长出愈伤组织和根原基。

（3）黄化处理　将枝条正在生长的部位进行遮光，使其黄化后，作为插条，可提高生根能力。在插条剪取前，先在剪取部分进行遮光处理，使之黄化，预先给予生根环境和刺激，促进根原组织的形成。可用不透光的黑纸或黑布，在新梢顶端缠绕数圈，新梢继续生长，达到适宜长度时，遮光部分变白，即可自遮光部分剪下扦插。将黄化的枝条露在日光下，仍然能保持良好的生根能力，生根时间可长达几周。生长期黄化的枝条，节间较长，叶片缩小，内部各种薄壁组织的比例增大，微管组织减少，生长素含量高。但将已经生长成熟的枝条黄化，便没有促进生根的效果。

（4）药剂处理　对不易发根的树种和品种，采用生长调节剂处理，可促进发根。可用吲哚丁酸（IBA）、吲哚乙酸（IAA）和萘乙酸（NAA），也可用生根粉1～3号、维生素、0.1%～0.5%的高锰酸钾等，这些均可促进根系生长，效果较好。

插条生根的处理方法有速蘸法和慢浸法。速蘸法常用500～1000毫克/升的NAA、IBA酒精溶液，插条速蘸3～5秒。慢浸法NAA、IBA常用浓度为100～200毫克/升，插条下端1/3浸泡12～24小时。

十四、无病毒苗如何培育？

1. 培育无病毒苗意义

侵染果树的病毒和类菌原体种类很多，根据感染后的表现和特点，一般将病毒分为潜隐性病毒和非潜隐性病毒两类。在砧木和接穗都抗病时，潜隐性病毒感病植株无明显外观症状，表现为慢性为害，使树势衰退，树体不整齐，果实产量、质量、耐贮性降低，肥水利用率（用于果实生产）下降，氮肥利用率降低40%～60%，减产20%～60%；非潜隐性病毒在感病植株上有明显外观症状，一般容易识别（应尽早刨除）。由于迄今为止，对病毒病还没有理想的治疗方法和有效药剂，果树一经感染，就会终生带毒。对我国苹果产区多数品种普查，普遍存在病毒病为害，带毒率30% ～ 95%，给果树生产造成巨大的经济损失。目前，为害我国苹果的病毒主要有6种，其中锈果、花叶、绿皱果病毒为非潜隐性病毒；褪绿叶斑、茎痘、茎沟病毒为潜隐性病毒。目前，只能通过培育无病毒苗和控制病毒传播两条途径，来减少病毒的危害和扩散。因此，培育无病毒苗木，具有重要的意义。

2. 无病毒苗木繁育体系

无病毒苗是指经过脱毒处理和病毒检测，证明确已不带指定病毒的苗木。严格地讲，应为脱毒苗。

（1）无病毒原种的来源

① 国内外引进——检测——原种——保存。

② 选择优良母株——脱毒——检测——原种——保存。

（2）脱毒　常用方法有：

① 热处理。约38℃的高温处理，不仅能延缓病毒的扩散，而且由于器官和组织的生长速度超过病毒的繁殖速度，对病毒有钝化作用。在37 ～ 38℃高温（高些更好），60% ～ 80%的湿度环境中，处理4周以上（长些更好），取顶端长出的10 ～ 20厘米的嫩尖作接穗（旺盛的生长点不带毒），嫁接后，检测，即为原种。

② 微茎尖培养。病毒感染植株后，在植株内的分布并不均匀，生长点附近的分生组织（0.1 ～ 0.2毫米），多不含病毒。进行微茎尖培养，也可获得无毒原种。

③ 热处理与茎尖培养相结合。

④ 茎尖嫁接。

⑤ 珠心胚实生苗利用。

（3）病毒检测方法

① 指示植物法　田间检测；温室检测。

② 接种方法　汁液摩擦；嫁接；昆虫传播。

③ 实验室检测　酶联免疫吸附法；双链RNA分析法；聚合酶链式反应；电镜法。

（4）原种的培育和保存

① 田间　与果园相距50 ～ 100米。

② 组织培养　不断继代培养。5～10年进行1次检测。

（5）繁殖圃的建立（三圃两制）　三圃指的是母本保存圃、母本扩繁圃（包括采穗圃、压条圃、采种圃）和苗木繁殖圃。两制指的是检测制和档案制。

第二章

果树嫁接前的准备

十五、果树嫁接时期应如何正确选择？

果树嫁接时期不同，砧木和接穗所处的生长发育阶段及生理状况不同，温度和湿度等环境条件也不同，在嫁接口愈合、嫁接成活率及树体生长状况等多方面也会表现出很大的差异。因此，选择好适宜的嫁接时期非常重要。不同的嫁接方法，选择的适宜嫁接时期不同；不同果树树种具有不同的生物学特性，选择的适宜嫁接时期也应有所差异。

1. 芽接时期的选择

芽接时，要求接穗芽体饱满，发育充实；砧木生长达到相应的嫁接直径；同时，砧穗双方的形成层细胞处于分裂旺盛时期。一年中，满足这些条件的嫁接时期很长，但在生产中，具体操作时，还应充分考虑接芽成活后，当年是否让其萌发，当地的气候条件是否允许，以及不同树种的特殊要求等因素。

在我国北方，大多数落叶果树芽接的适宜时期，一般在夏季至初秋，时间为7月—9月上旬；此时，砧穗双方的形成层细胞处于分裂旺盛时期，温度和湿度等条件非常适宜嫁接要求，砧木和接穗内部营养物质含量较高，砧木已经达到嫁接所要求的直径，接穗芽体发育充实，嫁接成活率高。如果嫁接时间过早，接芽发育差，砧木过细，直径不够，不便于操作，成活率也低；如果嫁接时间过晚，砧穗形成层细胞停止分裂，也不利于愈合，嫁接成活率也相应下降。

芽接时期还与接芽成活后，当年是否剪砧让接芽萌发有关。如果嫁接后，当年不进行剪砧，接芽保持不萌发状态，嫁接时期不能过早，避免嫁接成活后，接芽当年自行萌发；如果嫁接后，当年进行剪砧，让接芽萌发，嫁接时期尽量要提早，促使嫁接后接芽当年萌发，让萌发的新梢能够有较长的生长发育时间，使其生长充实、健壮，以利于安全越冬。

芽接方式不同，选择的适宜时期不同。带木质芽接，可在晚秋形成层细胞停止分裂不久，或在春季砧木开始生长时进行。

不同树种的特殊要求，选择适宜的时期不同。在雨季，核果类（桃、李、杏等）果树易发生流胶现象，嫁接时期宜选在雨少时进行；核桃冬季容易受冻，在5—6月进行芽接，比夏、秋季芽接，成活率高。

2. 枝接时期的选择

枝接的适宜时期，一般为春季砧木开始生长至新梢生长初期，同时要求接穗必须保持未萌发的状态，一般在砧木芽萌动前或开始萌动而尚未展叶时进行。嫁接过早，伤口愈合慢，且易遭受不良气候或病虫为害；嫁接过晚，砧木新梢已经生长，白白消耗了很多养分，易引起树势衰弱，接穗萌发后，生长时间短，生长不充实，到冬季易受冻死亡。实践中，春季嫁接在萌芽前10天到萌芽期最为适宜。一般在4—5月初，清明至谷雨为宜。

梨树高接换优，枝接可提前至萌芽前1个月进行，一般在3—4月，尤以春分时节最佳，成活率很高；核桃、葡萄等萌芽前后伤流较多的树种，最好避开伤流高峰期嫁接。嫩枝枝接宜在5—7月进行，此时，符合嫩枝枝接要求的接穗，数量多，质量好，嫁接成活后，接穗萌发，新梢生长充实健壮。

同时，嫁接时期宜选在气温较高、晴朗的天气，嫁接成活较好。

3. 根接时期的选择

根接可在春季萌芽前，或在冬季室内嫁接。

> **提示**：坚持四不接，即低温降温天气不接，下雨天不接，刮大风不接，不适时不接。

常见的嫁接方法及时期等见表2-1。

表2-1　嫁接方法和嫁接时期

<table>
<tr><th colspan="2">嫁接方法</th><th>嫁接时期</th><th>其他</th></tr>
<tr><td rowspan="5">芽接</td><td>“T”字形芽接</td><td>苹果：7—8月
桃：5月底—6月初</td><td rowspan="5">1. 仁果类和核果类一般在7—9月份进行；板栗在栗果成熟时期；柿树在春季
2. 果树在春夏秋离皮时可以进行
3. 春接时，应用一年生枝上的饱满芽，秋接时，则用当年生枝上的芽
4. 枝梢具有棱角或沟纹，如枣树和板栗，芽接时，用嵌芽接</td></tr>
<tr><td>方块芽接</td><td>核桃：6月初—6月底
板栗：5月下—6月中</td></tr>
<tr><td>“工”字形芽接</td><td>核桃：6月初—6月底</td></tr>
<tr><td>单芽接</td><td>春季或室内进行</td></tr>
<tr><td>嵌芽接</td><td>春、夏、秋接穗或砧木不离皮时，均可进行</td></tr>
<tr><td rowspan="6">枝接</td><td>插皮接</td><td>春、夏砧木离皮时</td><td rowspan="6">1. 落叶果树在3月下旬—5月上旬
2. 惊蛰到谷雨前后，早春树液开始流动，芽开始萌动尚未发芽展叶前
3. 夏季也可进行嫩枝接</td></tr>
<tr><td>切接</td><td>春季适合根颈1～2厘米粗砧木坐地嫁接</td></tr>
<tr><td>劈接</td><td>春季较细砧木，适合高接</td></tr>
<tr><td>腹接</td><td>板栗：3月下旬—5月上旬
苹果、梨：3月下旬—4月下旬</td></tr>
<tr><td>舌接</td><td>葡萄、核桃春季嫁接</td></tr>
<tr><td>桥接</td><td>因腐烂病或其他伤害，使主干或大骨干树枝、树皮严重受损的果树，采用春季桥接</td></tr>
<tr><td rowspan="2">根接</td><td>普通根接</td><td>酸枣接枣，可在春季萌芽前，或在冬季室内嫁接</td><td rowspan="2">1. 用根系作砧木
2. 用作砧木的根可以完整，也可用一小段根
3. 露地嫁接，选生长粗壮的根，用于劈接，插皮接等；或将粗0.5厘米以上的根截成8～10厘米长的根段，移入室内，在冬闲时，用劈、切、插皮腹接等
4. 砧根比接穗粗，接穗插接于砧根中；如砧根比接穗细，砧根插接在接穗中</td></tr>
<tr><td>接根扦插</td><td>春季、冬季室内嫁接，常用于苹果上</td></tr>
</table>

十六、嫁接前砧木应如何处理?

当砧木达到嫁接直径要求后，可根据不同树种的具体要求，适期进行嫁接。嫁接前，要对砧木有针对性地采取一些管理措施，主要包括以下内容。

1. 摘心

为了促进幼苗加粗生长，可对山荆子、海棠、杜梨等砧木苗，在苗高约30厘米时，进行摘心，以利于当年秋季能够进行嫁接。

2. 去叶和去分枝

俗称“落腿”。嫁接前，要将砧木基部距离地面10厘米以内的叶片和发生的分枝去除，形成光秃带，以方便嫁接操作。如果嫁接成活后，当年剪砧，需要保留嫁接部位以下的叶片，有利于嫁接成活和促进接芽的生长。砧木上部有副梢时，需要进行副梢摘心。

3. 肥水管理

嫁接前约1周，适当施肥灌水，促进砧木旺盛生长，确保砧木水分代谢正常，促使形成层细胞活动旺盛。但是，对于核桃、葡萄及核果类等果树，嫁接前不宜灌水，以避免伤流过多或流胶，影响嫁接成活。

4. 断根处理

梨树实生砧木的主根发达，侧根很少，播种当年，在秋季切断主根，促进侧根发育，有利于栽植成活和幼树快速生长；核桃苗木嫁接前，要采取断根措施，可减少根系吸水，以利于控制伤流，提高嫁接成活率。

5. 高接树的处理

大树高接，常见有主干高接、主枝高接和多头多位高接等多种形式。

主干高接时，在主干上适当部位，选择树皮相对光滑处，将主干拦头锯断。

主枝高接时，按照树体中骨干枝的主从关系，培养有中心干树形时，选择中心干和几个主枝作为高接枝；培养开心形时，只选择几个主枝作为高接枝。根据枝干的长势、直径和分枝等情况，确定嫁接部位，在距离嫁接部位略远处，锯断中心干和主枝。嫁接时，再准确锯到相应的嫁接部位。一般中心干和主枝距主干约20厘米。嫁接部位的枝直径约在5厘米以下为宜，砧木过粗，不利于断面的愈合，也不便于嫁接后绑缚。其他不作为高接枝的大枝，要全部疏除。

多头多位高接时，在原树形的基础上，按照树体现有的主从关系，分别对中心干、主枝、侧枝、大中型枝组等进行修剪或锯除处理，留好接头。

> **注意**：核桃树高接时，锯大枝宜在嫁接前1周进行，主要目的是为了放水，即让伤流提前流掉；如果伤流较多时，还应该在树干距地面10 ~ 20厘米处，呈螺旋状交错锯3 ~ 4个锯口，锯口深入木质部稍许，进行伤流引出。

十七、嫁接前接穗应如何采集？

1. 接穗的选择

接穗应根据品种区域化的要求，选择适应当地生产条件的优良品种。在确定品种后，应从良种母本圃采集接穗，或从鉴定的优良品种的营养系成年母株上采集。为了保证苗木质量，应选择品种纯正、生长健壮、结果性状良好，早实丰产、稳产优质的结果期的树，引入嫁接代数少的，作为采穗母树。选择确定一定数量的采穗母株，应作出标记，并加强肥水管理和必要的植保措施，保证树体健壮生长、无病虫为害，尤其不能有检疫性的病虫害，或特殊病虫害（如枣疯病等），也不能有可通过嫁接传播的病毒病害。

> **注意**：避免不加选择，盲目乱采；也不要在未结果的幼树上采集；最好应建立采穗圃，有计划地采集接穗。

用作接穗的枝条，一般选取树冠外围中、上部生长健壮、芽体充实饱满的外围粗壮新梢或一年生发育枝，有的树种也可选择结果枝，作为接穗。

➢ **注意**：内膛枝、细弱枝、瘦弱枝、病虫枝、伤残枝和徒长枝等质量不良的枝条，不能用作接穗。

2. 接穗的采集时期

接穗的采集时期，根据嫁接时期、嫁接方法不同而有所不同。春季硬枝嫁接所用的接穗，或春季芽接所用的穗条，大多数果树采用一年生枝，在秋季落叶后至翌年春季萌芽前的整个休眠期进行采集，最好结合冬季修剪进行采集，最迟要在树体春季芽萌动前2～3周内进行。

夏季嫁接，用当年新梢或贮存的一年生枝。

秋季嫁接，用当年新梢作接穗，一般采集当年的春梢。

夏秋季嫁接所用的接穗，最好随采随接。如果需要提前采集，采下后，要立即剪去叶片（留下叶柄），减少水分蒸发。

➢ **注意**：接穗的采集和以后的处理过程中，对于不同树种和品种的接穗，要随时做好分类和标记，防止品种混杂。

3. 接穗的采后处理

（1）剪除叶片和新梢的幼嫩部分　主要针对生长季节芽接或嫩枝嫁接所用的新梢接穗，新梢采下后，要立即剪去叶片，只保留1～1.5厘米长的叶柄，以便于嫁接操作和检查成活；新梢上部生长发育不充实的幼嫩部分，不适宜进行嫁接，也应及时剪去。不需贮藏或运输的少量接穗，可放在塑料袋中，也可放到其他的容器中，供嫁接使用；袋内或容器下面，最好放入一些清水，保证新梢充足的含水量。

（2）穗条整理打捆　接穗采集后，进行整理，剪去无用的部分。数量较多的接穗，需要进行打捆。打捆时，一般选择塑料薄膜条、布条等具有一定柔韧性的绑缚材料，打捆效果好，防止因接穗皮层被勒伤导致接穗质量下降或失去使用价值。按照不同的树种和品种，一般

50条或100条为1捆，每捆都要在明显而又牢固的地方，挂上标签，标明品种。

（3）接穗保湿　接穗属于离体材料，在被剪离母树的同时，便被中断了营养和水分供应，属于无本之木。因此，接穗从采穗母树采下后，应立即采取一些相应的措施，以尽量减少水分的损失，保证接穗新鲜和良好的生命力，如果接穗大量失水，会严重影响嫁接的成活。

新梢剪叶的主要目的，就是减少接穗失水。剪叶后的新梢接穗，应放置在阴凉处，上面覆盖湿麻袋、湿毛巾、湿布，或其他的通气保湿材料进行保湿，以减少枝条的水分蒸发。这样，既有利于保湿，又有利于接穗呼吸热的散发。取回的接穗如不能及时使用，可将枝条下部浸入水中，放在阴凉处，每天换水1～2次，可短期保存4～5天，但一般不要超过3天。

休眠期所采集的接穗，可用塑料薄膜覆盖，或包裹保湿。放入地窖，用湿沙贮藏，防止失水干燥。

4. 北方几种特殊落叶果树的接穗采集方法

① 桃　桃的健壮长果枝的侧芽，通常为复芽；有双芽的，其中一个是叶芽，可作为接穗使用；有三芽的，两侧为花芽，中间为叶芽，有叶芽的枝条也可作为接穗（图2-1）。但有些品种的长果枝，侧芽为单芽，并且通常是花芽，只着生单生纯花芽的枝条，不能作为接穗，因为纯花芽萌发后，不会萌发长出枝条。

图2-1　桃的接穗必须带有叶芽

> **注意**：桃树嫁接时，必须选择有叶芽的枝条或枝段，作为接穗。

② 板栗　板栗的结果母枝，通常由发育枝转化而来，一般基部为潜伏芽，中部为雄花段，脱落后形成盲节，然后是果台，前面的一段为果台枝，也叫板栗的尾枝。雄花盲节段节位没有芽，不能萌发形成枝条，注意不能用作接穗；前面的一段有5个饱满芽的，可以作接穗；最好应用发育枝和由发育枝转化而形成的结果母枝，各个节位均有叶芽或完全混合芽，只要发育饱满，都可以作接穗使用。

③ 核桃　枝接时，应采集生长健壮、发育充实、髓心较小的中长枝作接穗，一般用发育枝或结果枝均可。

> **提示**：髓心大的枝条，发育较差，嫁接成活率低，不宜用作接穗。

生长季芽接，应采集木质化程度较高、芽体饱满、生长顺直的新梢，作为接穗；节部弯曲明显、生长不顺直的新梢不宜作接穗，因为从其上部取下的芽片有弓弯，嫁接时，芽片不宜与砧木密切贴合，影响嫁接的成活。

④ 枣　通常应选择生长健壮的1～3年生枣头一次枝，或粗壮的2～4年生枣头二次枝为接穗。一般可结合冬剪进行采集（图2-2，图2-3）。

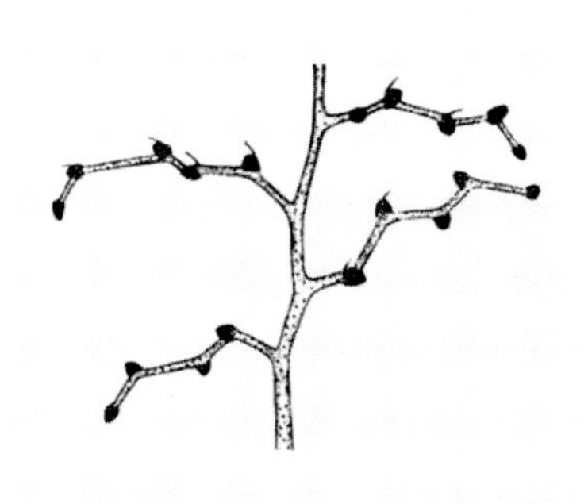

图2-2　枣头一次枝

图2-3　枣头二次枝

十八、接穗应如何正确贮藏？

1. 生长期采集的接穗贮藏

生长期芽接或嫩枝嫁接所用的接穗，最好是随用随采。但许多时候，也会遇到需要短期贮藏和外运的情况，但接穗贮藏期一般不要超过3天，时期不宜过长。如果贮藏时间过长，接穗失水过多，嫁接成活率明显下降。要求贮存于阴凉、湿润、透气的条件，一般温度4～13℃，湿度80%～90%，适当透气。需要远途运输的接穗，运输过程中，也要注意保湿透气，温度适宜。要用蒲包和果筐等通气良好的材料包装好。包装前，先将蒲包浸入水中，待充分浸水，包好后，装入普通果筐起运。运输过程中，要避免高温和曝晒。

贮藏方法包括埋沙法和浸水法等。

（1）埋沙法　适用于各种果树的接穗进行短期贮藏。在阴凉处挖浅沟，沟底先铺一层湿沙，将接穗下端竖立在湿沙上，再将接穗下端埋于湿沙中，接穗上端进行覆盖保湿，或进行喷水，保持湿润。

（2）浸水法　将采集的接穗下端约10厘米浸在水中，接穗上端进行覆盖保湿，或喷水保湿。置于阴凉处，每天要保证换水2～3次。浸水法对核桃等果树应用效果较好，接穗贮藏后，嫁接成活率不受影响；但对于苹果等果树，浸水贮藏的接穗，嫁接成活率降低，效果较差。

（3）井藏　有条件的地方，可利用农村的水井进行井藏。将接穗放在竹筐、篮子等容器中，采集的新鲜接穗包好后，用绳子将筐、篮吊在井中，置于水面1米以上，绳子的另一端在井口外固定。

（4）窖藏　采集的新鲜接穗包好后，放入冷窖内沙藏。

（5）冰箱或冷库贮藏　若能用冰箱或冷库贮藏，效果更好，一般要求保持约5℃的低温。

2. 休眠期采集的接穗贮藏

休眠期采集的接穗，耐贮性很强，可进行较长期的贮藏。贮藏过程中，关键是要保持一定的低温和适宜的湿度，并保持适当的通气条件；注意预防早春发芽，温度一般要求3～5℃，湿度85%～90%，该环境条件几乎对所有果树的休眠期接穗的贮藏都是适宜的；运输时，也应注意保湿、通气和降温。

休眠期贮藏接穗主要有窖藏、沟藏和冷库贮藏。

（1）窖藏　方法比较简单，生产中最常用。多放在低温保湿的深窖或山洞内贮藏。将接穗捆好后，码放在地窖中，用湿沙掩埋即可；也可将穗条竖立放置，下半部埋在湿沙中，上半截露在外面，捆与捆之间用湿沙隔离，窖口要盖严，保持窖内冷凉，这样可贮至5月下旬—6月上旬。在贮藏期间，要经常检查沙子的温度和窖内的湿度，防止穗条发热霉烂，或失水风干。

（2）沟藏　若无地窖，可用沟藏。在土壤结冻前，选择地势较高、不积水、冷凉高燥、背阴处挖贮藏沟，沟深约80厘米，宽约100厘米，长度依穗条的数量多少而定，同时考虑操作方便。入沟前，先在沟底铺一层厚2～3厘米的干净河沙（含水量不超过10%），穗条倾斜摆放沟内，也可分层码放，枝条间填充湿河沙，全部埋没，直至沟口，上面用土培成圆拱形，防止积水，上盖防雨材料。如果接穗数量很多，埋藏沟较长，码放接穗时，最好每隔约2米的距离，由沟底向上竖立一个草把，以利于通风换气。

（3）冷库贮藏　优点是省工、省力，温度易控制；缺点是接穗易失水，影响成活率。因为冷库中的湿度通常较低，冷库贮藏的关键是要做好接穗的保湿措施。要将接穗很好地覆盖或包裹，严防接穗失水。生产中，一般将整理好的穗条放入塑料袋中，填入少量湿锯末、河沙等保湿物，扎紧袋口，置于冷库中贮藏，温度保持在3～5℃。

3. 蜡封接穗

硬枝嫁接的接穗，存放时间较长，嫁接时，经常容易失水，影响嫁接成活。生产中，在嫁接前，对接穗进行蘸蜡密封，封闭接穗的表面，可有效地减少接穗水分的损失，促进嫁接成活。所以，现在嫁接时，普遍推广使用蜡封接穗，蜡封接穗目的就是使接穗减少水分的蒸发，保证接穗从嫁接到成活这一段时间的生命力。

从嫁接到砧木接穗愈合，一般需要半个月时间，在这半个月内，接穗不仅得不到砧木的水分和营养物质，还要消耗原来贮存的养分来使愈伤组织生长。这时很容易抽干，而妨碍嫁接成活。为了保证接口和接穗不抽干，以前多用堆土法，即每接1株树就堆1个湿润的土堆，将嫁接部位全部包起来，接穗芽萌发后，再及时将土堆扒开。对于高接换优果树来说，由于无法将土堆到高接部位，需要用黄泥、树叶等来保湿，天气干旱或下雨时，都会影响树体成活。现在采用的保湿方法，一般是用塑料薄膜包扎后，再套1个塑料袋，此法可以保湿，且比较方便省事，但塑料袋内的高温、高湿环境，常会促进接穗芽的萌发，影响接口愈合，形成假活现象，打开袋口后，接穗往往萎蔫死亡。

> **提示**：蜡封接穗可以减少水分蒸发，可保证从嫁接到成活时间这段时间接穗的生活力，同时不需要埋土和复杂的包扎，减少了嫁接的工序，节省了人工成本。

果农在进行蜡封接穗时，常担心两个问题：一是担心蜡液的温度很高，会将接穗烫死。试验表明：石蜡熔化后的温度在90～150℃之间，只要蘸蜡时间不超过1秒，就不会影响接穗的生活力和愈伤组织的形成。二是担心高温的石蜡是否会影响芽的萌发。试验表明，将已经蜡封的接穗再蜡封1次，经过2次蜡封后，石蜡层加厚了，结果接穗仍然能够正常地萌发，由此可见，芽的萌发虽然是缓慢的，但不会受到石蜡封穗的影响。

试验证明，将接穗置于120℃温度下3秒，接穗生命力仍不受影响。而在实际操作时，接穗在石蜡液中的时间一般均不会超过1秒。甚至在150℃温度下，只要操作迅速，也不会影响接穗的正常萌发。在蜡封接穗时，有些人顾虑接穗会被烫死，所以当石蜡加热熔化后，立即进行蘸蜡，这是错误的。温度低时，封蜡层太厚，耗蜡量大，成本高，而且所封蜡层容易产生裂缝而脱落，影响蜡封的效果。蜡封后的接穗，应立即散放到室外低温处进行散热，若堆放在一起，石蜡温度不能立即下降，则会烫坏接穗。

蜡封接穗具体方法，大致分为剪截穗段、熔蜡和接穗蘸蜡三个步骤。

（1）剪截穗段　将贮藏或刚采集的接穗枝条，洗净表面的尘土、沙粒等杂物，晾干或擦干表面的水分，按照嫁接时所需的长度，进行剪截。剪截时，要特别注意上面剪口下的第一个芽的质量，芽体一定要饱满、无损伤；每段的上半部分必须保证有饱满芽2～4个；枝条过粗的应稍长些，细的不宜过长；应注意剔除有损伤、腐烂、失水及发育不充实的枝条，并且结果枝应剪除果痕（图2-4）。

图2-4　将接穗剪截成穗段

（2）熔蜡　将工业固体石蜡放在较深的容器内，加热融化，熔为蜡液。熔蜡时，可根据条件，采取直接加热、水浴加热和水与蜡共同加热等不同的方法。熔蜡环节关键技术是蜡液温度的控制。蘸蜡过程中，蜡液温度要始终保持控制在95～105℃。温度过高，会烫死烫伤枝芽；温度过低，接穗蘸蜡形成的蜡膜过厚，遇到外力触碰，或田间阳光照射后，蜡膜容易破裂，而没有防止失水的作用。

直接加热是将市场上销售的工业石蜡切成小块，放入铁锅、铝锅或罐头筒等容器内，然后加热至熔化。为了方便控制蜡液的温度，一般采用水浴法和蜡与水共同加热的熔蜡方法。

① 水浴法　将蘸蜡的容器放在水浴锅中，直接对水加热，当锅中的水烧开时，容器中的石蜡也已熔化。这种方法也有缺点，一是水溶锅中的水蒸气会影响正常操作；二是封蜡温度常低于100℃，封蜡层过厚，容易产生裂缝而脱落。

② 蜡与水共同加热法　选用一个能加热的较深的容器，可用直径

约20厘米、深度约25厘米的铝锅、不锈钢锅或其他适当的容器，加入固体石蜡和水，水的体积为石蜡体积的1/3 ～ 1/2，放置在电磁炉或煤火等热源上共同加热。当蜡液蒸腾开锅时，此时温度为100℃，温度达到要求时，即可使用。但是这种方法在石蜡加水后，再加热会产生爆炸声，接穗碰到开水后也容易烫死。

为了防止温度过高，将熔蜡锅向热源的一侧移动，即移出电磁炉外一部分，下面用砖头垫好，使加热点及蜡液翻腾点靠近锅一侧的边缘，而在锅的另一侧，形成平静的蜡面。蘸蜡时，应在平静的蜡液面一侧进行操作。

为了科学地控制温度，可以剪一小段新鲜枝条或接穗放入蜡锅内，当枝条连续冒出小气泡时，说明已经达到100℃，而后改用小火，开始蘸蜡封接穗。一般石蜡温度升高到130℃以上时，石蜡开始明显冒烟；如果没有此现象，且枝条能不断冒小气泡，则证明温度在100 ～ 130℃之间，这恰好是蜡封接穗较为合适的温度。

生产实践中，在石蜡中，加入10% ～ 30%的蜂蜡，用石蜡与蜂蜡的混合液，进行接穗蘸蜡，蜡膜的韧性可明显增强，效果良好。

➢ **注意**：不能用蜂蜡替代石蜡；蜂蜡在阳光强烈的条件下很容易熔化，并且能渗透到接穗芽中，会将开始萌发的接穗芽杀死，引起嫁接失败。因此，不能用蜂蜡代替石蜡。

生产实践中也常用石蜡、松香、松节油，配比为10 ∶ 0.2 ∶ 0.1。配料的作用：石蜡主要起密封作用，在选择石蜡时，尽量选择耐高温的石蜡，因蜡封的接穗在嫁接时，天气的温度都在20℃以上，甚至超过30℃，熔点低的石蜡往往易被太阳熔化，失去保护层的作用，成活率就会大大降低。松香主要起黏着力作用，能将石蜡紧紧地粘在接穗上，以免造成接穗蜡质保护层的脱落，防止接穗脱水。松节油能刺激接穗本身中的养分循环，从而起到促进早发芽，嫩芽健壮，成活率高的作用，但松节油一定要按比例配比，如果用量过大，接穗还在存放期就会发芽，导致到嫁接期无法嫁接。

操作方法：按比例将石蜡、松节油、松香一同倒入锅内加温，待松香熔化后温度达到100～120℃即可。

（3）接穗蘸蜡　接穗经过贮藏后，即将嫁接时，一般只需对接穗的上中段进行蘸蜡，下部用作切削面，嫁接时，下面削面有塑料条或塑料薄膜包扎，不需进行蘸蜡。蘸蜡时，用手指捏住穗段的下端，将穗段中上端深入蜡液中，速蘸一下（时间在1秒以内，一般为0.1秒），迅速取出。这样，除了手指捏住的穗段的下端外，接穗段的上中端表面，就会均匀地包裹一层薄而牢固的蜡膜。

蘸蜡后的枝段，要单条摆放，晾凉，避免相互粘连。

用作贮存的接穗，需将整个接穗表面全部蜡封，操作时，要分2次进行。将剪好的接穗枝段一端迅速在蜡液中蘸一下，迅速取出，稍晾凉，再换另一端速蘸。要求接穗上不留未蘸蜡的空间，中间部位的蜡层可稍有重叠（图2-5）。

图2-5　接穗蘸蜡，蘸蜡后枝段单条摆放

蜡封的工具和方法与处理接穗的数量有关，如果接穗数量少，可用罐头筒、易拉罐等小容器熔蜡，然后逐根蘸蜡；如果数量较多，可用铝锅熔蜡，一次处理3～5根接穗；如果有大量接穗，容器要大，可用铁锅熔蜡，不必一根一根操作，可以将十几根或几十根接穗放在漏勺里，然后在熔化的石蜡中一过，即捞出来，这样1人1天，可蜡封接穗1万根至几万根，大大地提高了操作速度（图2-6）。

图2-6　用漏勺进行接穗封蜡

> **注意**：蜡温不要过低或过高，过低则蜡层厚，易脱落；过高则易烫伤接穗。此配方适用于各种接穗的蜡封，对一些芽眼凸出的品种，如苹果、桃树、葡萄等接穗，温度适宜控制在80～100℃。

> **注意**：蜡封接穗要完全凉透后，再进行收集贮存，可放在地窖、山洞中，要保持窖内温度及湿度。

接穗蜡封后，表面温度很高，要立即将接穗散开，使温度下降，而不能堆放在一起，以免因表面温度不能及时下降，而伤害接穗。蜡封的接穗可立即用于嫁接，但蜡封接穗往往数量较大，短时期内，难以嫁接完成，对未能及时进行嫁接的接穗，应存放到低温、高湿的地窖内，随接随取。很多果民认为，蜡封后的接穗已经不会损失水分，因此放在家中就可以，这是不正确的。因为在室温下，接穗还进行着生命活动，会降低生活力，蜡封后，仍会蒸发少量的水分。鉴于目前农村冰箱比较普及，蜡封后的接穗，可装入塑料袋后，放入冰箱中保存（温度0～5℃）。

另外，关于冬季贮藏接穗，到底是蜡封后贮藏好；还是先贮藏，等到春季嫁接前，再蜡封好的问题。通过试验，经过对比发现，以后者为好，原因是蜡封过的接穗，贮藏一个冬季，接穗上有些石蜡层，会产生裂缝，从而影响嫁接成活率。

蜡封的接穗在冷库里保存，不需要沙藏，用打了孔的保鲜袋装好接穗，或是用箱子装接穗是一样的，但无论是用保鲜袋装或是用箱子装，都不要封闭得太严密，要留有透气孔。因接穗是有生命的，它需要呼吸。接穗放进冷库后，一般冷库温度保持在-3～0℃，保持冷库本身的湿度即可，无需再加湿。（图2-7）

图2-7 箱装接穗，冷库保存

采集接穗时，要把好质量关，蜡封接穗时，要掌握好温度。蜡的温度不能过高或过低，温度过低，接穗的蜡层就会增厚，就容易造成蜡层的脱落，失去保护层的接穗，就会脱水，风干，皮层变皱，翌年嫁接成活率就会大大降低；蜡的温度过高，再加上蘸接穗时，速度稍慢，就容易烫伤接穗，翌年嫁接也会造成成活率低下的后果。如果采集的接穗质量好，蜡封接穗的过程操作得当，保管措施合理，翌年嫁接时，接穗的可用率可达到95%以上。

4. 接穗质量检验

接穗质量的好坏，会直接影响到嫁接后的成活率，所以无论是枝条蜡封，还是芽接或嫩枝嫁接保存的接穗，都要做细致认真地检查，在嫁接时，识别接穗是否还有生命力。数量较多的接穗，尤其是经过较长时间的贮藏，或经长途运输和蜡封的接穗，有可能受到不良因素的影响，而使其质量变劣，在嫁接前，应当进行质量检查，以确保嫁接成活。

（1）生长季节芽接或嫩枝嫁接检验　所用的接穗进行贮藏后，可通过剥皮，观察皮层进行检验。如果有明显的失水，不离皮或变色等异常情况出现时，不可使用。在嫁接时，可先随机选取一接穗用嫁接刀轻轻地将皮层刮起，若发现皮层湿润，就可放心地使用。有的枣农刮起皮层后，喜欢看皮层的颜色，若发现皮层绿绿的，才敢放心地使用；若发现皮层发黄，就不敢再嫁接使用了。其实只看皮层绿不绿，不看皮层有没有水分是不对的，因为接穗皮层的颜色和不同的土壤质地有很大的关系。沙质土壤生长的接穗，皮层是黄色的；黏性土壤生长的接穗，皮层是绿色的。所以，只看皮层颜色，不看皮层水分，是不正确的、片面的判断方法。

（2）春季硬枝嫁接所用的接穗，可采用直接判定法和愈伤组织鉴定法

① 直接判定法　即用眼观察，看接穗外部有无明显失水、发霉、变色、芽体萌发等异常情况出现。通过剪断接穗，剥开芽体，观察内部有无变色失活等异常现象，如果有上述异常情况出现，接穗便不能使用。也可通过看木质情况，来判断接穗有无生活力。凡是失水的接穗，用嫁接刀切削时，感觉木质较硬，很明显有些费劲的感觉；没有失水的接穗，用嫁接刀削时，明显地感觉木质较虚，容易切削。接穗削开后，再看一下木芯，不管颜色是黄的还是绿的，只要发现木芯湿润润的，就可以放心地嫁接使用。

② 愈伤组织鉴定法　在嫁接前的十几天，随机抽取几根接穗样本，剪成小枝段，下端剪成斜面。将接穗小枝段放在盛有湿纱布、湿锯末或疏松湿土的容器内，保持湿度，置于温度为20～25℃的培养箱或温室内。10天后，取出观察，如果斜面伤口形成层处，没有愈伤组织生长，表明形成层细胞已经失去活力，接穗即不能使用；相反，如

果形成的愈伤组织较多，则接穗可放心地使用。

十九、嫁接工具和嫁接材料应如何准备?

在开展嫁接活动以前，砧木和接穗准备、处理好后，还应做好必要的工具、用品的准备工作。

1. 嫁接工具的准备

嫁接工具的种类及质量的好坏，不仅直接地影响嫁接成活，还会影响嫁接操作的工作效率。嫁接要开始前，应对所用工具进行一次全面的检查、试用，对于有问题的工具，要进行整修或更换；同时，做好必要的锉划、磨刀、消毒等工作。对嫁接工具的基本要求是：方便实用、手柄牢固、刀口或锯口锋利、无病菌及病毒。各种刀、剪、锯等工具，在使用前，应磨（锉划）得十分锋利，这与嫁接成活率有很大的关系，必须引起高度的重视。

常用的嫁接工具有剪枝剪、手锯、芽接刀、切接刀、电工刀、扁铲刀、削穗器、劈接刀、镰刀或弯头刀、锤子等；高接时，树冠高大，还应准备好三角梯子等。

（1）剪枝剪　用来剪接穗和较细的砧木。

（2）手锯　用来锯除较粗的砧木。

（3）芽接刀　芽接时，用来削接芽和撬开芽接切口；芽接刀的刀柄有角质片，在用它撬开切口时，不会与砧木树皮内的鞣质发生化学变化（图2-8）。

（4）切接刀　用于切接时削取接穗。

（5）扁铲刀、削穗器　利用扁铲刀和削穗器削接穗，既平又快，相比手持接穗削取，可提高效率近10倍。

（6）劈接刀　用来劈开砧木切口。其刀刃一面用来劈砧木，其楔部用来撬开砧木的劈口。

图2-8　芽接刀

（7）镰刀或弯头刀　用来削砧木锯口，使锯口光滑，有利于伤口快速愈合。

（8）锤子　劈接时，用来锤击劈接刀背。

2. 嫁接材料的准备

（1）绑缚材料　用来绑缚嫁接部位，以防止水分蒸发和使砧木接穗能够紧贴密接。常用的绑缚材料有塑料条带、马蔺等。

目前应用的绑缚材料最多的是塑料薄膜，具有使用方便、绑缚效果好、成本低廉等许多优点。既有利于嫁接伤口绑缚严密牢固，又能很好地防止接口水分的蒸发，促进愈伤组织生长；同时，还可以防止雨水、露水等渗入接口，造成积水而影响成活。使用时，将塑料薄膜依据砧木和接穗的直径，裁剪成宽度适宜的塑料薄膜条。一般情况下，芽接用的塑膜条适宜宽度约为1厘米，枝接所用的塑膜条适宜宽度约为2厘米，大树高接所用的塑膜条适宜宽度约为10厘米或更宽，以更方便于嫁接时的绑缚。

进行芽接或枝接时，如果砧木较细，可使用较薄的塑料薄膜；枝接或高接时，特别是砧木较粗时，应使用较厚的弹性较高不易断开的塑料薄膜，这样更有利于嫁接口绑缚紧密牢固，使接穗与砧木密切贴合，促进嫁接成活。进行单芽腹接时，可应用较薄的地膜进行绑缚，在不解绑的情况下，果树接芽可以自然顶破地膜，萌发出新梢。不用解绑，可减少嫁接后的管理环节。

➢ **提示**：最好选用黑色塑料条，更有利于遮光，形成的愈伤组织多、白、嫩。

（2）水罐和湿布　用来盛放和包裹接穗，避免接穗水分损失。

（3）接蜡　用来涂抹封闭接口，以防止水分蒸发和雨水浸入接口。接蜡有固体和液体两种。

① 固体接蜡　原料为松香4份、黄蜡2份、动物油（或植物油）1份。配制时，先将动物油加热熔化，再将松香、黄蜡倒入，并加以搅拌，加热至充分熔化即成。固体接蜡平时结成硬块，使用时，需加热熔化。

② 液体接蜡　原料为松香8份、动物油1份、酒精3份、松节油0.5份。配制时，先将松香和动物油放入锅内加热，至全部熔化后，稍稍放冷，将酒精和松节油慢慢注入其中，并加以搅拌，即成。使用时，用毛笔蘸取，涂抹接口，见风即干。

（4）愈合剂和修剪工具消毒液　对于一些不用嫁接的剪锯口，嫁接后，用愈合剂涂抹剪锯口，有利于伤口愈合，防止病菌侵染（图2-9，图2-10）。修剪工具消毒液在使用时，能够喷雾进行消毒，非常方便。

图2-9　较大的剪锯口进行涂抹保护

图2-10　涂愈合剂后伤口愈合又快又好

➢ **注意**：在嫁接操作中，应经常对嫁接工具进行喷雾消毒，防止带毒的工具携带病菌或病毒，传染健康植株，造成人为传播病害。

第三章

果树嫁接方法

二十、嫁接类型有哪些？

嫁接方法很多，依据接穗利用状况，可分为芽接和枝接；依据嫁接部位不同，分为根接、根颈接、二重接、腹接、高接；按照接穗、砧木切削、结合方法，以及接口形式，可分为劈接、切接、插皮接、嵌芽接、舌接、靠接等，但最基本的嫁接方法是芽接和枝接。

1. 按照嫁接接穗所取材料可分为

（1）芽接　指在砧木上嫁接单个芽片的嫁接方法。最常见的芽接方法是“T”字形芽接，还有嵌芽接、方块芽接、套管芽接等。芽接方法操作简便、快速、伤口小、宜嫁接时期长，节省接穗，成活率高；不成活的可以及时进行补接，还可进行分段芽接。

（2）枝接　指在砧木上嫁接接穗枝段（含1个或2个以上芽眼）的嫁接方法。其中应用较多的方法是皮下接（插皮接）、腹接、切接、劈接；此外，还有舌接、插皮舌接、靠接、桥接、二重枝接等。主要用于比较粗大砧木的嫁接、利用坐地苗建园、高接换优、更新树冠、修复树干损伤、恢复树势等。枝接便于机械化操作，适宜嫁接时间较长。

枝接按接穗、砧木种类还可分为硬枝嫁接和嫩枝嫁接。

① 硬枝嫁接　用1年生或多年生枝段（保留1个或多个芽）作接穗的枝接方法。

② 嫩枝嫁接　用当年新梢作接穗的嫁接方法。

2. 按照在砧木上的嫁接部位可分为

（1）高接　一般在砧木上部高处嫁接的方法。

（2）腹接　在不剪断的枝干上，进行嫁接的方法。即在枝干的中间部位处进行嫁接。

（3）根颈接（普通接）　在砧木基部截断，在截断处进行嫁接的方法。

（4）根接　用根段作为砧木的嫁接方法。

（5）二重接　在砧木和接穗之间再嫁接一段其他具有特殊性状的砧木的嫁接方法。

3. 按嫁接时期可分为

嫁接方法因时而异，不同的时期，采用不同的嫁接方法。

（1）生长期嫁接　在6—8月份，砧木和接穗已经离皮的状态下，应用“T”字形芽接法和嫩枝嫁接法为宜。

（2）休眠期嫁接　在3—4月份，砧木及接穗不离皮的状态下，宜采用枝接法（包括劈接、切接等）、嵌芽接等。

4. 其他特殊的嫁接方法

此外，还有一些特殊的嫁接方法，如茎尖微嫁接、芽苗嫁接等。

（1）茎尖微嫁接　为了确保无病毒的个体，用在试管内无菌培养发芽的个体为砧木，在解剖镜下，取无病毒或病毒浓度低的茎尖，嫁接在砧木切口断面的形成层上，相互愈合而成活的嫁接方法。

（2）芽苗嫁接　是利用未出土，或是刚出土未展叶的幼嫩芽苗作为砧木，来嫁接胚芽、嫩枝和成熟枝条的一项无性繁殖新方法。

（3）靠接　接穗不脱离母体，把有根的砧、穗各削枝干的一部分，削伤面密接愈合的嫁接方法。

（4）实生嫁接　用刚刚发根的实生苗作为砧木，插入接穗，进行枝接的方法。例如核桃等较大种子的果树树种嫁接。

二十一、果树常见芽接方法有哪些？

用一个生长充实的当年生发育枝上的饱满芽的芽片作接芽，在春、夏、秋三季形成层活跃，皮层容易剥离时，进行嫁接的嫁接繁殖方法，称为芽接，是苗木繁殖应用最广的嫁接方法。

春、夏、秋三季，凡是树体离皮的时候，均可进行，其中秋季是最主要的芽接时期。由于树种和各地的气候不同，芽接的适宜时期也不同。北方仁果类和核果类芽接一般在7—9月进行，速生苗可适当提早到6月；其他树种如板栗芽接，以栗果成熟时期最好；核桃有的地方在春季谷雨前后，芽接成活率高；柿子芽接根据河北群众经验，春接在立夏前后最好，接芽用一年生枝上未萌发的芽；秋季芽接用当年生枝上的芽，最好随采随接，否则影响成活。

芽接优点是操作方法简便，容易掌握，嫁接速度快，效率高，能较经济合理地利用砧木和接穗，一年生砧木苗即可嫁接，而且容易愈合，愈合良好，接合牢固，成活率高，成苗快，适合于大量繁殖苗木。适宜芽接的时期较长，且在嫁接时，可以不剪断砧木，一次嫁接不成活，还可下一年通过其他嫁接方法，及时地进行补接。

根据取芽的形状和结合方式不同，芽接的具体方法有“T”字形芽接、嵌芽接、方块形芽接和环状芽接等。苗圃中较常用的芽接主要为“T”字形芽接和嵌芽接。一般采用秋季“T”字形芽接，翌年春季，未成活的用枝接进行补接。几种主要的芽接方法如下。

1. 不带木质部的“T”字形芽接

因砧木的切口很像“T”字，因此叫“T”字形芽接，或“丁”字形芽接；又因削取的芽片呈盾形，故又称为盾形芽接或盾状芽接。嫁接时，要除去芽片上少许的木质部，使它露出形成层，与砧木的形成层对齐，有利于提高嫁接成活率。“T”字形芽接是果树育苗上，应用最广泛的芽接嫁接方法，也是操作简便，操作速度快和嫁接成活率最高的一种嫁接方法。

育苗中，常用不带木质部的“T”形芽接。一般在接穗新梢停止生长后，而砧木和接穗皮层容易剥离时进行。北方最适宜在7—9月份进行。

芽接接穗应选用发育充实、芽体饱满的当年生新鲜半木质化的新梢。接穗采下后，留约1厘米长的叶柄，立即将叶片剪除，以减少水分蒸发，最好随采随用。取下的芽片一般长1.5～2.5厘米，宽约0.6厘米。

苗圃地嫁接育苗一般选用1～2年生的小苗作砧木，品种改接时选择1～2年生枝条作砧木，砧木直径在0.6～2.5厘米之间，砧木过大或过粗，树皮增厚，不仅皮层过厚不便于操作，而且接后不易成活，影响嫁接成活率。具体操作过程：

（1）切砧　在砧木距地面5～6厘米处，选西北方向一光滑无疤无分枝处，将砧木压斜，横切一刀，宽度比接芽略宽，深度以切断皮层，达木质部为宜；再在横切口中间，刀口中央向下竖切1刀，切口垂直，长1～1.5厘米，使切口呈“T”字形，与芽片长相适应；切后用芽接刀尖或刀柄左右一拨，将砧木两边皮层挑起。

（2）削芽片　左手拿接穗，右手拿嫁接刀。选用接穗上的饱满芽，先在芽上方0.5～1厘米处，横切一刀，切透皮层，深达木质部，横切刀口长0.8～1厘米；再在芽下方1～1.5厘米处连同木质部向上斜削一刀，由浅入深，深入木质部，并与芽上的横切口相交，纵切长约2.5厘米；然后用手捏住芽片叶柄横向一扭，掰取下盾形芽片，芽片一般不带木质部，芽居于芽片正中或稍偏上一点。

（3）插入芽片接合　将芽片由上向下迅速插入“T”形切口内，使接芽片上的横切口与砧木“T”字形切口的横切口对齐，密接嵌实，其他部分与砧木紧密相贴。

（4）绑缚　用塑料薄膜条（宽0.5～1厘米）捆扎绑缚。先在芽上方扎紧一道，再在芽下方捆紧一道，然后由下向上一圈压一圈地将切口包严，连缠3～4道，系活扣（图3-1）。

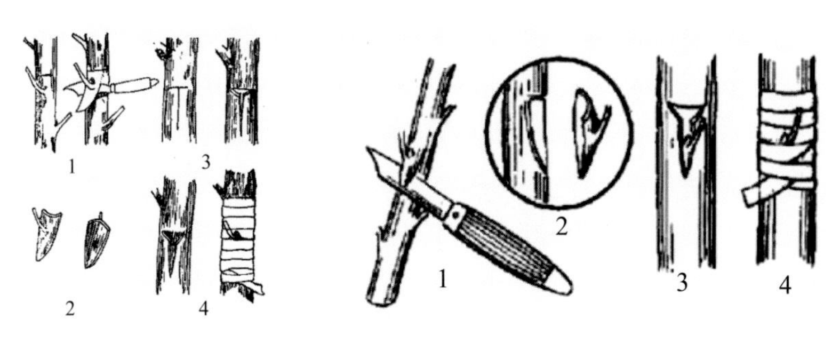

图3-1

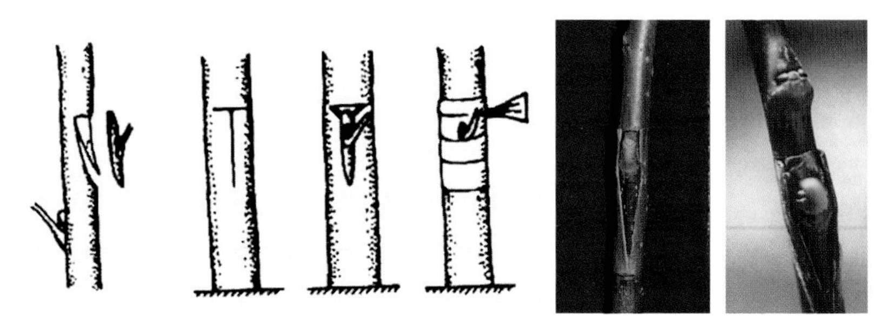

图3-1 不带木质部的“T”字形芽接

1—削接芽；2—取芽片；3—接合；4—包扎绑缚

➢ **提示**：露出叶柄，以便于检查是否成活，露芽与不露芽均可。近年来通过试验证明，不露接芽和叶柄成活率更高，而且操作方便。

不同绑缚方法对果树成活率具有不同的影响，如表3-1所示。

表3-1 不同绑缚方法对果树成活率的影响

树种	品种	砧木	叶柄与芽全部包扎			叶柄与芽露在外边			附注
			接芽数/个	成活数/个	成活率/%	接芽数/个	成活数/个	成活率/%	
桃	大久保	山桃	20	19	95	20	16	80	易因流胶而死
杏	水晶	山杏	15	15	100	20	15	75	易因流胶而死
李	杏李	山杏	10	10	100	10	7	70	易因流胶而死
李	西瓜、李	山桃	10	9	90	10	7	70	易因流胶而死
苹果	金冠	海棠	20	20	100	20	20	100	—
苹果	红星	海棠	20	19	95	20	20	100	—

2. 带木质部的“T”字形芽接

实质是单芽枝接。春季砧木芽萌发时进行，接穗可不必封蜡。选发育饱满的侧芽，在芽上方背面1厘米处，自上而下削成3～5厘米的长削面，下端渐尖；然后用剪枝剪连同木质部剪下接芽，接芽呈上厚下薄的盾状芽片，再在砧木平滑处皮层横竖切一“T”形切口，深达木质部，拨开皮层，随即将芽片插入皮层内，并用塑料条包扎严密，外露芽眼。接后15天即可成活。将芽上部的砧木剪去，促进接芽萌发（图3-2）。

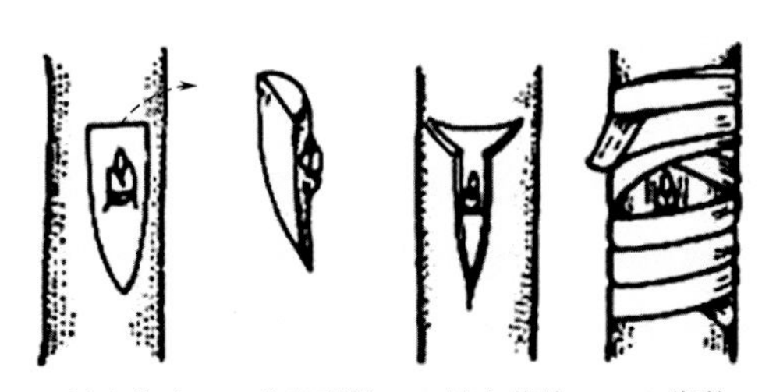

(a) 削取芽片 (b) 芽片形状 (c) 插入芽片 (d) 绑扎

图3-2 带木质部的“T”字形芽接

3. 嵌芽接

嵌芽接也叫带木质部芽接，是一种倒盾形的带木质单芽嫁接法，适用于大面积育苗。在削取接穗的接芽时，盾形芽片内削面要稍带一薄层木质。

嫁接是苗木繁育的重要手段。嫁接技术主要有枝接和芽接两种，它们各具优势又各有一定的局限性。枝接的不足之处在于使用接穗多，繁殖系数低，对砧木又有一定要求，特别是稀少的新优品种繁殖，用枝接很难达到预期的目的；“T”形芽接的繁殖系数较高，节省接穗，但芽接要在植物生长活跃、形成层细胞迅速分裂期进行，一般集中在6—8月，这时最容易剥皮，但此时正是苗圃养护的大忙季节，人力易紧张，加之此时天气炎热，户外作业劳动强度大，条件十分艰苦。

嵌芽接是指芽片上带有一小部分木质部，将芽片嵌在砧木上的嫁接方法，能够很好地解决枝接和芽接存在的问题。这种方法的好处是在大量繁殖苗木时，能够经济利用接芽，加快苗木繁育速度，操作简便，速度快，工效高。根据实践对比，相同熟练程度的技术工人用嵌芽接的方法嫁接比用“T”字形芽接速度提高30%以上。对不离皮，皮层薄，已萌动，半木质化，芽基部严重突起，以及已经萌发的接穗，都可以削取接芽进行嫁接。砧木不离皮或在棱角及纵沟较多的部位嫁接，也易于成活，特别对一些用“T”字形芽接不易操作的品种，如紫叶李、核桃等，可用嵌芽接。其对砧木粗细没有特殊的要求，这是“T”字形芽接所不具备的。嵌芽接不受树木离皮与否的季节限制，春季和生长季节都可应用，在形成层不活跃的3月下旬—9月中旬都能进行，可以延长嫁接时间，能够在全年大部分时间进行，不必集中于野外作业。嫁接后，嫁接苗接合部位牢固，有利于保证成活，不易在接口处出现劈裂的现象。

带木质部芽接法一年四季均可进行嫁接，不受枝条是否离皮的限制，并且由于芽片带木质部不损伤芽片内的维管束，嫁接成活率更高，苗木生长势更强。目前已在生产实践中广泛应用。

> **提示**：对于枝梢具有棱角或沟纹的树种，如板栗、枣等，或砧木和接穗均难以离皮时，可利用嵌芽接法。

具体操作步骤是：

（1）削芽片　选取生长健壮的接穗，在削芽片时，倒拿接穗，用刀在接穗芽的上方1～2厘米处，向芽下向内斜削1刀，深入木质部；然后再在芽下方1～1.5厘米处，向下向内斜削，呈30°～45°角，深达木质部的1/3，与第1刀的切口相接，取下带木质的倒盾形芽片，作接芽用。一般芽片长2.5～3厘米，厚度不超过接穗直径的1/2，宽度不等，依接穗直径而定。

（2）削砧木　在砧木平滑处，用削取芽片的同一方法，在选好的部位自上向下稍带木质部，削成与带木质部芽片长宽均相等的切面，或砧木的切口比芽片稍长一些，深度不能超过砧木直径的1/3，若削口过深，嫁接后易从削口下部折断；将砧木上被削掉的部分取下，下部留有0.3～0.5厘米深的小凹槽。

（3）嵌入芽片　将芽片嵌入砧木切口，接穗与砧木的直径相近时，尽量使接芽与砧木切口大小相近，形成层上下左右都对齐，两者完全吻合，有利于成活；如果接穗与砧木的直径不一致时，芽片的顶部或芽片的一侧与砧木的顶部或一侧对齐，即形成层对正。插入芽片后，应注意芽片的上端，必须露出一线宽的砧木皮层（留白），以利于愈合。

> **注意**：选择砧木、接穗时，双方直径最好相近，特别要注意接穗直径不能大于砧木的直径；切下砧木的长度要与接穗芽片的长度相等或略长，以便愈伤组织产生和砧穗贴牢；接穗切取时，芽片不能太厚，带木质部多，组织愈合难，一般带的木质部越少越好。

（4）绑扎　芽片与砧木嵌合后，用2厘米宽的塑料条绑紧，从嫁接部位的底部自下而上每圈相连进行绑扎，防止水分蒸发和因雨水流入影响成活。捆绑用的材料也可用0.008毫米厚的白地膜，这种材料较薄，又有很强的弹性，不影响接穗生长，而且成本极低。春季嫁接后，芽眼外露，随即剪砧，以利于接芽萌发；秋季嫁接，如果接穗或砧木不离皮时，也可用此法，但不剪砧，捆绑也不露接芽。

若用已萌芽的芽片作接芽，可嫁接在砧木基部，绑缚时，将芽露出绑紧，再取湿润的细面土覆盖接芽1厘米厚，避免接芽干枯萎蔫。覆土后嫩芽继续生长，能自行伸出土面正常生长（图3-3）。

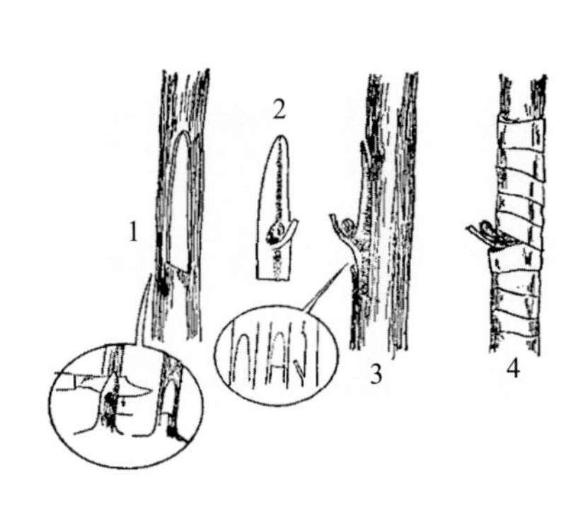

图3-3　嵌芽接

1—削取芽片；2—削砧木接口；3—插入芽片；4—绑缚

> 提示：在秋季芽接时，应将芽眼和叶柄一起包严绑紧，到春季再进行剪砧，解除塑料条；而春、夏季芽接，必须将芽眼和叶柄露在外面，有利于水分蒸发，避免因接口湿度过大而影响愈伤组织的形成，降低芽接成活率。

（5）接后管理　嫁接后3～4周可进行成活率检查。采用带木质部的芽接，由于芽接不受时间限制，又带有木质部，接合口愈合相对较慢，所需时间长，去除捆绑物的时间要晚一些，应在嫁接20天以后，进行松绑。如果松绑过早，接芽与砧木容易翘裂张口，影响成活。春、夏、冬季嫁接的苗木，根据成活及生长情况，适时去除捆绑物；秋季嫁接的苗木，在翌年春季去除。

嫁接后应进行两次剪砧，待芽片稍有活动时，及时剪砧，促进接穗生长，并随时去除萌蘖。第一次在接芽上离芽片0.5厘米处剪去；第二次在苗高20厘米以上时，贴芽平齐剪净砧木上端，以利于伤口愈合良好。

4. 方块芽接

方块芽接也叫块状芽接、方形芽接等。此法芽片与砧木形成层接触面积大，成活率较高；主要用于核桃、柿树、板栗等用小芽片较难成活的树种的嫁接。因其较“T”字形芽接操作复杂，工效较低，一般其他果树树种多不采用。

砧木的切法有三种，一种是切成“口”字形，称“单开门”芽接；一种是切成“工”字形，称“双开门”芽接；还有一种是大方块芽接。具体方法：

（1）“单开门”芽接

①取接芽　方块芽接一般也只适用于1～2年生的小砧木嫁接。在距地面8～10厘米的光滑处，用双刀片在芽的上下方各横切一刀，使两刀片切口，恰好在芽的上下各1厘米处，再用一侧的单刀，在芽的左右各纵割一刀，深达木质部，芽片切成长方形或近方形，长2～2.5厘米，宽1.5～2厘米或长宽各2厘米，如果接穗较细时，接芽还可再小些。

② 切砧木　按芽片大小，用同样的方法，在接穗的光滑部位，按接芽宽度上下各横切一刀，再在两个横切口的中间切一直口，宽约0.7厘米，将皮层撕下，并迅速将砧木横切口内皮层剥离。

③ 嵌入芽片　随即将接穗上的接芽取下，迅速嵌入砧木的切口中，使其上下和一侧对齐，密切结合。

④ 绑缚　嵌好后，用塑料薄膜条绑扎，或用塑料条自下而上绑紧即可（图3-4）。

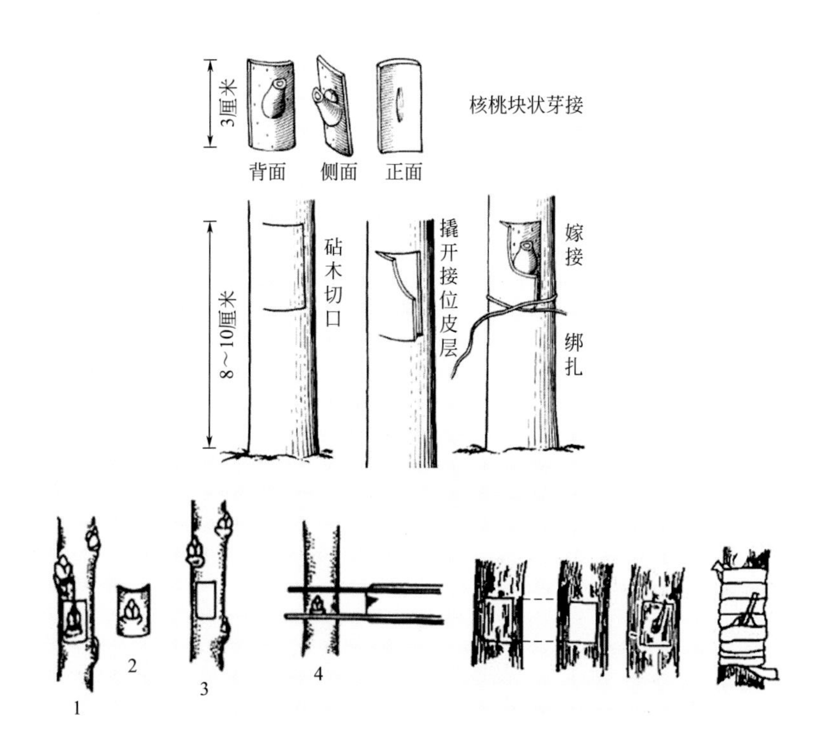

图3-4 “单开门”方块芽接

1—削芽片；2—取芽片；3—砧木切口；4—双刃刀取芽片

> **提示**：嫁接时，操作速度快慢是成活率高低的关键，这是鞣质含量高所致。接芽嵌入后，应迅速绑缚，并力求绑严缠紧，系成活扣。

> **注意**：嵌入芽片时，使芽片四周至少有二面与砧木切口皮层密接，能够保证三面或四面更好。

“单开门”芽接。砧木上的纵切口开在一侧，将皮部挑开后，接芽片从侧方推入，因伤口露出少，而且时间短，在嫁接核桃时常采用，比“双开门”芽接成活率高。

（2）“双开门”芽接　与大方块芽接法基本相同，嫁接时，先在预嫁接部位切一“工”字形切口，切口纵横长约1.5厘米；然后取一个边长为1.5厘米的方形芽片，接芽居中；将砧木切口撬开，放进接芽，用切开的砧木树皮将芽片盖上，再用塑料条绑紧（图3-5）。

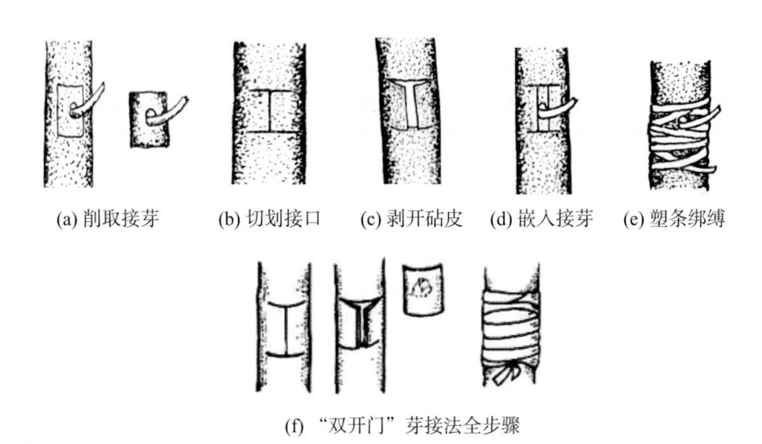

图3-5　“双开门”芽接法

（3）大方块芽接　较“T”字形芽接操作复杂，一般树种不多用，但它比“T”字形芽接芽片大，接触面大，对于用芽片不易成活的核桃、柿子、板栗等比较适宜。

① 切砧木　大方块芽接一般也只适用于1～2年生小砧木嫁接。嫁接时先将砧木在地上约5厘米处，剥去一圈皮层，宽2～3厘米。不要触碰环剥口，应保持洁净。如果接穗比砧木细，不能剥去一圈，可留下一条带状皮层（环剥带）。

② 取接穗芽片　砧木切好后，在接穗上取同样宽度的一个芽片，

使接芽居中。

③ 嵌入芽片　立即将芽片放入切口内。务使接穗芽片和砧木的四边都互相密接。

④ 绑缚　用塑料条上下叠压绑紧（图3-6）。

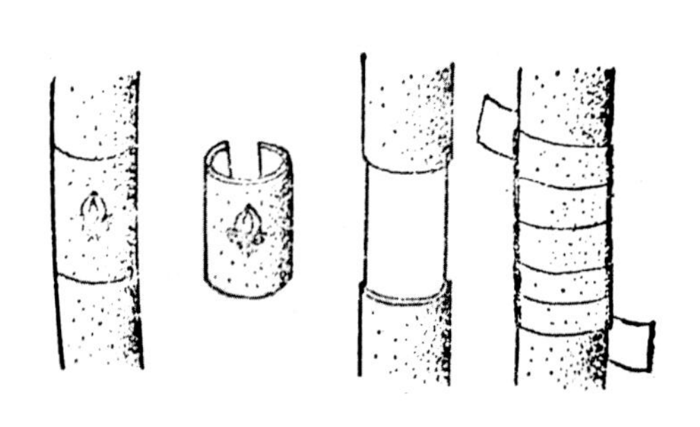

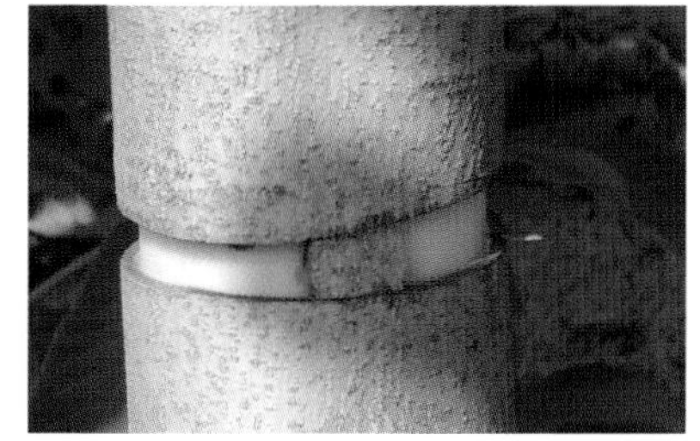

图3-6　大方块芽接

> **提示**：大方块芽接实际上是开口套接；应用时，应注意芽片稍小于砧木切口，如果芽片过大，芽片四周极易翘起，造成嫁接芽片死亡；捆绑时，一定要按紧芽片，否则，往往出现接片成活，而接芽死亡现象，导致嫁接失败。

5. 环状芽接

环状芽接也叫套芽接、管状芽接、拧笛接、套管接。环状芽接砧木与接穗形成层接触面积大，易于成活，主要用于皮部易于剥离的树种，在春季树液流动后进行为宜。柿、板栗、核桃等树种用此法嫁接，可提高成活率。具体方法：

先从接穗枝条芽的上方约1厘米处剪断，然后在1～2个饱满芽的下方约1厘米处切一圆环，深达木质部，用手轻轻扭动，使树皮与木质部脱离，轻轻抽出管状芽套，长2～2.5厘米，呈一管状，再选直径与芽套相同的砧木，剪去上端，从剪口下呈条状剥开皮层，随即将芽套套在木质部上，推至紧密结合的地方，对齐砧木切口，再将砧木上的皮层向上卷起包住芽套，盖住砧木与接芽的接合部，露出接芽，然后用塑料薄膜条绑缚。如果砧木较粗，芽套可开口（图3-7）。

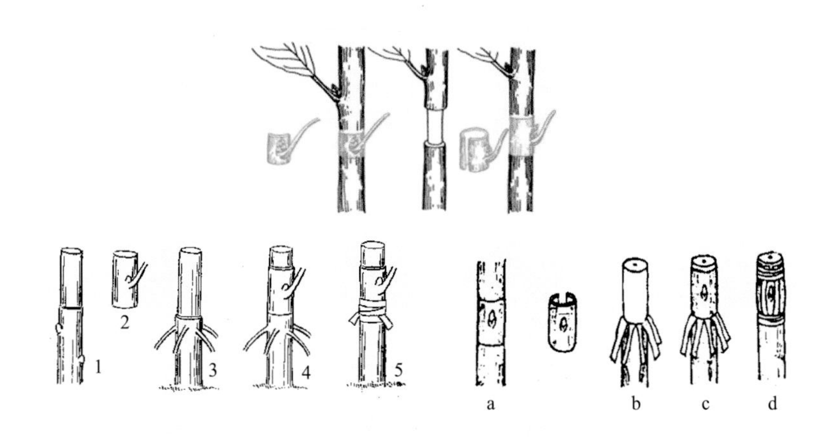

图3-7　环状芽接

1—拧下芽管；2—取芽片；3—砧木扒皮；4—套芽管；5—绑缚

a—取芽片；b—削砧木皮；c—接合；d—绑扎

6. 槽形芽接

在砧木和接穗的适当部位，削取菱形的刻槽，要求大小一致，然后嵌入，进行绑缚（图3-8）。

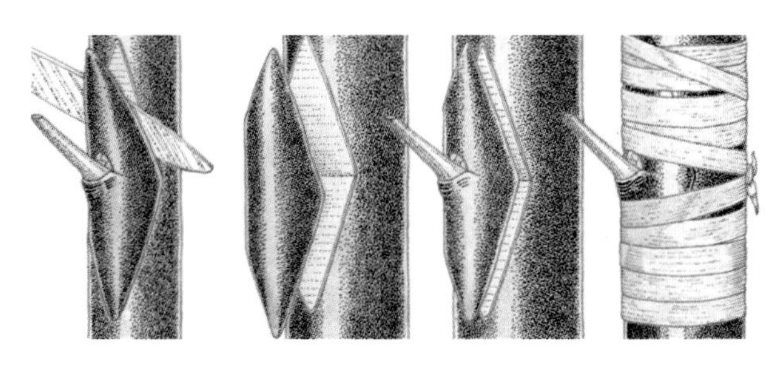

图3-8　槽形芽接

另外，生产上还有芽苗嫁接、种胚嫁接等一些方法。

二十二、果树常见枝接方法有哪些?

将带有一个芽或数个芽的一段枝条作接穗，接到砧木上的嫁接方法，称枝接，是以枝段为接穗的嫁接繁殖方法。多用于嫁接较粗的砧木或在大树上改换优良品种。

枝接可分为硬枝嫁接和嫩枝嫁接。硬枝嫁接主要采用插皮接、劈接、切接、腹接、插皮舌接等方法；在砧木休眠期即可进行，特别是在春季惊蛰至谷雨前后，春季砧木树液开始流动，芽开始萌动，至展叶期，但接穗尚未萌芽的时期最好；有些树种要到发芽后至展叶期，如板栗的插皮接、核桃的劈接等。嫩枝嫁接主要采用插皮接、劈接等方法；多在新梢迅速生长期进行，如葡萄的嫩枝嫁接。

枝接有的在生长季节嫁接，如靠接，还有的冬季在室内进行。

在砧木较粗、砧穗均不离皮的条件下，多采用枝接；枝接常用于果树高接改劣换优；春季对秋季芽接未成活的砧木进行补接；对于根接和室内嫁接，也多采用枝接法。

枝接的优点是成活率高，嫁接后苗木生长快，健壮整齐，当年即可成苗。枝接的缺点是操作技术不如芽接容易掌握；用的接穗多，数量大；嫁接时间受到一定的限制，可供嫁接时间较短；对砧木要求应有一定的粗度。

常见的枝接方法有插皮接、切接、劈接、腹接和插皮舌接等。

1. 插皮接

插皮接也叫皮下接，是枝接中最常用、最易掌握、成活率最高的的一种嫁接方法；广泛用于苹果、梨、山楂、桃、杏、核桃、板栗等果树低产园的高接和低接换头。

（1）硬枝皮下接

① 适用对象　多用于高接换优。操作简便、迅速；但此法必须在砧木较粗，芽萌动，离皮并易剥皮的情况下，才能采用。

② 砧木处理　凡砧木直径在10厘米以下，都可以进行插皮接，在

砧木上选择适宜高度，在砧木的欲嫁接部位，选择光滑处锯断或剪断，剪、锯口断面要与枝干垂直，截口要用刀削平断面，以利于快速愈合。

③ 削取接穗　将接穗下部削成3～5厘米的长削面，下端稍尖，如果接穗粗，削面应长些。削面要平直并超过髓心，接穗上部留2～3个芽，顶端的芽要留在大削面的相对的一面，接穗削剩的厚度一般在0.3～0.5厘米。在长削面的对面，削成0.8～1厘米的小削面，使下端削尖，形成一个楔形；或只轻削去接穗表皮，露出绿色皮层；或在背面的两侧再各微微削去一刀；具体切削应根据接穗的粗细及树种而定。

> **提示**：如果接穗比较珍贵，接穗上可留单芽，进行单芽插皮接（图3-9）。

图3-9　单芽插皮接

④ 接合　在削平的砧木切口下表面，选一光滑的部位，通过皮层划割一个比接穗长削面稍短一点的纵切口，长度为接穗削面长度的1/2～2/3，深达木质部；将树皮用刀向切口两边轻轻挑起，然后将接穗对准砧木皮层接口中间，长削面朝向木质部，在砧木的木质部与皮层之间的切口中间插入，并使接穗背面对准砧木切口正中，接穗上端留白约0.5厘米，这样更有利于愈伤组织的生长（图3-10）。

图3-10　插皮接

1—削接穗；2—砧木开口；3—插入接穗；4—包扎绑缚

如果砧木较粗或皮层韧性较好，砧木也可不切口，如桃、枣等不易裂皮的砧木不必开口，直接将削好的接穗插入砧木木质部和皮层之间即可。其他易裂皮的砧木，将树皮切一垂直的切口。

> **提示：**如果接穗太粗，不易插入，也可在砧木上切一个约3厘米的上宽下窄的三角形切口，以便于将接穗插入。或用一个硬竹签先插开砧木皮层，再插入接穗。不能用接穗直接硬插。

如果砧木较粗，为使伤口及早包合，可根据具体情况，同时接上2～4个接穗，均匀分布，成活后，即可作为新植株的骨架。

⑤ 绑缚　接后进行绑缚。用塑料薄膜条（一般宽3～6厘米）绑扎。尤其是砧木断面伤口，一定要包好，防止水分蒸发，或雨水进入接口；为了保护接穗顶芽不致因失水而干枯，接穗顶端伤面也应用小塑料条包住或涂上接蜡；如果嫁接部位接近地面，包扎材料可改用麻皮捆绑，然后用湿土埋住，土厚6厘米，这样可免去解绑扎条的麻烦（图3-11）。

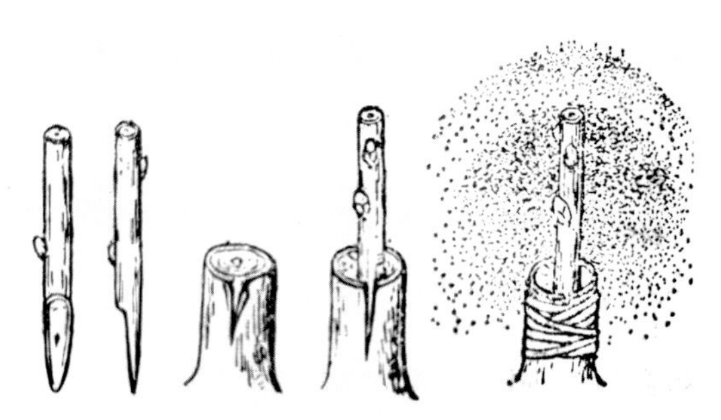

(a) 近地面埋土保湿

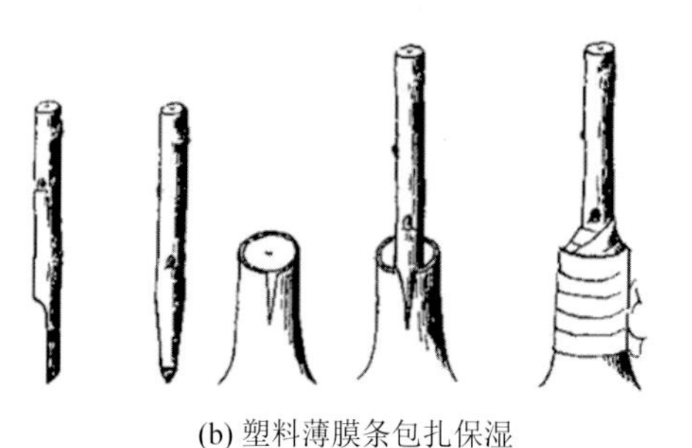

(b) 塑料薄膜条包扎保湿

(c) 套袋保湿

图3-11　嫁接后保湿

> 提示：在砧木断面皮层与木质部之间插入接穗，视断面直径的大小，可插入不同数量的接穗。一般砧木断面直径2厘米以上时，插1个；直径2～4厘米时，可插2个；直径4～6厘米时，可插3个；直径6～8厘米时，可插4个。

（2）绿枝皮下接　是一种过去较少采用的夏季嫁接方法，但在实际操作中，具有嫁接后生长速度快的优点。一般接后约10天，即可发芽，生长速度较芽接快。具体操作方法是：

选生长健壮，直径适宜的一年生绿枝为接穗，一般与砧木差距较大，为砧木直径的1/5 ～ 1/4，较为适宜。削接穗时，要求削面长、平、薄，正面（大削面）长3 ～ 3.5厘米，背面为长0.5 ～ 0.7厘米的一个或两个小削面，呈短箭头状；将砧木平茬后，自上部向下竖切一刀，用刀轻轻拨开皮层，将接穗正面（大削面）朝向砧木木质部，小削面朝向韧皮部，沿竖切口轻轻插入，至接穗离砧木削面0.3 ～ 0.5厘米时，停止（留白，以利于愈合），然后用塑料薄膜（厚度为0.06毫米）将嫁接口包扎紧、包严。最后，将绿枝从接口处至顶端，全部用塑膜包扎（图3-12）。

> **注意**：接芽处只包一层薄膜，这样接芽萌发时，会自行突破薄膜，不需要解除绑缚；翌年春季，将绑缚的塑料薄膜条用刀片割开即可。

(a) 削接穗　(b) 插接穗　(c) 绑切口　(d) 绑扎紧密　(e) 切口绑完　(f) 嫁接成活状

图3-12　绿枝皮下接

2. 切接

（1）传统切接　此法适用于较细的砧木，一般多用于直径约2厘米的小砧木；也常用于根颈1～2厘米粗的砧木，进行坐地嫁接。切接是枝接中一种常用的嫁接方法，在枝接当中具有广泛的代表性，不仅可以培育各种苗木，在大树高接更新时，也常利用。

① 砧木处理　先在砧木距地面3～5厘米处，选砧皮厚、光滑、纹理顺直的地方，剪断树干，剪锯口要削平；然后用切接刀在砧木一侧木质部的边缘，略带木质部，在横断面上为直径的1/5～1/3处垂直向下直切，切口宽度与接穗直径相等，深度应稍小于接穗的大削面，一般深3～4厘米。

② 削接穗　接穗选取生长健壮的枝条小段，接穗上应保留2～4个完整饱满芽；将接穗下部削成2个削面，1长1短，接穗从距下切口最近的芽位背面，用切接刀向内切，深达木质部（不要超过髓心），削掉1/3以上的木质部，随即向下平行切削到底，切面长3～4厘米，在大削面的背面末端削一马蹄形的小削面，长度0.8～1厘米，削面必须平整。

➢ **注意**：接穗不是先剪成一段一段的再削，而是先在基部削好削面后，再行剪断，这样既便于手持接穗枝条，操作安全，又便于选择穗芽，保证嫁接苗的质量。如果接穗比较珍贵，可以进行单芽切接。

③ 接合　迅速将接穗以大削面向里、小削面向外的方向，插入砧木切口；使接穗与砧木的形成层对准靠齐贴紧；如果砧木切口过宽，不能两个边都对齐，必须至少要对齐1个边，对准一边的形成层；接穗插入的深度以接穗削面上端露出0.2～0.3厘米为宜，俗称“留白”，有利于嫁接后愈合成活（图3-13）。

④ 绑缚　将砧木切开的部分包被在接穗外面，用塑料薄膜条由下向上捆扎缠紧，要将劈缝和剪截伤口及接穗顶端全都包严，全封闭，使形成层密接和伤口保湿，防止水分蒸发（图3-14）。

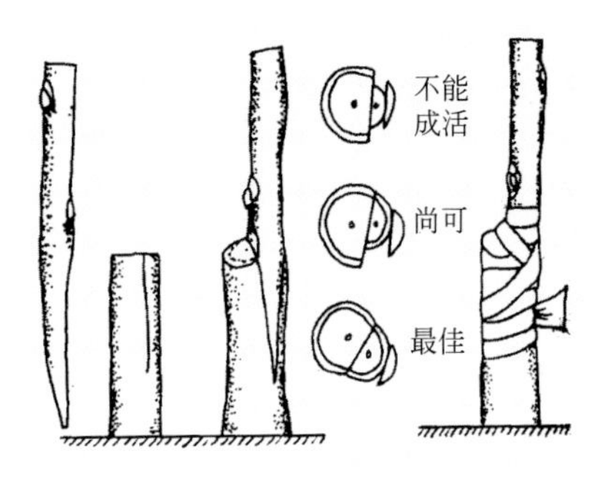

图3-13　对齐情况与成活状况

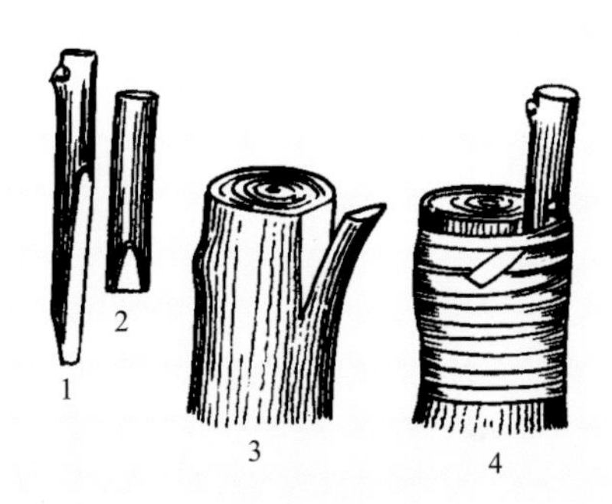

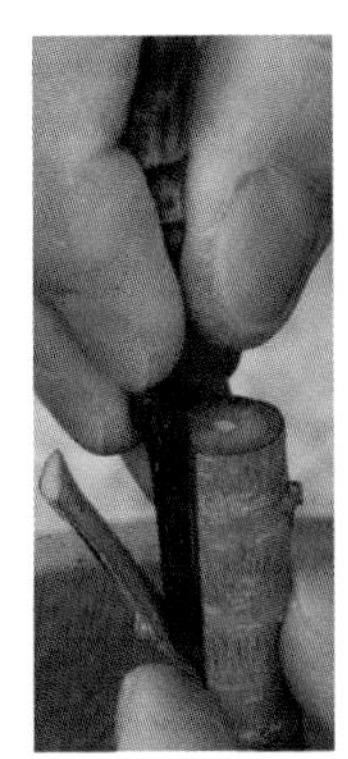
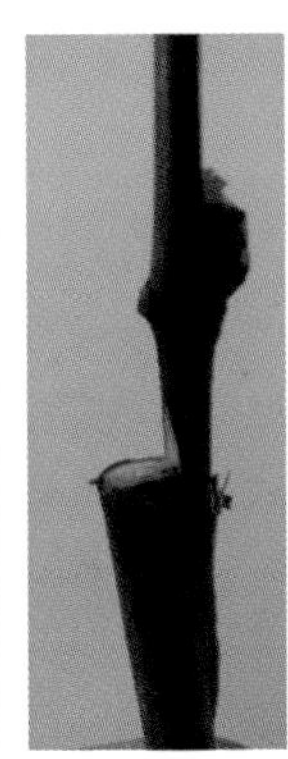

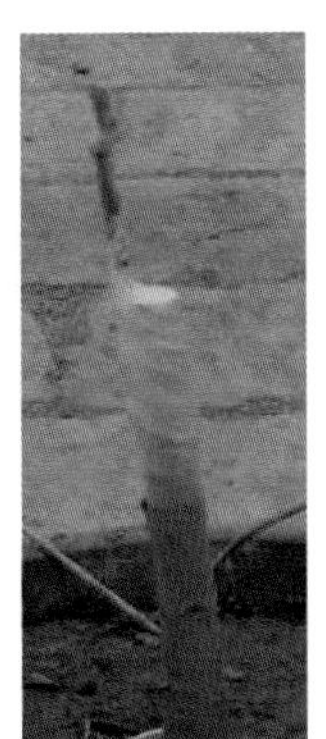
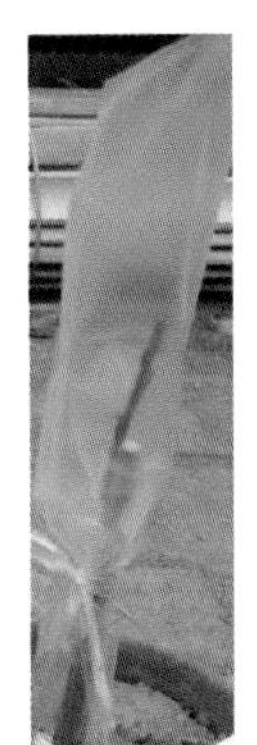

图3-14　切接

1—接穗长削面；2—短削面；3—砧木切口；4—接合绑缚

> **注意**：绑扎时应小心，不要碰动接穗。勿使接合处有丝毫移动，防止形成层离位，影响嫁接成活；嫁接后，为保持接口湿度，防止失水干萎，可采用套袋、封土和涂接蜡等措施（图3-15）。

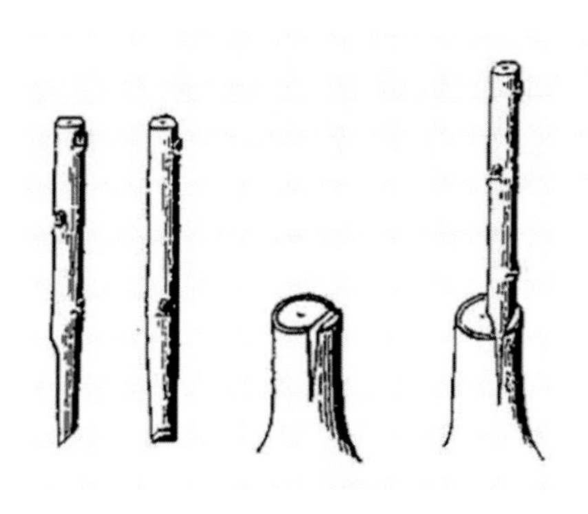

图3-15　接近地面可埋土进行保湿

（2）双切接　双切接最初应用于板栗的嫁接。

① 削接穗　切取生长健壮的1～2年生枝条的中下部5～6厘米，保证2～3个饱满芽，离上芽1厘米处平切，基部呈45°角斜切，一刀而下，长3～5厘米，在削面的背面深至木质部纵切，长3～5厘米，接穗两侧的皮层不能切掉。

② 处理砧木　离地约10厘米处，将砧木平切，其他的处理与传统切接相同。

③ 接合　将砧木和接穗的形成层对齐后，再用砧木与接穗的“皮”分别包住对方的伤口（图3-16）。

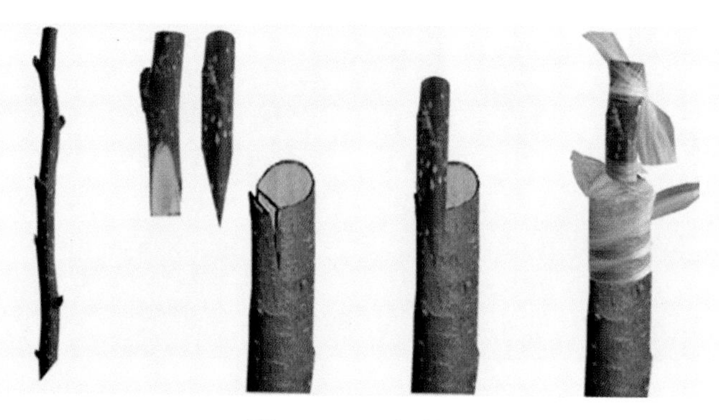

图3-16　双切接

> 提示：这种嫁接方法能增加砧、穗间形成层的接触面积，又可使砧、穗露出的伤口较其他嫁接方法大为减少，因而，可明显提高嫁接成活率。

3. 劈接

劈接是一种古老的嫁接方法，应用非常广泛，适用于大部分落叶果树树种。选用一年生健壮枝的发育枝作接穗；多在春季发芽前进行，在早春休眠期，砧木不离皮时，即可进行嫁接；也可用于生长季的嫩枝嫁接；在砧木较粗、接穗较小时，应用较多；较细的砧木也可采用，并很适合于果树高接。

（1）砧木处理　将砧木在预嫁接部位剪断或锯断，并削平断面。剪锯口的位置很重要，要使留下的树桩表面光滑，纹理通直，至少应在上下6厘米内保证无伤疤，否则劈缝不顺直，木质部裂口偏向一面。待嫁接部位选好剪断，削平断面后，用劈接刀在砧木横断面的中心垂直向下纵劈1刀，使劈口深3～5厘米。

（2）削接穗　一般每段接穗保留3个饱满芽，在距最下端芽0.5～1厘米处下刀，不要过近而伤害下面的芽。用刀在两侧各削一个长3～5厘米的大削面，削面两面对称，使接穗下部呈楔形；两削面应一边稍厚一边稍薄，接穗的外侧应稍厚于内侧；如果砧木过粗，夹力太大的，或一个横切口插2条接穗的，也可以内外厚度一致，或内侧稍厚，以防夹伤接合面形成层；接穗的削面要求平直光滑，粗糙不平的削面不易紧密结合；削接穗时，应用左手握稳接穗，右手推刀斜切入接穗；推刀用力要均匀，前后一致，推刀的方向要保持与下刀的方向一致；如果用力不均匀，前后用力不一致，会使削面不平滑；如果中途方向向上偏，会使削面不顺直；如果一刀削不平，可再补1～2刀，使削面达到嫁接的要求。

（3）接合　接穗削好后，用劈刀的楔部，将砧木的劈口撬开，将接穗迅速轻轻地插入砧木劈口内，使接穗厚侧面在外，薄侧面在内，保证两者的形成层对齐，然后轻轻撤去劈刀。插接穗时，要特别注意使砧木的形成层和接穗的形成层对准对齐贴紧。

> **特别提示**：一般砧木的皮层常较接穗的皮层厚，所以接穗的外表面要比砧木的外表面稍微靠里一点儿，这样形成层才能互相对齐；或以木质部为标准，使砧木与接穗的木质部表面对齐，这样就能保证形成层也对齐了（图3-17）。

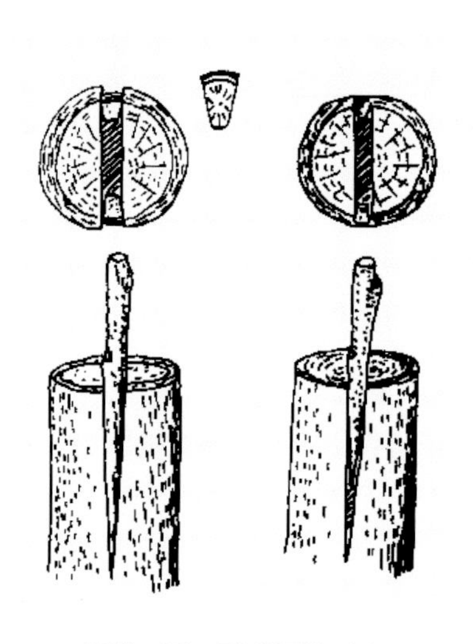

图3-17　形成层的对齐

左图正确，形成层对齐，愈合良好；右图错误，形成层不能接触，不易愈合

插接穗时，不要将接穗削面全部插进去，接穗削面的上端应高出砧木切口，外露0.2～0.5厘米长的削面，俗称“留白”；这样接穗和砧木的形成层接触面较大，又有利于分生组织的形成和愈合。

> **提示**：较粗的砧木，可同时插入2个接穗，一边一个接穗，接穗削面两侧的厚度要一致。过粗的砧木，也可以同时插入4个接穗，同样应注意“留白”。

（4）绑缚　嫁接后，如果砧木过细，夹力不够，必须用塑料条由下向上叠压绑紧。砧木较粗插2个接穗的，可先用塑料条在两个接穗的中间砧木接口断面上，向下横压一道，再进行绑缚，保证绑扎紧密；为防止劈口失水影响嫁接成活，接后可培土覆盖，或用接蜡封口（图3-18，图3-19）。

为了节约接穗，劈接也可采用单芽劈接（图3-20）；也可以在生长季，进行葡萄等嫩枝劈接（图3-21）。

> **提示**：劈接与切接的操作方法基本相同，其区别主要在于：劈接接穗的两个削面等长；劈接砧木的切口从断面中央劈入。

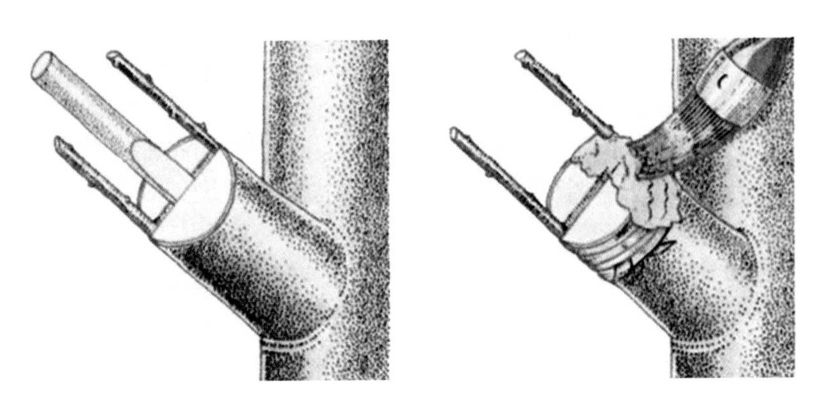

图3-18　插2个接穗，接蜡封口

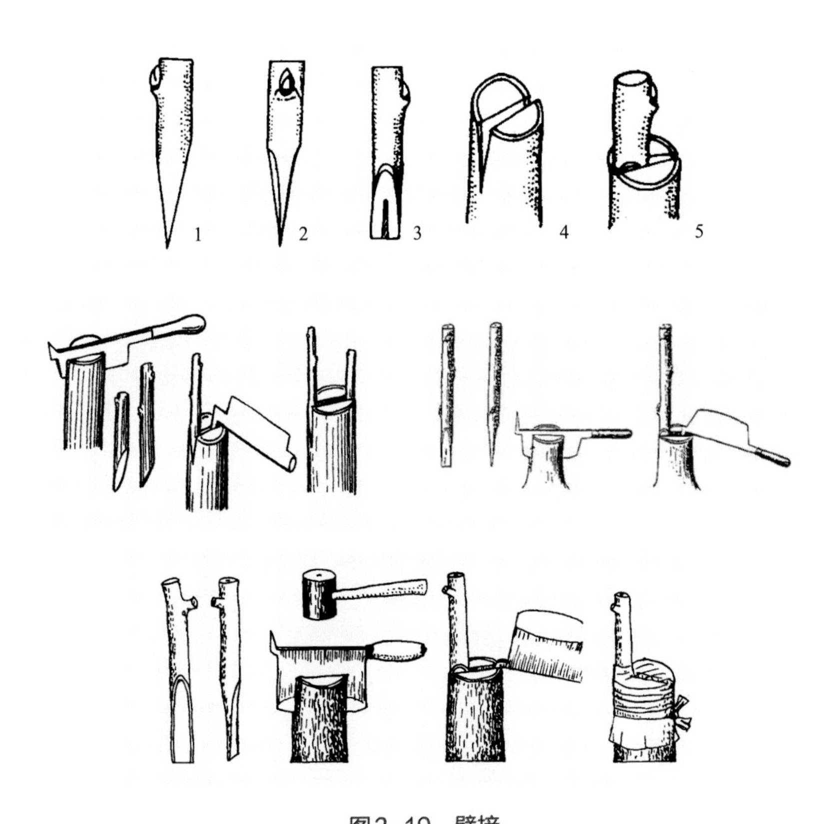

图3-19　劈接

1—削接穗；2—削面等长；3—侧面；4—砧木劈口；5—接合

图3-20　单芽劈接

图3-21　葡萄嫩枝劈接

> 提示：劈接法能使砧木与接穗夹合牢固，成活机会增多；但劈接的切伤面较大，必须特别注意包严伤口，以免影响成活。

4. 腹接

腹接是在砧木腹部中间部位进行的枝接方法。多用于填补植株的空间。一般是在枝干的光秃部位嫁接，以增加内膛枝量，补充空间。嫁接时，砧木一般不去头，不截砧冠，有时可用作活支柱；或仅剪去顶梢，待成活后，再剪去接口以上的砧木枝干。

腹接法的优点：嫁接时对砧木要求不太严格，一般不能用作切接的砧木，均可作为腹接的砧木；操作简便，工作效率高；嫁接部位低，容易培土，有利于成活；可嫁接时间较长，自休眠期到生长发育期长达半年，均可进行嫁接；砧木利用率高，一次接不活，当年还可以再进行嫁接。由于腹接法比切接法具有更多的优点，目前各地已开始推广应用腹接法来繁殖果树苗木。

腹接可分为普通腹接、皮下腹接和带基枝腹接等。常用于果树的高接改良。

（1）普通腹接　也叫斜腹接、切腹接。多用于填补大树树冠空缺部分，因此，接穗与砧木的角度可适当加大，使壮芽向外，成枝后横向向外延伸，扩充树冠，成活后不剪砧。

① 砧木切削　应在适当的高度，选择平滑的一面，在砧木的预嫁接部位，自上而下斜着深切一刀，切口深入木质部，但切口下端不宜超过髓心，深达木质部的1/3～1/2处，切口外深内浅，外深指切口长度与接穗长削面相当。

② 削接穗　腹接接穗以略长、略粗、稍带弯曲的为宜。选1年生生长健壮的发育枝作接穗，接穗削成偏楔形，用刀在接穗的下部先削一长3～5厘米的长削面，削面要平直而渐斜；再在长削面的背面削成长1.5～2.5厘米的短削面，使下端稍尖，两削面间应明显地一侧稍厚一侧稍薄，接穗上部留2～3个饱满芽，顶端芽要留在大削面的背面，削面一定要光滑，芽上方留0.5厘米剪断。

③ 接合　迅速将接穗短削面向外，长削面向内（厚侧面在外，薄侧面在内），插入砧木削面切口，注意保证砧木和接穗的形成层相互对齐密接。

④ 绑缚　接后用塑料条绑扎包严，保湿（图3-22）。

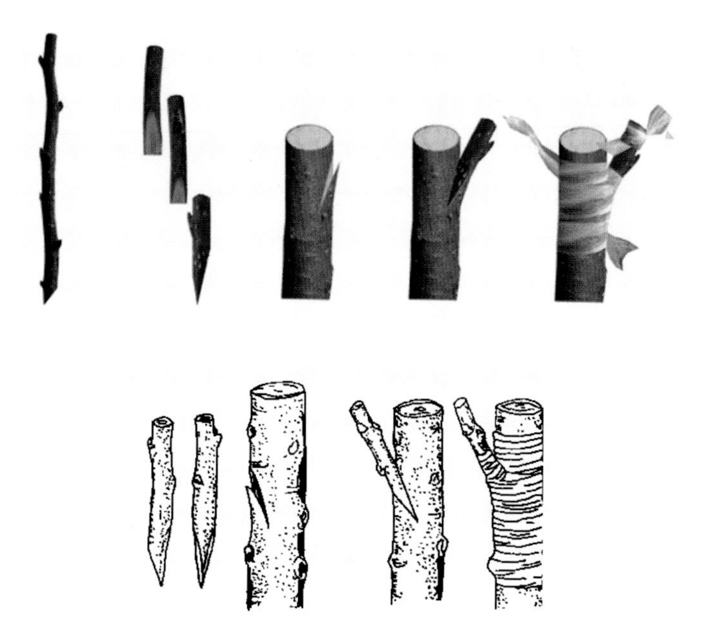

图3-22　普通腹接

（2）平腹接　多用于苗圃地育苗嫁接，接穗与砧木角度小，保证育苗时，能够直立生长。

① 削接穗　在接穗枝条下端，先削一个长2～2.5厘米的长削面，端部深达接穗直径的2/3；再在背面削一短削面，较长削面约短0.5厘米，保留2～4个饱满芽，横向截断，分离剪成接穗。

② 砧木切削　选砧木的嫁接部位，育苗时，在离砧木根颈部3～5厘米范围内，以20°～30°的倾斜角，斜切入砧木，切一平斜切口，深达砧木直径的1/3～1/2，长度与长削面相等。

③ 接合　随即将断离削好的接穗插入砧木切口内，插入时，应将一侧的形成层对准、密接。

④ 绑缚　然后用塑料薄膜条绑扎整个的接合部。

成活后剪砧，可育成主干较直的嫁接苗木（图3-23）。

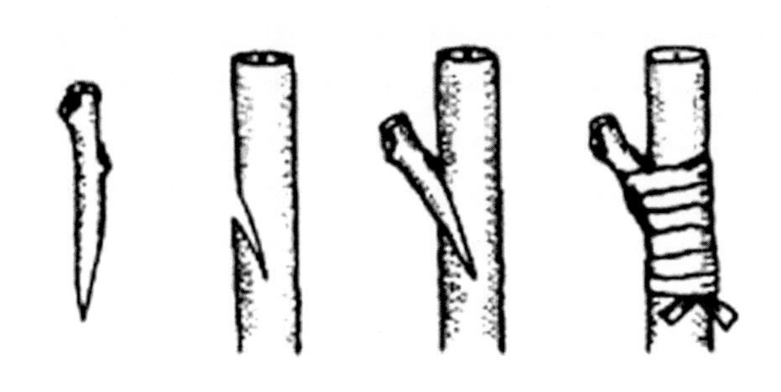

图3-23　平腹接

（3）皮下腹接　也叫插皮腹接、“T”字形腹接，即砧木切口不伤及木质部的腹接方法；主要用于成、幼树内膛光秃带插枝补空及大树的高接换优改造，是一种操作简便，效果良好的嫁接方法。具体方法：

① 砧木切削　在砧木需要补枝的部位（板栗一般每隔75厘米补一个枝），先将砧木的老皮削薄至新鲜的韧皮部（老皮过厚，上有纵纹沟，不平整），这样更便于操作，有利于砧穗密接、绑缚严紧，愈合良好。将砧木适当部位先横切一刀，再竖切一刀，呈“T”字形切口，长3～4厘米，切透皮层，深达木质部，切口最好不伤或微伤木质部；在横切口上端树皮1～2厘米处，用嫁接刀向下，削去一块老皮，呈月牙斜形（半圆形）或倒三角形（漏斗形）坡削面，下至“T”字形横切口，深达木质部，防止接穗插入后“垫砧”（垫砧是指砧木和接穗削面不能接触，接穗削面腾空，影响嫁接成活），便于接穗插入和靠严密接，可提高成活率。

提示：皮下腹接砧木切口部位，一般选在稍凸的地方，或弯曲处的外部。砧木直立或较粗时，“T”字形切口以稍倾斜45°为好，这样树皮夹得较紧。直立插接穗，容易将树皮撑开，不易成活。

② 削接穗　接穗要求长一些，一般约为20厘米，最好选用弯曲的接穗，接穗削面要长，一般为5 ～ 8厘米的马耳形长斜面，长削面平直斜削，尽量削深一些，至下端深达约直径的4/5处；然后在长削面相对的反面，削一长0.5厘米的短斜面；或在背面削下部两侧向尖端各削一刀，呈箭头状，至韧皮部，以露出白色皮层为度。

③ 插接穗　用刀尖撬开皮层，将接穗慢慢用力插入砧木切口，注意大削面向里面。

④ 绑缚　用塑料条包扎紧密，不露伤口（图3-24，图3-25）。

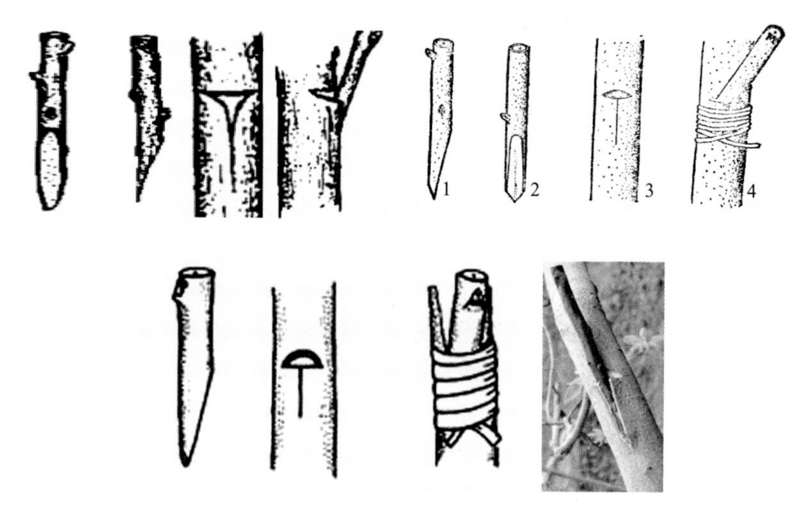

图3-24　皮下腹接

1—削接穗侧面；2—削接穗正面；3—砧木切口；4—接合绑缚

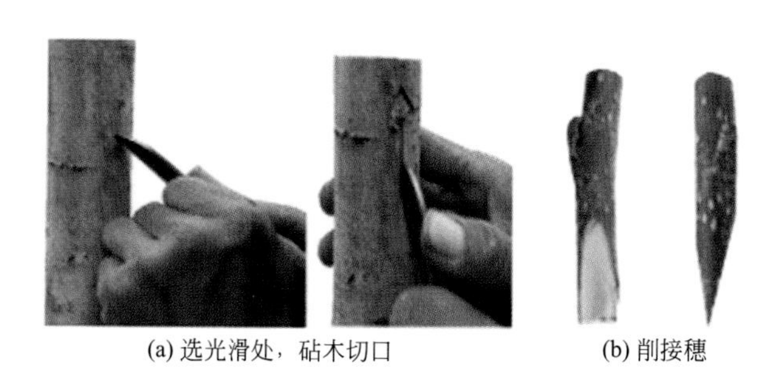

(a) 选光滑处，砧木切口　　(b) 削接穗

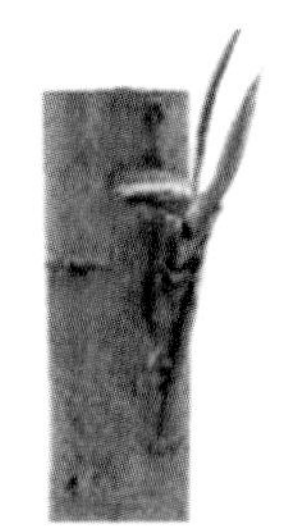

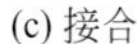

(c) 接合　　(d) 绑扎　　(e) 成活解绑

图3-25　树冠内膛光秃部位腹接

（4）支柱环剥插皮腹接法　此法多用于板栗的高接。具体方法如下：

首先确定砧木的预嫁接部位，然后在嫁接部位以上40 ～ 50厘米处，剪去枝头。剪砧后，各骨干枝仍要保持以前的主从关系，保证从属分明；然后从嫁接部位处，对砧木环割一圈，向上约5厘米处，再环割一圈取下环剥的砧皮；将削好的接穗插入环剥口下砧木皮层，用塑料条绑缚固定。

由于接穗的接口上部进行了大环剥，并且枝头已被剪掉，上部砧木即成了当年的活支柱，待一年后，从接口处锯掉，即很快愈合，成活率高，少风折，生产上已被广泛应用。

（5）带基枝腹接　实际为改进皮下腹接的一种新方法，其优点是基角自然开张角度大，砧木“T”字口上方，不需削切月牙刀口，不必担心“垫砧”。具体方法如下：

将砧木的老皮削薄，没有形成老翘皮的砧木，可不用削，直接在选定的部位割一“T”字形切口，深达木质部；接穗选择二年生母枝上有两条一年生分枝的枝条，在二年生母枝距一年生分枝3厘米处剪下，剩下两个一年生分枝及3厘米长的一段二年生基枝；在分枝上选择一个一年生枝留作接穗，另一个枝条距分枝2厘米处剪下，剪下的枝条可用作插皮接接穗，然后把留下一年生枝条的二年生基枝削成马耳形削面，一年生枝厚，二年生基枝薄（下刀方向是从留下的一年生枝向对面留下的一段一年生枝背面下刀）。削好的带基枝的一年生接穗可直接插入砧木“T”字形接口，用塑料条包扎即可，成活率高，保存率也高。

（6）单芽腹接　与一般的腹接基本相同，但接穗改为单芽。单芽腹接由于接芽短，切口接触面广，容易愈合，成活率高，发芽早，结合牢固，是一种应用较广的方法。适于春季或温室内嫁接。

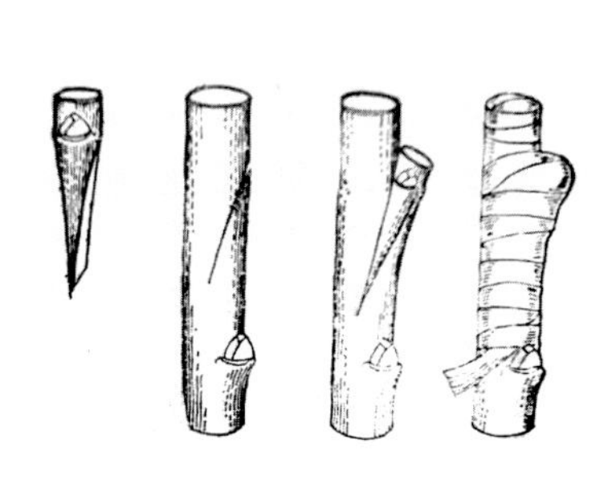

图3-26　单芽腹接

接穗削成楔形，大削面切口长约2.5厘米，嫁接时，将大削面靠里面；小削面切口较短、较陡，长约1.5厘米，嫁接时靠砧木切口的外面。砧木剪一斜切口，深达木质部，长度与接芽相仿；插入接芽后，随即剪砧，用塑料条绑严（也可露出接芽），不要解绑过早，以免影响成活（图3-26）。

5. 舌接

舌接也叫双舌接，是对直径1～2厘米，且大小粗细大体相同，或相差不大的砧木和接穗进行嫁接的一种方法。通常多用于葡萄、樱桃、核桃等室内嫁接。

> **提示**：舌接砧木、接穗间接触面积大，接合牢固，成活率高，在生产上常用于高接和低位嫁接。

（1）削砧木　在砧木上端削成长3.5～4.5厘米的马耳形长削面，再在削面由上往下1/3处，顺着砧木垂直向下切一长1～3厘米的纵切口，呈舌状。

（2）削接穗　在接穗平滑处下芽的背面，同样削成3.5～4.5厘米长的马耳形长斜面，然后在削面由下往上1/3处，顺着枝条往上同样切长1～2厘米的纵切口，与砧木的斜面部位纵切口相对应。

（3）接合　将接穗的内舌（短舌）插入砧木的纵切口中，使砧木和接穗的舌部交叉起来，然后对准形成层，将砧、穗大、小削面对齐插入，向内互相插紧，直至完全吻合，两个舌片彼此夹紧。如果砧穗直径不一致，使形成层对准一侧即可。

（4）绑缚　嫁接完成后，如果作插条用，应放在窖里贮藏备用；如果在成株树上嫁接，接合好后，接口全部用塑料条（宽1～1.5厘米）包严绑紧（图3-27，图3-28）。

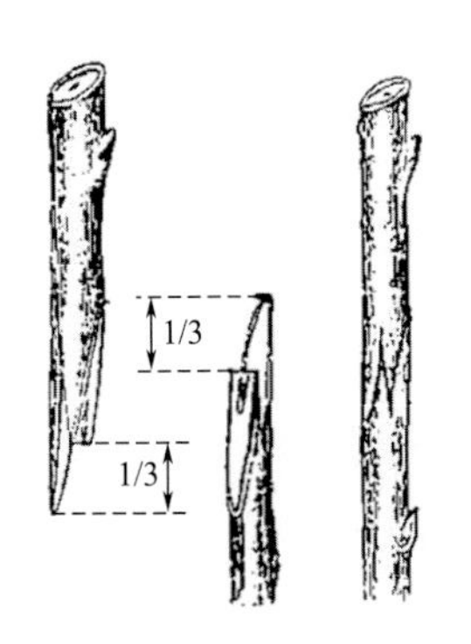

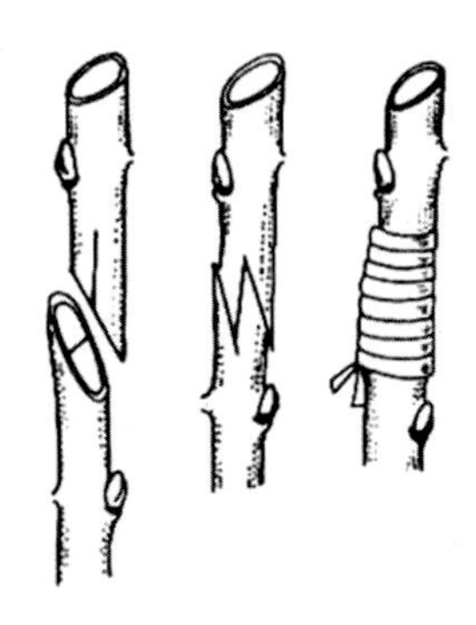

图3-27　舌接

6. 插皮舌接

插皮舌接是在插皮接基础上改进而来，是对插皮接和舌接综合利用的嫁接方法。嫁接适宜时期为树液流动、砧木与接穗容易剥皮时；适合于劈接不易成活的树种，多用于核桃春季硬枝高接。

图3-28　葡萄、大樱桃舌接

（1）削砧木　先从砧木待接枝的平直部位锯去上部，削平断面，砧木接口直径一般需在3厘米以上；然后在砧木接口的待插部位，按照接穗削面的形状，轻轻削去老粗皮，露出新绿皮（嫩皮，韧皮部），其削面的长宽稍大于接穗的削面。

（2）削接穗　穗长约15厘米，削面上端要有2～3个饱满芽，斜削面呈长马耳形，长5～8厘米。

（3）接合　将削好的接穗削面前端的皮层用手捏开，将接穗的木质部轻轻插入砧木的木质部与韧皮部皮层之间，接穗的皮层敷压在砧木削面的嫩皮层上，插至微露接穗削面，留白0.3～0.5厘米即可。

> **提示**：根据砧木的直径确定插入接穗的数量，一般砧木接口直径达3～4厘米时，可插2条接穗。

（4）绑缚　用塑料条由下至上叠压绑缚好（图3-29，图3-30）。

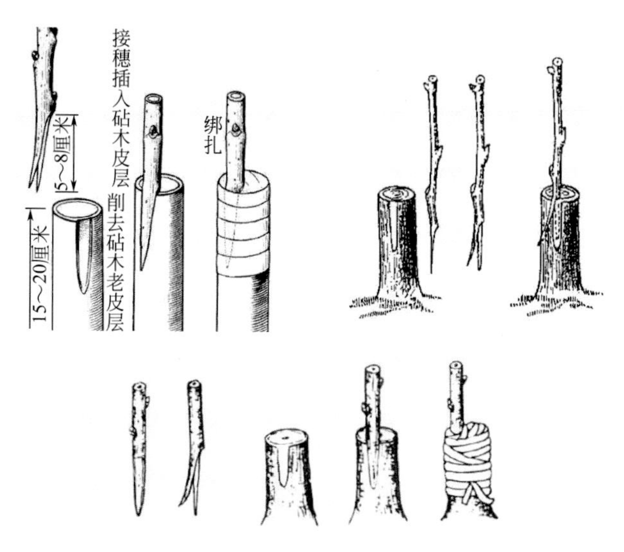

图3-29　插皮舌接

(a) 截断砧木

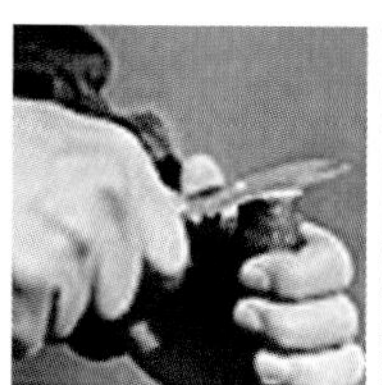

(b) 砧木削平

(c) 砧木露嫩皮

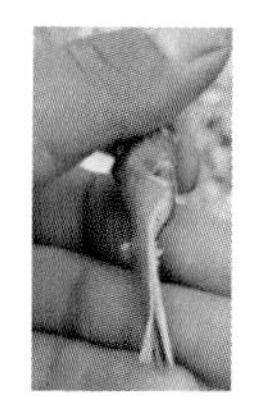

(d) 接穗皮层分离

(e) 接穗插入，接穗皮层覆盖在嫩皮层的削面上

图3-30　插皮舌接操作步骤

7. 靠接

靠接是一种特殊形式的枝接。特点是砧木和接穗在嫁接的过程中，各有自己的根系，均不脱离母体，只有在成活后，才各自断离。

靠接成活率高，可在生长期内进行；但要求接穗和砧木都要带根系，愈合后再剪断，操作比较麻烦。一般多用于接穗与砧木亲和力较差，嫁接不易成活的观赏果树和柑橘类树木。

常用的三种方法为搭靠接、舌靠接、镶嵌靠接（图3-31）。

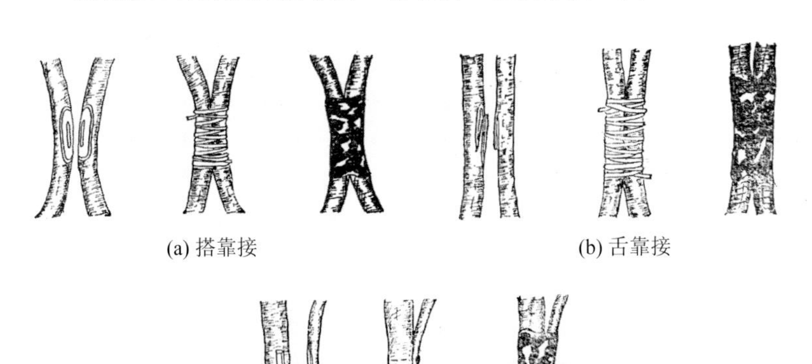

(a) 搭靠接

(b) 舌靠接

(c) 镶嵌靠接

图3-31　三种靠接方法

（1）搭靠接　嫁接前，先使接穗和砧木互相靠近；嫁接时，按照嫁接要求，将二者靠拢在一起。靠接一般在生长期均可进行操作。

选择粗细相当的接穗和砧木，并选择好二者靠接的部位。然后将接穗和砧木在适当的部位分别朝接合方向弯曲，各自形成“弓背”形状。用利刀在弓背上分别削1个长椭圆形削面，接口长度按枝条的直径而定，约为枝条直径的4倍，一般削面长3～5厘米；深达木质部，削切深度为其直径的1/3～1/2；二者的削面要大小相当，以便于形成层对接吻合。

削面削好后，将接穗、砧木互相接合，靠紧，使二者的削面形成层对齐，用塑料薄膜条绑缚。嫁接后较快的一个月即能愈合，愈合成活后，分别将接穗在嫁接接合处的下段，砧木在嫁接接合处的上段剪除，即成为1株独立生长在一起的新植株。

盆景材料靠接通常有两种情况：一种是有了一株形态十分优美的树桩，而它的品种不佳，需靠接品种好的枝条；接穗可不用苗，而用插在盛水的瓶中的枝条来靠接。例如：用野生的果树桩，靠接优良品种的枝。另一种是有品种好的母树，用许多实生的苗作砧木，从母树上靠取，也可得到许多优良品种的小苗（图3-32）。

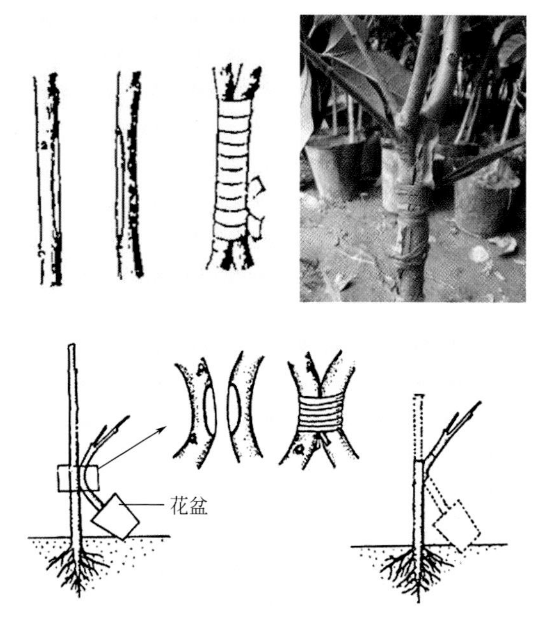

图3-32 搭靠接

> **提示**：由于靠接法的砧木和接穗双方均不离开母体，所以嫁接成活率十分高；但要求砧木和接穗两者枝条的直径十分接近；同时，由于靠接的嫁接口不可能像其他嫁接法那样任意降低高度，可以从原接穗部分萌出新根，因此砧木和接穗不亲和带来的“小脚”“大脚”或断离现象较易发生，在培育中应注意克服或纠正。

（2）舌靠接　砧穗切口削成舌状。

（3）镶嵌靠接　砧木较粗时，将砧木削成槽状，将接穗镶嵌其中。

8. 合接

适用于苗圃育苗及小幼树，砧木与接穗的直径要求基本一致。操作简便，成活率高。将砧木与接穗的接口两个削面部分，贴合在一起，绑紧即成。具体方法是：

（1）削砧木　在砧木近地面约10厘米处截断，然后削成一个3～4厘米的斜面。

（2）削接穗　选择与砧木直径相当的接穗，将接穗的下端也削成3～4厘米的斜面，斜面的角度、长度与砧木相一致。

（3）接合　将接穗的斜面与砧木斜面紧贴在一起，保证二者的形成层对齐。

（4）绑缚　接后用带状塑料薄膜，将接口部位绑紧（图3-33）。

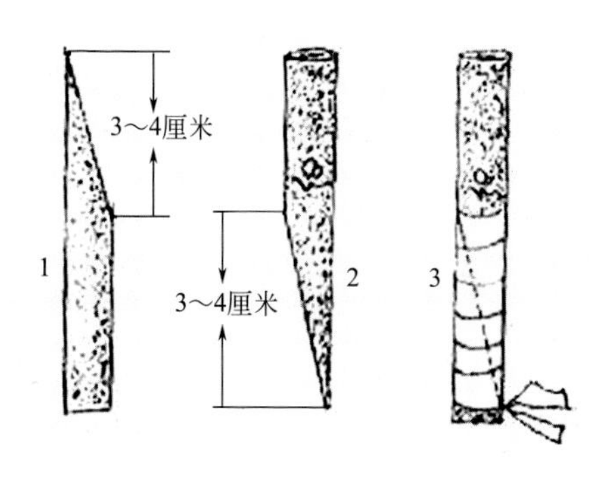

图3-33　合接

1—削砧木；2—削接穗；3—接合绑缚

> **注意**：绑缚时，要用手捏住双方对齐的接口，不要错位；叠压绑紧，不能留一点“风口”。

二十三、怎样进行树桩穿孔补接?

盆景往往有各种缺陷或不足，有的根爪虽然不错，可又高又直，枝托太少。要将这类桩材养成档次高一点的盆景，确实存在不少困难；其实长、直可以通过弯曲、缩龙成寸造型来改造，缺少枝托可以通过嫁接补枝来改造。树桩嫁接，一般采用常规劈接、芽接和靠接等嫁接方法。

用穿枝法补枝、补根，这种方法既简单又实用。嫁接工具就是一把手电钻，方法是选择补枝位钻孔穿枝，待接穗撑满穿孔后，从入口处剪断枝条即可。具体步骤：

（1）选择补枝位　在同一桩体上选择一根能够牵引穿过钻孔的枝条（也可借用其他桩体枝条作接穗）。

> **注意**：接穗枝条以芽位多，未出芽，穿过钻孔不损伤芽体为宜，已长出叶片的枝条摘叶后能不损伤芽的也行。

（2）钻孔　选择略粗于接穗枝条的钻头钻孔，穿孔后，可向孔内注水。

（3）穿枝　将选择的枝条穿过钻孔，如果间隙过大，可填入泥土密封。

（4）密封固定　用防水胶布缠绕桩体，密封和固定枝条。

（5）愈合　所穿枝条长粗后，伤口自然愈合。此后，可视具体情况，借助原水线继续供给养分，也可从穿孔的入口处剪断穿孔的枝条，一年四季都可以进行穿孔补接，关键是要能找到合适的穿枝（图3-34，图3-35）。

图3-34　树桩穿孔补接及成活状

图3-35　用于园艺造型

二十四、果树桥接如何操作？

桥接是利用插皮腹接的方法，在早春树木刚开始进行生长活动，皮层容易剥离时进行，是果树生产上经常采用的方法。主要用于修补、挽救因腐烂病或其他机械伤害使主干或大骨干枝的树皮严重受损，而根未受伤的大树或古树，腐烂病刮治后，使树木重新建立起疏导组织。

> **注意**：选取接穗时，一般要用亲和力强的种类或同一树种作接穗。

具体方法：一种方法是桥接时如果伤口下有发出的萌蘖，利用靠近主干最好是刮治部位同侧的萌蘖，将其上端嫁接在刮后伤口的上端；另一种方法是用一根细长的枝条，将两端接在伤口的刮治部位上下两端。砧木切口和接穗削面的削法，与插皮腹接相同。

如果伤口下有萌蘖，只接上端一头即可，叫一头接；如果伤口下无萌蘖，接穗两端均需插入砧木大伤面的上下两个切口，叫两头接；如果伤口过宽，可以接2～3条，甚至更多的接穗，称为多枝桥接，也叫排式桥接。具体方法是：

（1）削接穗　桥接时，如果伤口下有发出的萌蘖，可在萌蘖高于伤口以上的部位，削成马耳形斜面；如果伤口下部没有萌蘖，可用稍长于砧木上下切口的一年生枝作接穗，在接穗上、下端的同一方向，分别削与插皮接方法相同的长约5厘米的斜削面。

（2）切砧木　将受伤已死或被撕裂的树皮去掉，露出上、下两端健康组织即可。

（3）插接穗　将接穗两端插入伤口两端的切口内；为防止接穗脱出，可用1.5厘米长的钉鞋钉，或其他小铁钉，钉入插入接穗的削面，将接穗两端轻轻钉住。

（4）绑缚　嫁接后，用电工胶布贴住接口，或用塑料条捆绑，系住接口，以减少水分的散失（图3-36，图3-37）。

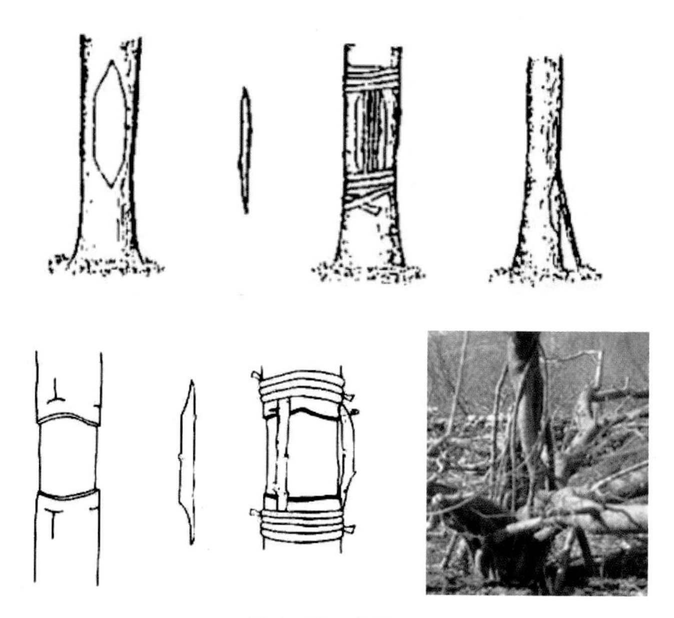

图3-36　桥接

(a) 接穗两头桥接

(b) 活接穗一头桥接

(c) 定植苗桥接治疗

图3-37　桥接方法

> ➢ **注意**：桥接枝条成活后，接穗便萌芽长枝，萌生的枝条在第一年应摘心保留，这样有利于桥接枝条的加粗。

二十五、什么是二重枝接？什么是槽形枝接？

1. 二重枝接

二重枝接主要用于苹果矮化中间砧苗的培育。由根砧、中间砧和品种3段组成，一般培育中间砧苗需要2年出圃（图3-38）。

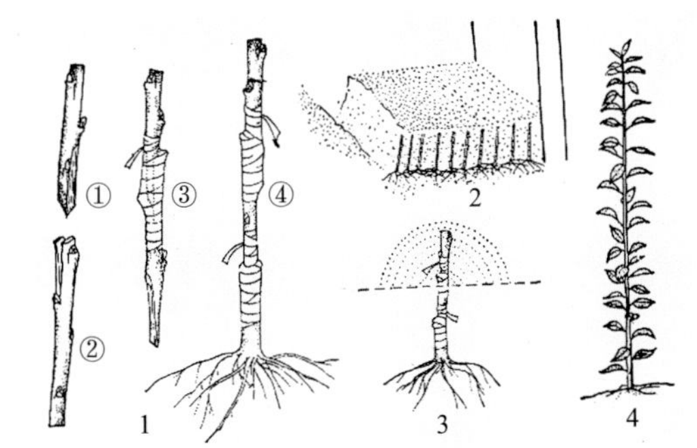

1—室内嫁接：① 品种接穗，② 中间砧，③ 品种接穗与中间砧接合，④ 再接到基砧上；2—窖内贮藏；3—露天栽植；4—当年成苗

图3-38　枝接二重砧法

2. 槽形枝接

在砧木适当部位，削取上大下小的刻槽，要求两面大小一致，接

穗削成棱状，与砧木凹槽相匹配，然后嵌入，进行绑缚（图3-39）。

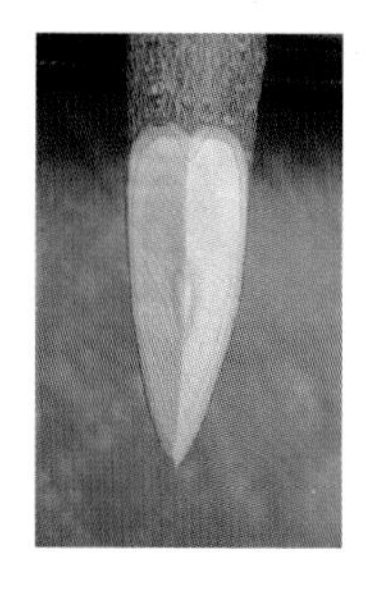

图3-39　槽形枝接

二十六、什么是根接？如何操作？

根接是用果树的根作砧木，将接穗直接嫁接在根上的嫁接方法。

（1）根接嫁接部位，主要有主根接、侧根接、根蘖接等方法

① 主根接　将砧木平齐主根的根颈切断，再将切口边部的皮层与木质部相接处，用刀切开，深约4厘米；接穗长约10厘米，削成楔形，插入其中，再用塑料薄膜包扎好。

② 侧根接　较大的砧木，只将大侧根挖出尖端，从适当处切断，再削好接穗，嫁接在侧根上，然后覆土埋正即可。

③ 根蘖接　有根蘖的砧木，可在每株根蘖上，用枝接法，各嫁接一株。

> 提示：根接时期，一般在秋、冬季节的室内进行，结合苗圃起苗，收集砧木。

（2）根据接穗与根砧的直径不同，可分为正接和倒接

① 正接　根砧比接穗粗，在根砧上切接口。

② 倒接　根砧比接穗细，将根砧按照接穗的削法进行切削，接穗按照砧木的削法切削，然后进行嫁接（图3-40）。

（3）根据根接利用方式，有普通根接和接根扦插两种　无论是普通根接或者是接根扦插，实际上都是枝接的一种，嫁接时，根据具体

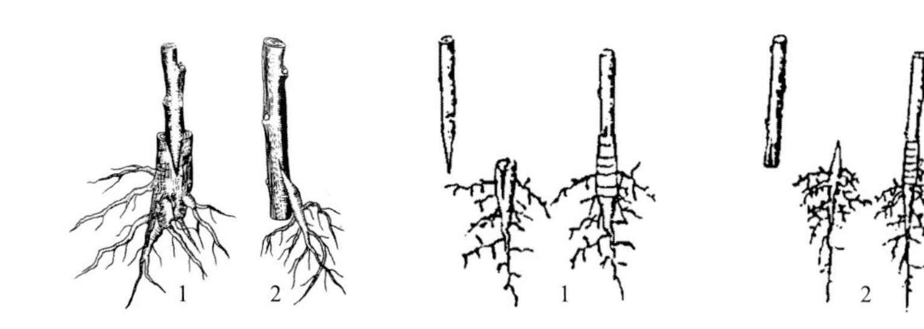

图3-40　根接

1—正接（劈接）；2—倒腹接

情况，可以灵活选用劈接、切接、靠接等方法，其他各种枝接法也均可采用。只是因为它们的嫁接部位在根上，所以称为根接（图3-41）。

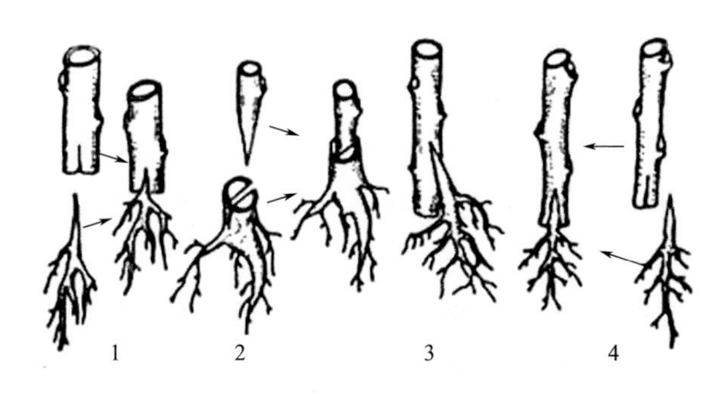

图3-41　根接可用多种嫁接方法

1—倒劈接；2—正劈接；3—倒腹接；4—皮下接

① 普通根接　切砧木。砧木要求收集并剪截成直径1～2厘米、长约15厘米的根砧。嫁接时，先在根部选好嫁接部位，将根剪断削平，根据具体情况，可选用皮下接、劈接、切接、靠接等枝接方法，切法与相应的嫁接方法的砧木处理方法要求相同。

削接穗。根接的接穗，可以削成劈接、切接、靠接的削面。与劈接、切接、靠接的接穗削切方法要求相同。

接后绑扎埋土。接口用塑料条或麻条绑扎好。

> **提示**：根接一般多用于酸枣接枣。

② 接根扦插　适用于春季和冬季室内嫁接，目前多用于苹果育苗。方法简单，出苗快，可嫁接时间长。

嫁接前，先将根准备好，特别是冬季和早春室内嫁接时，更需要在土地封冻前，准备树根（此时可充分利用苗圃地起苗后残留的根）。将挖好的根，捆成小捆，贮放在窖内，用湿沙埋好，随接随取。

嫁接时，选用直径为0.1～0.2厘米的根，剪取6～10厘米为一段，在其上端削一个长1～1.5厘米的削面，削面的背后削成马蹄形；然后将接穗剪截为8～12厘米长的小段（上有3～4个饱满芽），再将其顶芽对面的下端剪成马蹄形切口，用手轻轻捏住切口顶端，将根长削面向上插入木质部与皮层之间，切勿使皮层裂开。冬春季节接穗不离皮，应先用微热温水浸泡下端；嫁接时，可先用准备好的竹签在皮层和木质部之间轻轻刺入，不使皮层裂开，再插入接穗；嫁接后可不必捆绑，用手倒提接根轻轻摆动，不松动，不脱出为宜。

如果根的直径在0.2厘米以上，不宜用皮下接的方法嫁接时，也可采用劈接法。将选好的根系上端两面削成等长的削面，1～1.5厘米，接穗由下端中间劈一切口，将根插入即可。

将接穗与根系砧木结合，接后最好用麻皮、蒲草或马蔺草等能分解不用解绑的材料绑扎捆绑，并用泥浆等封涂，可起到保湿的作用。根接的绑扎最好不用塑料条，因塑料条在土中不易腐烂，不会自然降解，需要解绑；如果不解绑，塑料绑扎条就会影响加粗生长，妨碍苗木的正常生长发育。嫁接后，先埋于湿沙中，促其愈合，成活后再进行栽植。冬季室内嫁接用麻皮等捆绑时，贮藏时湿度不宜过大，否则在贮藏过程中麻皮等易腐烂，扦插时，引起接口松动，影响成活。

> **提示**：根较细、接穗较粗时，可采用倒接法，即根和接穗的削法全部颠倒，将根插入接穗内（图3-42）。

沙藏储存。挖深60厘米的贮存沟，长度和宽度根据需要而定；沟底先铺约10厘米厚的湿沙，湿沙以手握成团落地即散为好；将嫁接好的砧穗，移入贮存沟内，用湿沙填满盖严；4月上旬伤口愈合后，即

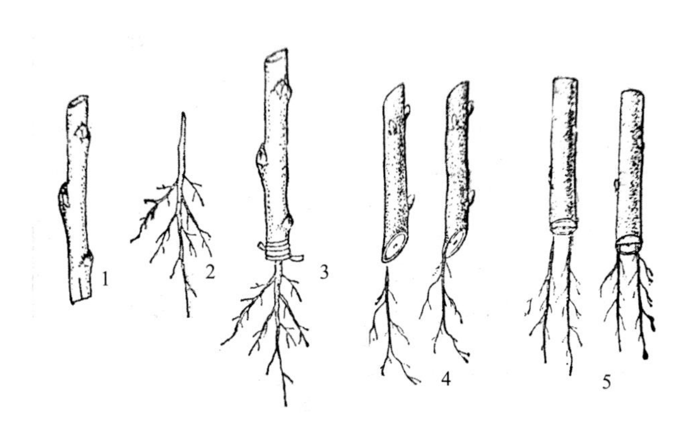

图3-42 接根扦插倒接法

1—接穗下面切口；2—细根上端削面；3—根插入接穗中绑缚；4—皮下接；5—劈接插两条根

可栽植育苗。春接春育的，接好后，可放在温床上促进愈合，2周后，再进行栽植育苗。

> 提示：育苗时，先将苗畦灌水保墒，水渗下后，再进行栽植育苗，避免浇水过早，影响成活。

除了以上的常用枝接方法外，还有茎尖微型嫁接、贴接、平接、髓心形成层对接等特殊的嫁接方法。

二十七、嫁接方式有哪些?

1. 苗木嫁接

1～3年生的幼苗、小幼树嫁接，多采用苗木嫁接法；嫁接苗开始结果早，能保持品种的优良性状。

2. 高接

果树嫁接能保持果树品种的优越性，提高品种的适应性和抗逆性，提高果实品质，增加效益。我国北方冬季严寒，极端温度低，且持续时间长，栽培品种越冬后，常出现不同程度的冻害，轻者减产，重者整株死亡，通过高接栽培，能够提高某些果树品种抗寒能力，是寒地发展果树生产的有效途径之一。

高接是利用原有果树的主干和根系，采用多头多位的嫁接方法。主要用于嫁接改良或更新果树品种，以改善果树品种结构，提高果品质量和生产效益。3～5年及以上生树冠较大、分枝级次较多的砧木，一般多采用多头高接，即依据原树冠骨架的枝类分布状况，在较高的部位嫁接较多的枝头，尽可能少地缩小树冠。

（1）多头高接特点

① 可充分利用原有的树冠骨架，接头增多，树冠恢复快，能保持树体的上下平衡。

② 伤口较小，愈合容易；因嫁接部位不同，可以灵活选择多种多样的嫁接方法。

③ 可充分利用树冠内膛，促使树冠内膛结果；还可进行插枝补空，增加结果部位，防止结果部位外移，保证立体结果，提高产量和效益。

④ 嫁接后结果早、早期丰产、产量高。一般高接后，第2～3年可恢复结果，甚至超过原树的产量；第3年可恢复树冠，获得高产；5～6年即可大量结果，比低接树提早结果2～3年，早丰产3～5年。

⑤ 能够提高果树的抗寒性。果树高接栽培比低接栽培一般提高抗寒最低温度1～3℃，可使抗寒力弱的品种，能够适应寒地气候条件，以利于安全越冬，从而扩大优良品种的适种范围；果树一般通过高接后，表现抗寒力提高，并大幅度增产，增加了经济效益。

⑥ 可减轻病害的发生。病害是因树势衰弱或由于果树遭受日灼或冻害之后，病原菌侵染坏死组织而引起的；它发生的部位主要是主干和主枝，如苹果树腐烂病、李树流胶病等。高接栽培选用了抗寒力或抗病性强的树种或品种作树体骨架，因而增强了树体整体的抗性，从而减轻了主干和主枝基部病害的发生。

（2）嫁接时期　果树嫁接有早春嫁接、夏季嫁接和秋季嫁接，应选择最佳的嫁接时间。早春嫁接在果树萌芽前进行；夏季嫁接在接穗芽充分成熟后进行；秋季嫁接在夏末秋初进行。改良果树品种的嫁接，除葡萄等需用嫩枝嫁接的果树必须选择在夏季嫁接外，一般大多数果树都可选择在早春嫁接；芽具有早熟性的果树，即一年中有多次发枝特性的果树，可选用秋季嫁接，但要注意幼枝的越冬防寒。

> 提示：一般果树选择早春嫁接改良，更有利于嫁接后枝的生长和树冠的形成。

（3）高接在生产上的应用　果树高接主要包括主干高接、骨干枝高接和多头高接；高接的部位，要根据树龄的大小、嫁接方法及嫁接目的而定。

① 主干高接　在砧龄1～2年时，树干距地面50～70厘米处，用劈接或切接法进行单头嫁接，也可在砧木距地面5厘米处，嫁接矮化中间砧，再在中间砧30～40厘米处高接栽培品种，达到矮化密植，提高单位面积产量的效果。

② 骨干枝高接　砧龄3～5年时，中心干和基部主枝已经形成，在距离中心干20～30厘米处的主枝上，进行嫁接；中心干上的嫁接部位，应在距离最上一个主枝30～40厘米处为宜。

③ 多头高接　砧龄6年以上的大树，是利用原有树冠的骨架，对树膛内部进行插枝补空，增加结果面积，达到早结果早丰产的效果，是一种见效显著的高接方式。

> 提示：高接的顺序是先上后下，先内后外，且随锯随接，防止锯口失水；原则是因树选枝、合理配置、主次分明、通风透光、骨架牢固。

（4）剪砧留枝　是指对需要嫁接改良的果树，先进行较大的整形修剪改造，去掉果树原有枝条的绝大部分，留下适合嫁接的树枝（也可称之为砧枝），并剪成适当长度的短桩。操作中需注意以下几点：

① 去上留下，减少创伤面　应尽量剪去上部或远端的树枝，保留下部和近主干部位的树枝作为嫁接砧木，并要尽量地减少直接在主干和嫁接砧桩上造成的大创伤口；同时，在操作过程中，一定要注意尽量防止砧桩揭皮和开裂，否则，会引起愈合不良。

> 提示：较大的砧木剪锯口，应进行伤口涂药保护（图3-43）。

图3-43　大枝伤口应涂药保护

② 注意留砧桩方位　做到因树留桩，因环境条件留桩，同时要考虑便于嫁接操作；主枝方位不理想的可用侧枝或强壮的辅养枝来代替，留作嫁接砧桩。总之，要做到压低高度，收缩树冠，减去朝天，蓄住外边，通过落头缩冠，实现嫁接后低干矮冠，产量翻番。

③ 留砧桩数量及长度　根据原有树形和树龄的大小具体情况而定，一般情况下，应保留下部主枝留砧；较高大的树形，宜留自下而上第一、二层主枝和经过落头回缩的中心干等部分。

留砧桩长度根据不同果树特点及在果树的着生部位有所不同，一般树冠下部宜长，剪口端距主干30～50厘米；树冠上部宜短，距主干25～35厘米；树龄在5年以内，留砧桩3～5个；树龄约10年，留砧桩约10个；蔓生果树每个主蔓留1～2个砧桩；嫁接前原有的树冠大，应多留砧桩；原有的树冠小，应少留砧桩。

对于树龄较大的果树，嫁接部位要按照主枝长，侧枝短，主从关系分明的标准，在骨干枝上，尽可能做到多点、多位、多接头嫁接，光秃带用腹接插枝补空。除主、侧枝枝头外，其他枝的嫁接部位，截留枝段长度，一般距其母枝15～20厘米；粗枝稍长，细枝稍短。接口一般应选在砧木直径3～5厘米处；树龄较大的，最粗不宜超过8厘米。

④ 高接部位选留　高接前，对待改接植株进行整枝，选择主枝、侧枝上背侧部直径1～2厘米的小枝进行高接，疏去多余的细弱枝。一般约20年生的植株，每株留3～4个主枝，在距地面1.6米高处截断，中心干除去或保留；主枝、侧枝上每隔20～25厘米设1个高接

点，每株树高接50 ～ 60个接穗。树龄40年以上的植株，每株可高接250 ～ 300个接穗。

如果嫁接部位留得过多，易造成枝条拥挤，树冠密闭，影响枝条的健壮生长，枝条细弱、节间长度相对较大。嫁接部位留得过少，树冠恢复慢，影响翌年结果。

（5）品种选择及接穗采集

① 品种选择　果树嫁接改良，宜选择适合当地气候条件，果品销路好，与需要改良的果树嫁接亲和力强的品种，并做到不同成熟期、不同风味、不同色泽、不同果形以及鲜食、贮藏、加工品种的合理搭配，以满足市场及消费者的多种需求。

② 接穗采集　接穗应选择生长健壮、无病虫害、芽体饱满、树冠外围生长的一年生枝。早春嫁接可充分利用顶芽进行枝接，并要除去花芽；夏季和秋季嫁接改良，接穗的采集要注意芽的熟化程度，枝条颜色加深，叶色深绿肥大，表明腋芽熟化程度较好，应多采集，用作接穗。

二十八、高接嫁接方法有哪些?

回缩的主、侧枝先端，其延长头一般采用插皮接或切接；较小的回缩枝组，多采用切接或腹接；直径在2厘米以下的小枝，可采取劈接；对内膛5 ～ 10年生枝干光秃部位，可进行皮下腹接；树皮木栓化严重的老年枝干光秃部位，还可利用电钻打孔，进行插接。

在成龄树嫁接中，有多种嫁接方法，主要有插皮舌接、舌接、劈接、插皮接（皮下接）等。选择适宜的嫁接方法，是嫁接成活的重要条件。即使是同一株树，也不能千篇一律采用同一种嫁接方法，因为每个砧木枝条的生长情况并不完全相同，甚至差异很大。另外，嫁接的接穗粗细也不均匀，也同样需要根据嫁接不同材料的情况，选择不同的嫁接方法。在生产实践中，以插皮舌接法成活率最高，生产中常用于核桃等嫁接不易成活的树种。此方法简单易行，容易操作。如果砧木比较粗，皮层较厚，接穗比较细，也可以采用插皮舌接，形成层接触面积大、成活率高。总之，应具体情况具体分析，嫁接方法灵活掌握，简单、实用、成活率高，才是最好的方法。

> **提示**：无论是哪种嫁接方法，为了提高嫁接成活率，都应做到嫁接时间要适时，接穗采集要及时，嫁接手法要贴实，接后管理要务实。

（1）劈接法　早春枝接直径3厘米以下的砧桩及夏季葡萄的嫁接宜用此法。砧桩的劈口长度3～5厘米；接穗插接部位削面长3～5厘米，要求平直光滑，两个斜面等长或略有差别；插接时，要求接穗一侧的皮层要与砧木皮层对齐；接穗插入深度，以一个削面刀口与砧木剪口对齐为宜，稍留白，接穗留饱满芽2～3个；接合后，绑缚要严紧，或固定好主要部位后，涂上接蜡。

（2）插皮接　有插枝接和单芽插接两种方法。插枝接要求接枝削面短而陡，长斜面2～3厘米，短斜面1厘米。插接时，直接在砧木剪口端纵划一刀开口，较长的斜面对着砧木的木质部插入，然后进行绑缚。

单芽插接削取接芽时，在芽下1厘米处斜向上削，连同木质部削到芽的上方，然后在芽的上方横切一刀，取下单芽。插皮接砧木开口通用方式为“T”字形开口，也可用“一点一横”式开口；接着进行绑缚，单芽嫁接的要露出芽体。

（3）夏季芽接法　采用“T”形芽接法，芽削取后，需要揭下芽片，去掉木质部，揭芽时，要防止“抽芯”，一定要带上维管束，否则嫁接不能成活；对于桃、梨、苹果树的嫁接，削芽后可带木质部嫁接；嫁接时，要注意做到芽片与砧木结合平整严实，防止芽片卷曲。

> **注意**：对砧木剪口及接枝上端剪口，都要进行护理，多用塑料条叠压绑缚，或涂上接蜡；在遇到干旱时，可用石灰水对主干和大枝涂白，以保护树体水分，提高嫁接改良的成功率。

二十九、嫁接成活后，应如何管理？

1. 果树苗圃嫁接苗的管理

对于苹果、梨、山楂、桃、李、杏等北方果树，一般当年嫁接成活后，接芽不萌发，为半成品苗；下一年春季萌芽前，再进行剪砧，促进接芽生长，培育为成苗。

（1）检查成活情况　一般芽接成活后，需10～20天，就可检查出成活情况，如果芽体与芽片呈新鲜状态，接芽湿润有光泽，叶柄一触即掉落，就是嫁接成活；如果接芽变黄变黑，芽片干枯变黑，叶柄在芽上皱缩，就是嫁接没有成活。

> **提示**：嫁接成活后，具有生命力的芽片，叶柄基部产生离层；未成活的，芽片干枯，不能产生离层，故叶柄不易碰掉。

一般枝接和根接需在嫁接20～30天后，才能看出是否成活；成活后接穗上的芽新鲜、饱满，甚至已经萌发生长；未成活的接穗干枯，或变黑腐烂。

（2）解除绑缚物　不管嫁接是否成活，接后约15天，及时解除绑缚物，以防止绑缚物缢入砧木皮层内，使芽片受伤，影响嫁接成活。嫁接成活后，解除捆绑也不宜过早；芽接一般15天以后进行；枝接可在接芽发枝，并进入旺长以后解除。

> **提示**：一般芽接新芽长至2～3厘米时，枝接新梢长到20～30厘米时，即可全部解除绑缚物。

（3）补接　对嫁接未成活的，在砧木尚能离皮时，应立即进行补接。

（4）防寒保护　冬季较寒冷、干旱地区，芽接苗在冬季来临时，土地封冻前，进行培土，并灌冻水；应培土至接芽以上，以防止冻害；翌年春季土壤解冻后，当地杏花开时，应及时扒开，去掉培土，以免影响接芽的萌发。冬季不太寒冷的地区，可不必埋土防寒。

（5）剪砧或折砧　芽接成活的苗木，春季接芽萌发前，应将接芽以上的砧木剪去，叫做剪砧（也叫剪桩）。秋季芽接成活后，多数果树当年不进行剪砧，接芽保持不萌发的状态；一般树种大多可采用一次剪砧，即在嫁接成活后，翌年早春萌芽开始生长前，在接芽上0.5～0.6厘米处，将接口处芽上方的砧木前端一次性剪掉，不留活桩，促进接芽萌发生长；剪口向接芽背后稍微倾斜，剪口要平整，以利于促进接口及早正常愈合（图3-44）。

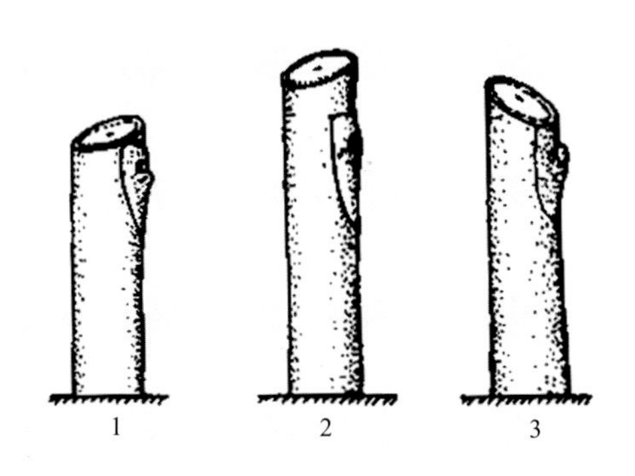

图3-44　剪砧

1—剪砧正确；2—剪砧过高；3—剪口倾斜方向不对

> **注意**：剪砧时，剪刀刀刃要迎向接芽的一面，剪口向芽背面稍微倾斜，有利于剪口愈合和接芽萌发生长；但剪口不能过低，以防止伤害接芽和抽干。

当年剪砧有两种方法：一是折砧（倒砧）。嫁接时，接口以下的叶片保留而不去除；嫁接后，在接芽上部进行折砧，促进接芽萌发；待接芽萌发生长至2～3厘米时，再进行剪砧（图3-45）。二是对于嫁接难成活的树种，如核桃，可分两次或多次剪砧；接芽以下叶片要保留；第一次剪砧在接芽以上2～3个节位处，或10～15厘米处进行；待接芽萌发生长后，再进行第二次剪砧，将接口处芽上方的前端一小段砧木全部剪掉（图3-46）。

图3-45　折砧

图3-46　二次剪砧

> **注意**：二次剪砧时，平齐接芽剪截，不要留桩，否则愈合不良。

（6）抹芽、除萌蘖　苗木嫁接成活，剪砧以后，砧木及接芽周围常萌发许多蘖芽，为使养分集中供给新梢生长，要及时抹除砧木上的萌芽和根蘖；不论枝接、芽接，都需要将从砧木基部接芽以下发出的萌芽或新梢及时掰除；否则严重影响接芽生长，一般需要去萌蘖2～3次（图3-47）。

> **注意**：枝接苗去除萌蘖时，应将培土扒开，以防止伤及嫁接苗。

嫁接成活接芽萌发后，应选择方向位置较好，生长健壮的一个上部新梢，保证进行加长生长，其余的及早去掉。嫁接未成活的，应从根蘖中，选一个健壮枝梢，进行保留，其余剪除，使其健壮生长，留作芽接或明年春季枝接补接用。

图3-47　抹芽、除萌蘖

（7）立支柱　如果当地春季风大，嫁接苗长出新梢时，遇到大风易被吹折或吹弯，从而影响成活和正常生长；为防止嫩梢被风折断，一般在新梢长到5～8厘米时，抗风树种新梢长到30厘米时，可紧贴在砧木上，绑一根小木棍作支柱，先将接穗绑缚牢固，再将新梢进行绑缚，以防止被风吹折。在生产上，此项工作较为费工，通常采用如降低接口，在新梢基部培土，嫁接在砧木的主风方向，等其他措施，来防止或减轻风折。

（8）加强土肥水管理　为促使嫁接苗生长健壮，嫁接苗生长前期需注意肥、水管理，不断中耕促其生长。在5月下旬—6月上旬，追施硫酸铵或尿素7.5 ～ 10千克/亩，追肥后，及时浇水；为使苗木生长充实，7月以后应控制肥水，防止后期苗木贪青旺长；苗木生长期及时中耕除草，保持土壤疏松无杂草。

（9）摘心及圃内整形　秋后，当嫁接苗长到一定高度时，应及时进行摘心，促其加粗生长。

一些在幼苗期能发出二次梢（副梢）或多次梢的树种和品种，如红津轻、金冠等苹果苗，桃当年能发出2 ～ 4次梢，可利用副梢进行苗圃内整形，形成带有小分枝的苗木，培育出具有一定树形的优质成形的大苗。

（10）防治病虫害　嫁接成活后，萌发的新梢，易受病虫为害，应注意加强防治，保证健壮生长。

2. 果树高接后的管理

对采用切接、劈接和皮下接等枝接法的接穗，应涂抹乳白胶或用蜡封口，并对改冠修剪的大枝伤口涂抹乳白胶或油漆，以利于伤口愈合。

（1）虫害防治　嫁接后至发芽期，萌发的新芽或新梢较幼嫩，最容易遭受早春害虫金龟子、灰象甲、黑豆虫等害虫的危害，要及时喷药，加强防治。

（2）及时检查及补接　嫁接10天后，要及时检查；早春嫁接后15 ～ 25天，夏季嫁接后7天，秋季接后10天，即可检验出是否已经成活。如果发现接穗或接芽变黑或变褐，则表明嫁接未成活。如果成活率过低，对未成活的，应在其上或其下错位临近处，及时进行补接。

春季嫁接而未成活的部位，可选留1 ～ 2个萌蘖枝，在8月中旬—9月上旬，用嵌芽接、方块形或“T”形芽接等方法，进行补接（图3-48）。

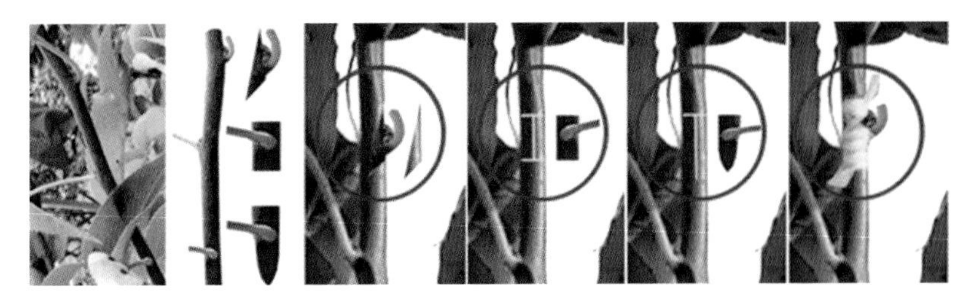

图3-48　用嵌芽接、方块形或“T”形芽接等进行补接

（3）及时去除砧树萌蘖，减少对嫁接枝条的养分争夺　嫁接后约10天，砧木上即开始发生大量的萌蘖，如果不及时除掉，将严重影响嫁接接穗成活后的生长；除萌蘖要随时进行，坚持经常查看；越早除去越好，一般萌芽长到黄豆粒大小时，即可去除，以利于节约营养，避免养分进行无效的消耗；对小砧木上的萌蘖要除净；大砧木上的萌蘖，如果光秃带长，应在适当部位选留一部分萌蘖枝，待翌年后，再进行嫁接；如果砧木较粗，接头又较小，则不要全部抹除萌蘖，应在离接头较远，不影响接穗萌芽生长的部位，适当保留一部分，以利于长叶养根，叶片蒸腾拉动水分向上运输。尤其对大树高接，一次性换头，当年虽然能够成活，但由于叶片制造养分不足，造成根系先死亡，成活后萌发的枝条，下一年也会干枯，进一步造成嫁接的大树整体死亡。因此，高接的大树所生萌蘖不宜及早除掉，应摘心控制生长，使其辅养树体，其中位置、方向合适的萌蘖，秋季可进行芽接，生长不合适的，结合冬季修剪剪除。

对于面临补接的果树上的萌蘖，应区别对待：一种情况是上一个季节嫁接不成功，需要在下一个季节补接的果树，应放任砧树萌蘖的生长；另一种情况是夏季嫁接不成功，补接对果树根系影响过大，应放弃补接，放任砧树自由萌芽生长。

（4）松绑与解绑　一般嫁接成活后，接枝开始生长，如果发现绑缚物太紧，要松绑或解除绑缚物，以免影响接穗的生长和发育；及时松绑，即略松一下包扎物，但不要完全松开，否则易形成缢痕和被风吹折；如果伤口未愈合好，还应重新绑缚上，并在1个月后，再次检查，直至伤口完全愈合，再将其全部解绑。高接树最好等到接芽萌发，长到一定的高度时，再进行松绑，到翌年再解除；这样既可避免妨碍枝条的生长，又有利于伤口快速愈合，特别是粗枝高接更不宜过早除去捆绑物。生长快的树种，枝接最好在新梢长到20～30厘米长时解绑，个别树种新梢要长到30～35厘米时，再进行解绑；如果过早，接口仍有被风吹干的可能，使嫁接失败。

（5）新梢绑支柱（支架）护理，防风吹折　在接口解除捆绑的同时，风大地区可绑立支柱，捆绑新梢，以免被风吹折。在第一次松绑的同时，用直径3厘米、长80～100厘米的木棍，木棍下端绑缚在砧木（主干或主枝）上，也可用小钉子钉在砧木上，但要注意钉子钉得不要过深，否则除去支棍时太麻烦；上端将新梢引缚围拢其上，每一接头都要绑一支棍，以防风折；采用腹接法留活桩嫁接的，可将新梢直接引缚在活桩上。新梢固定稳妥后，用小刀将嫁接时的包扎物一并割断，以利于其生长；也可解开塑料条，用于绑缚新梢。

（6）加强肥水管理，促进接枝快速生长　果树嫁接时，会造成很多伤口，就像人们做手术一样，元气大伤，要补充营养，促进伤口快速愈合，恢复树势。果树嫁接后，嫁接苗生长前期需注意肥、水管理，不断中耕，保证无杂草，促其生长；视树体大小，酌量施入农家肥5～25千克/株，磷酸氢二铵0.5～2.5千克/株，采取环状或放射状沟施肥方法，开沟深度20～40厘米，可结合施肥，进行根剪，疏除部分衰老的侧根；施肥后浇足水，保持根盘湿润；幼树嫁接的，要在5月中下旬追肥1次；大树高接的，在秋季新梢生长后追肥；施肥也可以提前进行，即春季嫁接改良，在上一年秋季施肥；夏季嫁接的，在初春季施肥；为使苗木生长充实，7月以后，应控制肥水，防止后期枝条贪青旺长；各种类型嫁接的果树，在8～9月，喷药2～3次，喷药时加入0.3%的磷酸二氢钾，有利于枝条生长健壮，防止冬季冻害和越冬抽条，以及促进翌年雌花的形成。同时，要搞好土壤管理和控制杂草生长，给果树生长创造一个良好的环境条件。

（7）剪砧、除萌蘖　嫁接成活后，凡在接口上方仍有砧木枝条的，要及时将接口上方砧木部分剪去，以促进接穗的健壮生长。一般树种大多可采用一次剪砧，即在嫁接成活后，春季开始生长前，将砧木自接口处上方剪去，剪口要平，以利于及早愈合；对于嫁接难成活的树种，例如核桃，可分两次或多次进行剪砧。

嫁接成活后，砧木常萌发许多蘖芽，为集中养分供给新梢生长，要及时抹除砧木上的萌芽和根蘖，一般需要去萌蘖2～3次。

（8）嫁接新梢防治病虫害　嫁接后，萌发的新梢数量少，生长幼嫩，易受病虫为害，应加强防治，保证健壮生长。

（9）接枝修剪　在6月份，对生长过旺的接枝，应在适当高度掐尖，也可由上至下去除几片叶，可摘心去叶促分枝，促进二次枝萌发和生长；8月末，对未及时停止生长的嫁接新梢，全部进行摘心，以促进新梢成熟，提高抗寒能力；对于密集生长的旺长枝和竞争枝，采用拿枝、牵引补空等方法，进行控制处理；一般不用或少用短截、疏除等修剪方法。

三十、果树传统嫁接技术方法应如何进行改进?

1. 传统嫁接技术改进

① 过去多数果农认为果树嫁接以早春的时候为好，而实践证明，嫁接的最佳时间应该是在清明至谷雨之际；以当地柳芽开始露白作为指示，说明各类果树都可以进行嫁接了；但针对具体果树不同树种或品种，发芽早的可以先进行嫁接。

② 过去一般认为枝接的接穗要先经过冬季沙藏，而实际上，改用随采随接，或嫁接前50天以内采集接穗，效果更好，这样可以防止接穗水分流失，保证接穗新鲜，成活率高。

③ 将传统的单芽枝切接法，改为两芽套头法。具体方法是：首先在接穗芽上端留1～1.5厘米，用塑料薄膜束扎，以防止髓部雨水浸入和水分蒸发；从芽的正面削一个短面，削面长0.5～1厘米，呈45°的斜面，轻轻刮去外表皮，以见青不见白为度，不能露出木质；然后将砧木距离地面2～3厘米处剪断；选择光滑的一面，在断面1/4～1/3

处，向下垂直切一刀，不能切到髓部，长度最好等于或者大于接穗的长削面；用刀或手轻轻将皮层与木质部分开，将木质部切除，保留皮层不受损失；最后将接穗长削面向内、短削面向外，插入砧木切口深约2厘米的地方，形成层对准后，用塑料薄膜包扎严实，仅露出上芽眼。

④ 将过去常用的中桩改为低桩培土覆盖。具体方法：嫁接前，先稍微扒开砧木四周的土，接好后，将土覆盖到接穗的芽眼处，但芽眼不能被土覆盖；成活后，将土扒开。这样做的目的是保温保湿防晒，有利于伤口愈合，从而提高嫁接成活率。

2. 提高果树嫁接成活率的措施

① 选择亲和力强的砧木和接穗，亲缘关系近的亲和力好。

② 选择生长健壮、没有感染病虫害、生长发育充实的砧木。

③ 选择生长充分成熟、新鲜、含水量高（不发霉，不干皱）、节间短、芽饱满的枝条作接穗。

④ 嫁接的时间要适宜，避开砧木生长最旺时期，控制砧木生长，以防砧穗生长不协调，3—4月进行枝接，7—8月进行芽接，效果最好。

⑤ 严格按照要求进行操作，砧、穗削面要大而平整，切口保持清洁，形成层对准并紧密相接，快速操作，以减少水分蒸发和削面氧化，绑缚严密。

⑥ 砧、穗嫁接时，除非有特殊需要的，一般不可倒置。

⑦ 芽接切口不可过深，划透果树皮层即可，不要伤及木质部；否则易流胶，影响嫁接成活。

⑧ 接口保持湿润，这是嫁接成活的关键。

⑨ 立支柱或绑支棍，保护接活的嫩梢，避免被风吹折。

⑩ 果树嫁接操作要熟练。削面要光滑，砧穗削面不能“起毛”（带有纤维）；形成层要对齐，最低限度是一侧形成层对齐；砧穗接触面要大，尤其对于较难成活的树种，如核桃、板栗、柿子、大樱桃等更应如此；绑缚要严，一定使嫁接口上下及接穗不透气、不透水。

三十一、果树高接新的技术方法有哪些?

1. 单芽插皮接

（1）削砧木　在砧木皮层纵划一刀，并用手拧松皮层。

（2）削接穗　在芽的对面斜削一刀，再在芽的下部横切一刀，用手一掰，去掉皮层。

（3）插接穗　将接穗插入砧木刀口的背面，防止流胶；接穗稍留白，注意接穗的正反面，一定要将接穗削面向里，紧贴砧木的形成层。

（4）绑缚　用塑料薄膜条进行绑缚，要松紧适度，只露芽眼；要求全封闭，不透气，防止空气和雨水进入（图3-49）。

(a) 削砧木

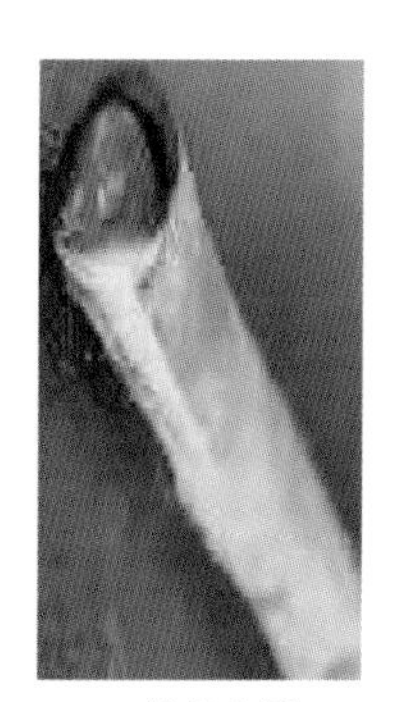

(b) 拧松皮层

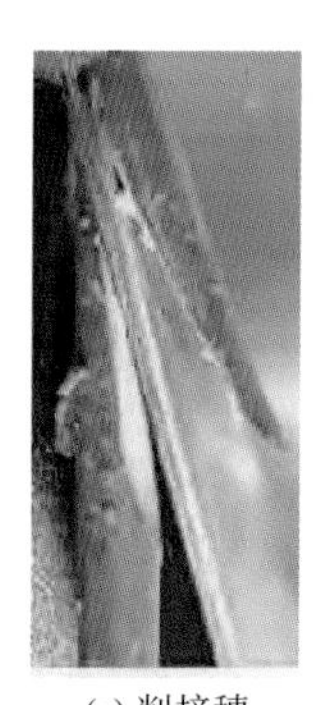

(c) 削接穗

(d) 去掉皮层

(e) 插接穗于刀口背面

(f) 塑料薄膜条绑缚

图3-49　单芽插皮接

2. 嵌芽接

（1）削砧木　在砧木由上至下长削一刀，深达木质部，长约2.5厘米，下面斜削一刀，去掉削片。

（2）削取接芽　倒拿接穗，由下至上长削一刀，深达木质部，长约2.5厘米，上面斜削一刀，取下芽片。

（3）嵌接芽　将接芽嵌入砧木切口，紧贴砧木的形成层。

（4）绑缚　用塑料薄膜条进行绑缚，要松紧适度，要求全封闭，不透气，防止空气和雨水进入；生长时要露出芽眼；冬季休眠时，可全封闭，到春季发芽时，再去掉嫁接塑料薄膜条（图3-50）。

(a) 削砧木

(b) 去掉削片

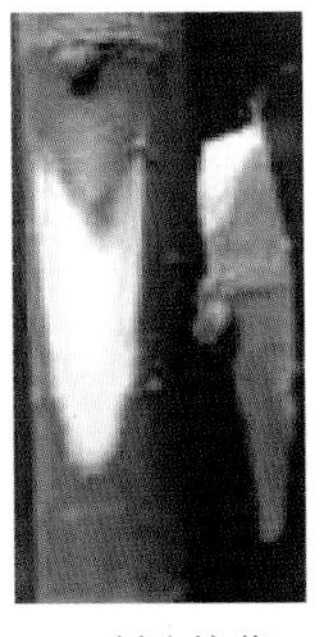
(c) 削取接芽

(d) 嵌接芽

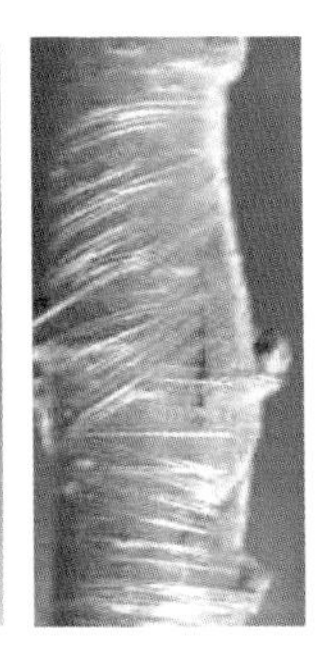
(e) 绑缚

图3-50　嵌芽接

3. 顶芽贴接

（1）削砧木　在砧木顶端斜削一刀，深度为砧木直径的1/3。

（2）削取接芽　用削砧木同样的方法，上面斜削一刀，取下带木质的芽片；长、宽度应掌握好，与砧木相吻合。

（3）贴接芽　将接芽贴入砧木切口，紧贴砧木的形成层；如果接穗小于砧木切口，形成层对齐一边即可。

（4）绑缚　用塑料薄膜条进行绑缚，要松紧适度，要求全封闭，不通风，不透水；外露芽眼，以便于萌芽（图3-51）。

4. 套芽接（套皮接）

（1）砧木剥皮　在砧木顶端光滑处留2～3厘米，环割一圈，再直切一刀，深达木质部，剥开取下皮层，也可不取下皮层，稍连接一

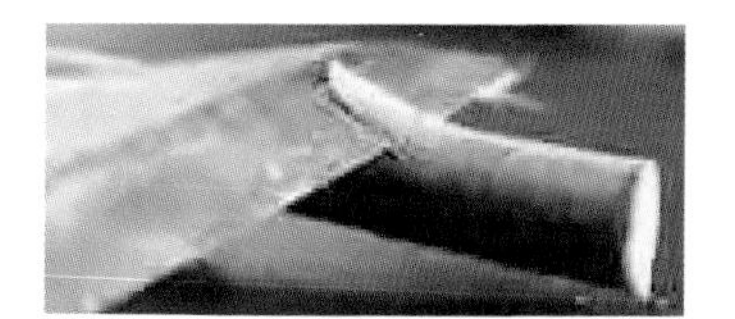

(a) 削砧木

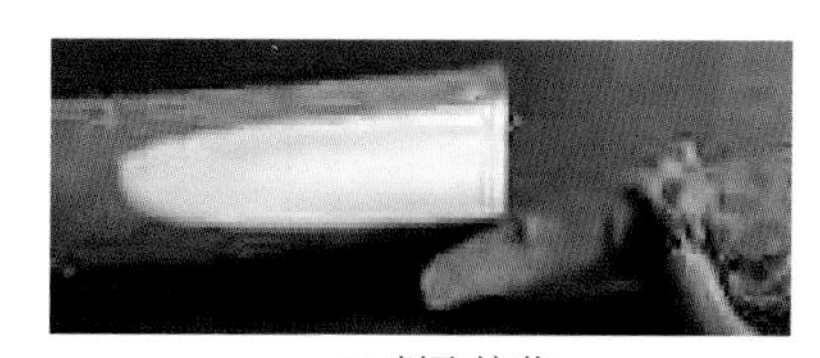

(b) 削取接芽

(c) 贴接芽

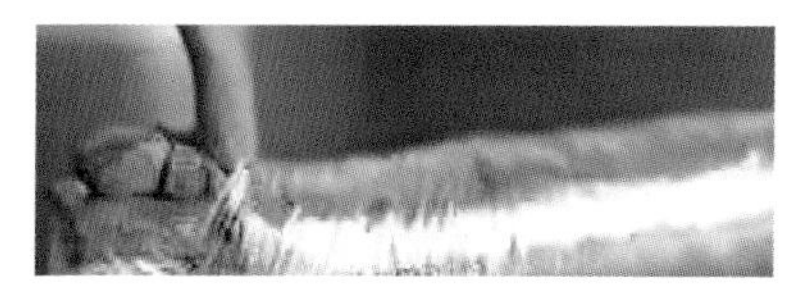

(d) 绑缚

图3-51　顶芽贴接

些，留着包裹接芽。

（2）剥取接芽　用处理砧木同样的方法，小心拧松，使皮层分离，避免伤及芽体；取下不带木质的芽片，长宽应掌握好，与砧木相吻合。

（3）套接芽　将取下的接芽皮层套入砧木，下端与砧木切口对齐；砧木皮层留着在外包裹，可以保湿，促进伤口愈合。

（4）包扎绑缚　用塑料薄膜条进行绑缚，要松紧适度，除了芽眼及叶柄外露，便于检查成活外，其余部分层叠严密包扎（图3-52）。

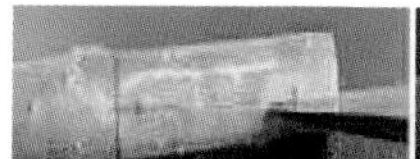

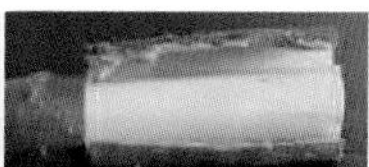

(a) 砧木剥皮

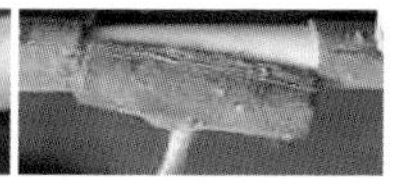

(b) 剥取接芽

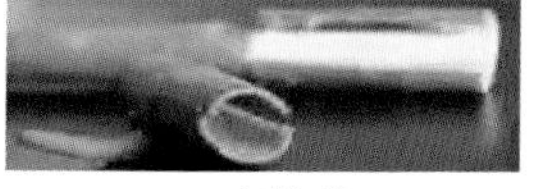

(c) 套接芽

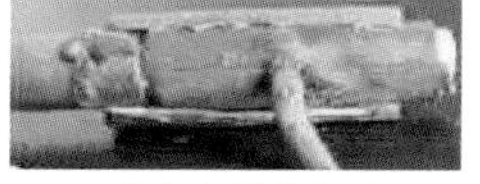

(d) 砧木皮层外包裹

(e) 包扎绑缚

图3-52　套芽接

5. 方块芽接（“工”字形方块芽接）

（1）砧木剥皮　在砧木预嫁接部位光滑处留2～3厘米，环割两圈，再直切一刀，深达木质部，剥开取下皮层，也可不取下皮层，稍微相连一些，留着包裹接芽。

（2）剥取接芽　在芽的四周，划出方块线条，取下不带木质的芽片；长、宽度应掌握好，与砧木削面相吻合。

（3）放入接芽　将取下的接芽片放入砧木的皮层内，下端对齐砧木；砧木皮层留着在外包裹芽片，能够保湿，促进伤口愈合。

（4）包扎绑缚　用塑料薄膜条进行绑缚，要松紧适度，除了芽眼外露，其余部分严密包扎（图3-53）。

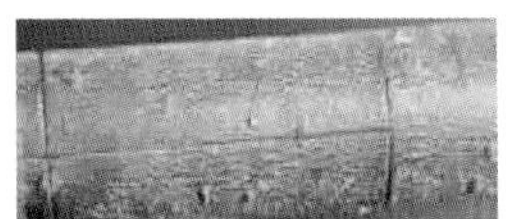

(a) 砧木剥皮

(b) 剥取接芽

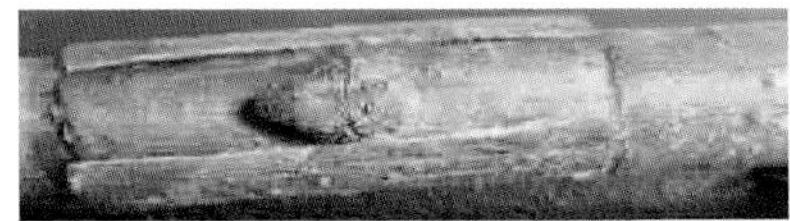

(c) 放入接芽

(d) 包扎绑缚

图3-53　方块芽接

> 提示：这种方法发芽稍迟，但愈合紧密，长势较好。

6. 腹插接

（1）削砧木　在砧木光滑部位削出一个缺口，目的是不影响接穗的空间，然后在缺口下直划一刀，拨开皮层。

（2）削取接穗　与插皮接同样的方法。

（3）插接穗　将接穗插入砧木切口下的皮层，紧贴砧木的形成层。

（4）包扎绑缚　用塑料薄膜条进行绑缚，要松紧适度，除了外露芽眼，便于萌芽，叶柄外露，便于检查成活外，其余部分严密包扎。要求全封闭，不通风，不透水；避免雨水和空气进入，感染伤口（图3-54）。

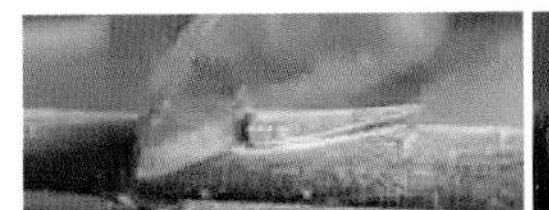

(a) 削砧木

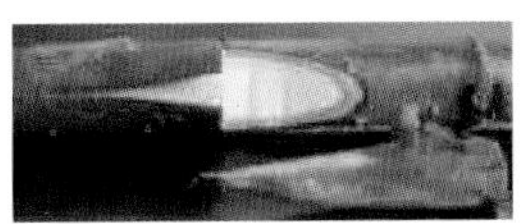

(b) 拨开皮层，削取接穗

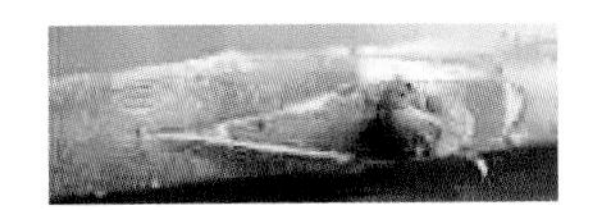

(c) 插接穗

(d) 包扎绑缚

图3-54 腹插接

7. 切腹接

（1）切砧木 在砧木光滑部位，斜切一刀，深达木质部的1/3，长度2～3厘米。

（2）削取接穗 在接芽的两侧各削一刀，芽的一侧稍厚，相对的另一侧稍薄。

（3）插接穗 将接穗插入砧木切口，紧贴砧木的形成层；以芽的一侧形成层对齐为主，上部刀口处对齐。

（4）包扎绑缚 用塑料薄膜条进行绑缚，要松紧适度，除了芽眼外露，便于萌芽，叶柄外露，便于检查成活外，其余部分严密包扎。要求全封闭，不通风，不透水；避免雨水和空气进入，感染伤口（图3-55，图3-56）。

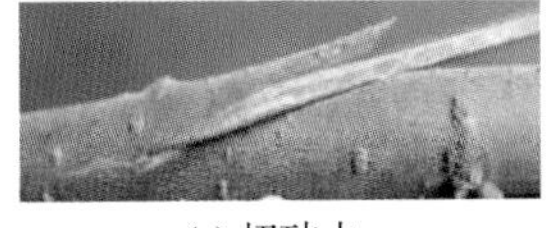

(a) 切砧木

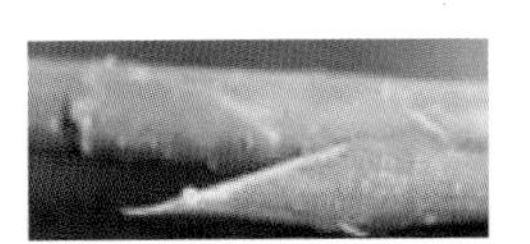

(b) 削取接穗

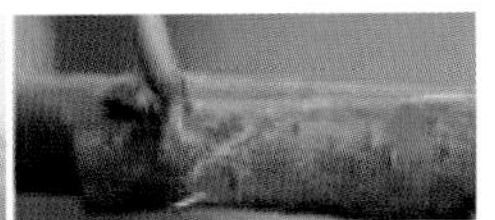

(c) 插接穗

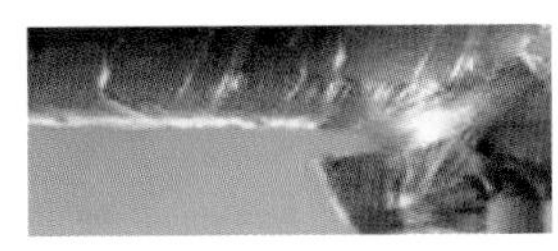

(d) 包扎绑缚

图3-55 切腹接

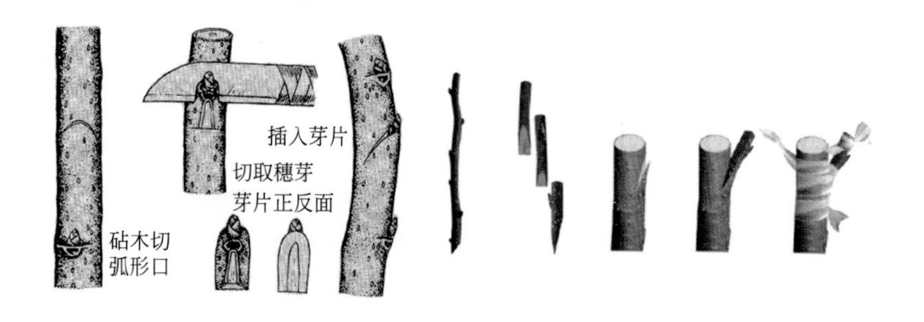

图3-56　单芽及单枝芽切腹接

8. 单芽劈接

（1）劈砧木　在砧木光滑的部位，刀口对着砧木正中央垂直劈下，露出插缝即可。

（2）削接穗　在接穗芽的两侧各削一刀，下端削尖，芽的一侧稍厚，相对的另一侧稍薄。

（3）插接穗　将接穗插入砧木劈口，紧贴砧木的形成层。接穗较细的，以削面的一侧与砧木的形成层对齐，接穗上部削口处稍留白。

（4）包扎绑缚　用塑料薄膜条进行绑缚，要松紧适度，生长期除了芽需外露，便于萌芽，叶柄外露，便于检查成活外，其余部分严密包扎，避免雨水和空气进入（图3-57）。

(a) 劈砧木

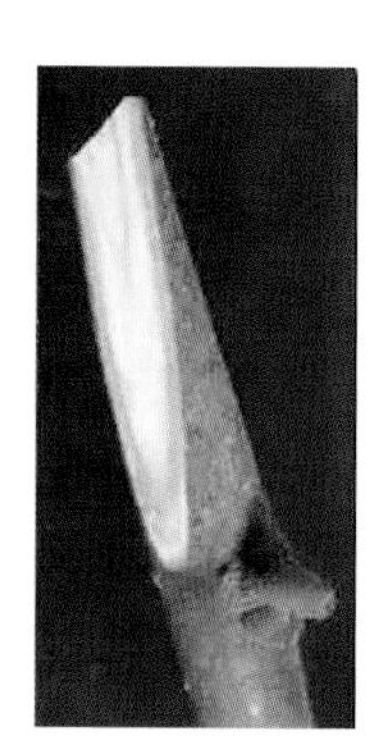

(b) 削接穗

(c) 插接穗

(d) 包扎绑缚

图3-57　单芽劈接

9. 单芽切接

（1）切砧木　在砧木光滑部位断面1/4处，向下切一刀，并在切面下的2 ～ 3厘米处，斜切一刀，取下砧木切除的部分。

（2）削接穗　在接穗芽的背面下刀，深达木质部，切面长2 ～ 3厘米，再在接穗削面的反面斜切一刀，在芽上部处剪断。

（3）插接穗　将接穗插入砧木切口，紧贴砧木的形成层；至少保证接穗的一侧对齐砧木的形成层，上部剪口处对齐。

（4）包扎绑缚　用塑料薄膜条进行绑缚，要松紧适度，除了外露芽眼，便于萌芽，叶柄外露，便于检查成活外，其余部分严密包扎；要求全封闭，不通风，不透水；避免雨水和空气进入，感染伤口（图3-58）。

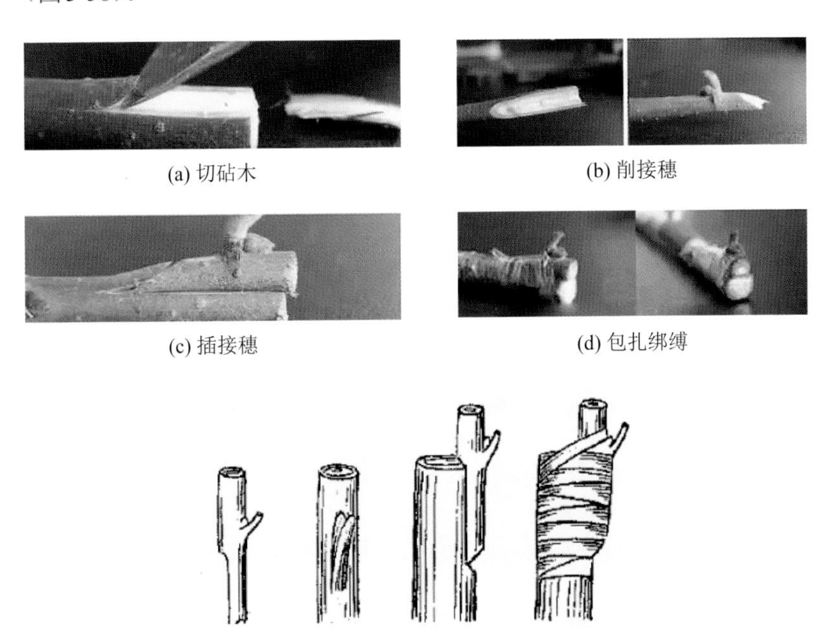

(a) 切砧木　(b) 削接穗

(c) 插接穗　(d) 包扎绑缚

(e) 全过程

图3-58　单芽切接

10. 合接

（1）削砧木、接穗　砧木和接穗要选择直径一致的枝条，均应削成马耳形斜面，削面长度相等。

（2）砧木、接穗结合　将砧木和接穗的两个削面相贴，紧密对齐。

（3）包扎绑缚　用塑料薄膜条进行绑缚，要松紧适度，除了芽眼外露，便于萌芽，叶柄外露，便于检查成活外，其余部分严密包扎（图3-59）。

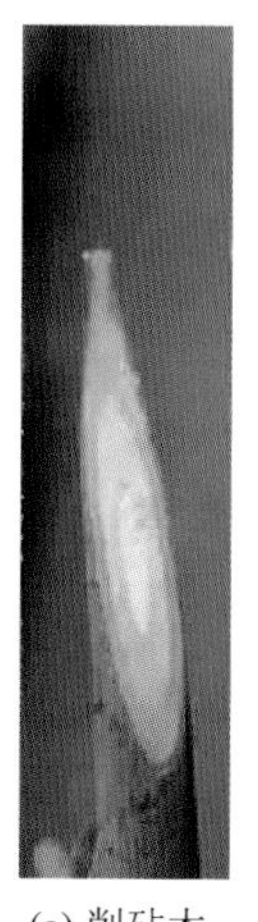

(a) 削砧木

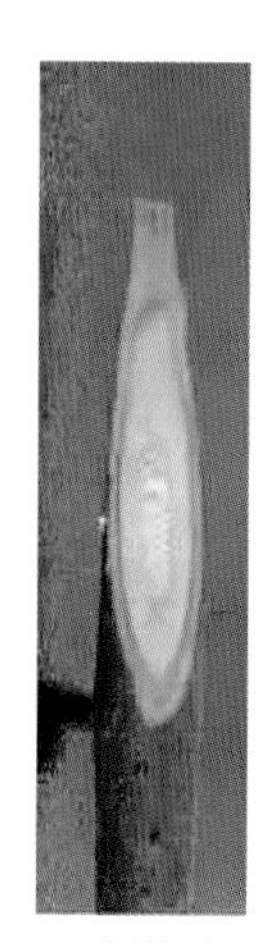

(b) 削接穗

(c) 砧穗结合

(d) 包扎绑缚

图3-59　合接

> **注意**：包扎时，砧木和接穗要用手捏紧，不要使二者错位。否则，降低嫁接成活率。

11. 交合接（双舌接）

（1）削砧木、接穗　砧木和接穗要选择直径一致的枝条，均先削成马耳形斜面，削面长度相等，再分别在削面顶端1/3处，顺着枝条向下切一刀。

（2）砧木、接穗交合　将砧木和接穗的两个削面相贴，紧密对齐，交合在一起。

（3）包扎绑缚　用塑料薄膜条进行绑缚，要松紧适度，除了芽眼外露，便于萌芽，叶柄外露，便于检查成活外，其余部分严密包扎（图3-60）。

(a) 削砧木、接穗

(b) 砧木、接穗交合

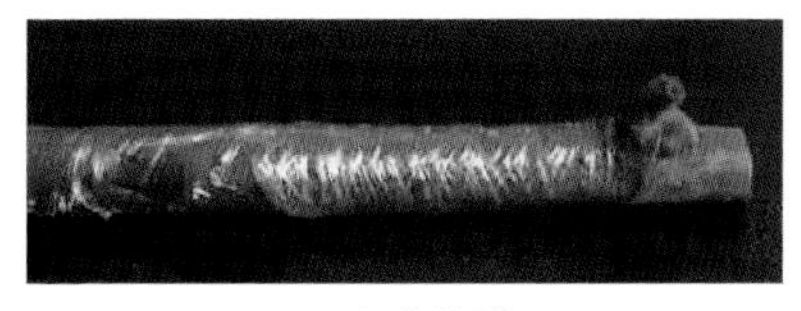

(c) 包扎绑缚

图3-60　交合接

> 提示：由于交合接砧木和接穗削面多，接触面大，所以如果嫁接技术方法掌握得当，就会愈合效果好，成活率高。

第四章

苹果嫁接苗培育

第一节　实生砧木苗繁育

苗圃是果树的摇篮，果树栽培从育苗开始，果树苗木质量的好坏，直接影响建园的效果和果园以后的经济效益。因此，培育品种纯正、砧木适宜的优质苗木，既是果树育苗的基本任务，也是果树早果、丰产、优质和高效栽培的先决条件。

目前果树育苗存在问题是：苗木标准和法规不健全，苗木市场混乱，技术和管理水平落后，病虫害及病毒为害严重，片面追求新奇，缺乏必要的引导和管理。

果树繁殖方法大体可分为实生繁殖（实生苗）、无性繁殖（嫁接、自根繁殖）、微体繁殖。自根繁殖又分为扦插、压条、分株等。

苹果、梨、山楂、桃、李、杏的育苗及嫁接方法基本相同。

三十二、苹果苗圃地应如何选择与规划？

1. 苗圃地选择

因地制宜建立苗圃，选择园地应考虑以下主要因素：

（1）地点　选择需用苗木地区的中心，交通方便，苗木对当地适应性强，栽植成活率高。

（2）地势　背风向阳、日照充足，稍有坡度的缓坡地更适宜育苗；平地地下水位宜在1～1.5米以下。

> 注意：低洼和山谷地不宜育苗。

（3）土壤　以沙壤土、轻黏壤土为宜。土层宜深厚、肥沃。

（4）土壤酸碱度　中性或微酸至微碱性。

（5）灌溉条件　能灌能排，保证水质。

（6）病虫害　无检疫性病虫害、无病毒病；无立枯病、根癌、线虫、美国白蛾等。

（7）土地管理　忌重茬、轮作。

2. 苗圃地规划

为培育优质苗木，应建立不同级别的专业苗圃，严禁不法商贩繁、育、运、卖，专业苗圃应严格管理，发放生产许可证、合格证、检疫证等，挂牌销售。专业苗圃规划包括：

（1）建立“三圃一制”

① 母本保存圃　保存原种（包括接穗、砧木品种）。由主管部门或指定单位保存。

② 母本扩繁圃　（采穗圃、采种圃、压条圃），行业主管部门指定的大型苗圃。

③ 苗木繁殖圃　繁育苗木的基层单位，应受主管部门的监督和管理。

④ 档案制度　立地条件及变化档案、树种砧木引种及繁殖档案、分布档案、轮作档案、管理技术档案（包括育苗技术、肥水管理、病虫害发生和防治等）。

（2）规划设计　专业苗圃还必须规划设计道路、排灌系统、防风林、办公房等建筑物。

三十三、苹果育苗方式有哪些?

1. 露地育苗

果苗的整个培育过程或大部分培育过程都在露地进行。露地育苗是当前主要的育苗方式，分坐地苗和圃地育苗。露地育苗设备简单，生产成本低，适合用于大量育苗，应用普遍，但受环境影响较大。

2. 保护地育苗

利用保护设施，在人工控制的环境条件下培育苗木。可调控温、湿、光，提高成苗率和苗木质量，提高繁殖速度。保护设施可用于整个育苗周期，也可用于某个生育时期。

保护设施类型：增加地温的设施有地热装置、酿热物、地热线、地膜覆盖等；增加地、气温设施有塑料拱棚、温床、温室、大棚等；降温、遮光设施有地下式棚窖、荫棚、迷雾等。

3. 组织培养（工厂化育苗）

组织培养是在无菌条件下，在培养基中接种果树的组织和器官，经培养增殖，形成完整植株的繁殖方法。能够实现品种纯正、繁殖速度快、繁殖系数高的目标，且易工厂化，但技术性很强。

三十四、苹果砧木应如何选择和利用？

1. 砧木的分类

果树嫁接时，承受接穗的部分称为砧木。

① 依据繁殖方法分为实生砧木、无性系砧木。

② 依据对树体生长的影响分为乔化砧木、半矮化砧木、矮化砧木和极矮化砧木。

③ 依据砧木利用方式分为共砧（同种）、自根砧、中间砧和基砧。

2. 砧木区域化

确定适宜某一地区的砧木种类，是培育优良苗木，建立规范化、高标准、高效益果园的关键。不同气候、土壤类型对砧木有适应范围的要求；不同的砧木对气候、土壤等环境条件的适应能力也不同。因此，发展果树生产时，应根据当地的生态环境条件，选择适宜的果树砧木，才能充分发挥果树的潜能，实现高产、优质、低耗、高效。砧木区域化是在不同的生态区域条件下，经过长期的比较观察而选择的适宜该区域的砧木，是果树集约化的重要内容。区域化砧木选择的条件：

① 有良好的亲和力。

② 风土适应性、抗性强（包括对低温、干旱、水涝、盐碱、病虫害的适应和抵抗能力），根系发达，生长健壮。

③ 有利于品种接穗的生长和结果，早果、优质。

④ 具有特殊的需要，如矮化、集约化。

⑤ 砧木材料丰富，易于大量繁殖。

3. 砧木的选择

苹果繁殖栽培多用嫁接繁殖。砧木有乔化砧和矮化砧。我国苹果砧木资源丰富，当前应用比较广泛的原产于我国的乔化砧木有山荆子、海棠、三叶海棠、湖北海棠等。山荆子是我国北部地区的优良砧木。海棠果、三叶海棠、湖北海棠，是黄河故道等地区的优良砧木；矮化砧主要引进于英国。砧木选择应首先考虑适应当地条件的砧木种类，再考虑砧木对接穗生长势的影响。

三十五、苹果砧木种类有哪些?

根据生态型和生长势可分为以下几类：

（1）乔化砧

① 山荆子　主要分布在华北、东北、西北，适宜北方微酸性土壤（pH为6.5），极抗寒（能耐−50℃以下的低温），根系发达，抗旱力强，耐瘠薄，生长势较强，结果较早；但极不耐盐碱。

② 花红　西北地区分布较多，适应性较差，不耐旱、不耐盐碱；出籽率低，应用较少。

③ 海棠类　主要分布在华北、东北、西北，包括楸子和西府海棠两个种，生长势强、树体高大、产量中等或较高，适应性强，综合性状良好，华北地区应用较多。

④ 湖北海棠　主要用于南部栽培区，耐涝，并有一定的抗盐能力。

⑤ 河南海棠　嫁接苹果时，部分有矮化现象，但实生繁殖变异

大，其株间矮化效应不同，造成园貌不齐。

⑥ 新疆野苹果　根系发达，耐旱、抗寒，嫁接后生长势强，树冠高大。

（2）矮化砧　使用矮化砧，现已成为我国果树生产上的一项重要增产措施。

苹果矮化砧的主要优点：一是树体矮小，适于密植。在不采用人工致矮措施的情况下，比普通砧木的树体小50%～70%，可以经济利用土地，相对节约了40%的土地，并且控制了树体的生长，使树体生长缓慢而矮小，可以达到密植的目的；树体的行间距加大，适宜机械化作业，便于管理，有利于品种更新。二是结果早，投产快，产量高。使用矮化砧，可以促进果树由营养生长向生殖生长转化，提早开花和结果，提高早期经济效益，提高单位面积产量，提早进入果实成熟期，增加果实品质，延长盛果期；用矮化砧嫁接的红富士苹果，3年生结果株率达50%以上，进入全面结果时，单位面积产量一般可比乔化砧高30%～50%。三是果实品质好。影响果实品质的因素很多，但随着集约化果树生产的进行，发现矮化砧的应用在一定程度上改善了果实的品质；在同样栽培管理条件下，因为树冠小，光照充足，比乔化砧着色好，糖分高。四是管理方便，降低了生产成本。矮化砧嫁接树冠高2～3米，容易修剪、打药，便于生产管理。在西欧和美国，由于苹果建园基本应用了矮化砧，加之机械化管理，苹果园每年用工平均为400～550时/公顷，我国由于苹果园基本上为乔化砧，为了促进结果和控制树冠，果园每年工作量极大，如刻芽、摘心、环剥等夏剪用工时间高达3200时/公顷。

矮化砧在生产应用时，也表现出一些缺点：一是矮化砧的矮化性越强，树势越弱，寿命越短。尤其在土壤瘠薄和干旱地区表现更为明显。二是由于矮化砧根系浅，抗倒伏能力差，对风等自然灾害抵抗力弱。三是矮化砧育苗繁殖比乔化砧困难。四是矮化密植栽培建园成本较高，一般需要设立支柱，防止倒伏。然而，矮化砧这些缺点大都可以通过加强管理和运用科技成果来克服。如矮化砧根系浅，固地性和适应性差的问题，可采取矮化中间砧高接、深栽、浅埋，及选育适应性强的矮化砧的办法来解决。因此，在发展矮密苹果栽培时，因地制宜地选择不同类型的矮化砧，是非常重要的。

矮化砧国外培育较多，目前我国从国外引进应用的无性系砧木主要有：

① 英国的M系和MM系　英国东茂林试验站培育的矮化砧木称为M系；英国约翰英尼斯园艺研究所和东茂林试验站合作培育的砧木称为MM系。包括我国引进表现较好的极矮砧（MM27），矮化砧（MM26、MM9、MAKK），半矮化砧（MM7、MM106）。

MM27：极矮砧，树高仅1.5米，抗病毒能力强，早果丰产，适合于高密度栽培。

MM9：矮化砧，根脆易折，根浅，固地性差，不抗旱，不抗涝，早果，树高2～3米；适合于中度密植。

MM26：矮化砧，根系较脆，固地性好，能耐短期－17.8℃土壤温度，树体大小介于MM9与MM7之间，适合于中度密植。

MM7：半矮化砧，根系发达，须根多，分布深，适应性强，耐瘠薄，抗旱抗寒，有“小脚”现象；适合于中低密度密植。

MM106：半矮化砧，根系发达，固地性好，分布深，耐瘠薄，抗旱，抗寒，能忍耐短期－17.8℃土壤低温，抗涝，抗苹果绵蚜，适合于中低度密植。

东茂林新培育的矮砧主要有：3426，由MM7×M8杂交育成，嫁接树比MM9小，与MM27同矮。3428，由MM9×MM7杂交育成，嫁接树与M2同矮。3430，由M12×MM9杂交育成，嫁接树与M16同矮。3431，由M13×MM9杂交育成，嫁接树与MM9同矮。3436，由M13×MM9杂交育成，特点与MM26相近。

② 苏联的B系（Budagovsky）砧木　有Bud-57-490、Bud-54-146、Bud-57-491等，其中Bud-9在苏联和波兰作为主要耐寒中间砧而被广泛采用，也是世界上普遍反映抗寒性较好的砧木之一。

③ 美国的CG、MAC等系　CG系砧木。与MM9、MM26有同等程度矮化效果的砧木为CG10、CG23、CG24、CG47、CG57、CG80，这些砧木在美国由于细菌和火疫病等为害而未被普及；CG80矮化程度

与MM9相同，用15厘米长的CG80作中间砧，气生根很少，并可得到良好的矮化效果，果实品质也好；CG24矮化程度介于MM26和MM7之间，树势比MM26稍强。

MAC（又名马克）系砧木。美国从MM9中实生选育而成。如MAC1、MAC9、MAC10、MAC25、MAC39、MAC46等，砧号已被注册登记。其中MAC9和MM9、MM26有相同的矮化程度和早结果习性，加之木质硬，可作为不设支柱的砧木，已受到世界各地的高度评价，并且能适应沙土和黏土条件，抗寒冷，较抗绵蚜。

④ 波兰的P系　主要有P1、P2、P6、P16、P22等。为半矮化砧，较M系抗寒力强，但抗寒力不如M4。嫁接品种结果早，丰产。

⑤ MM9-T337矮化砧　是荷兰木本苗木植物苗圃检测服务中心从MM9选出来的脱毒MM9矮化砧优系，又称NAKB T337，矮化性更好，比MM9矮化程度高20%，果业发达国家（如意大利、法国、荷兰等）已经广泛推广，并且已获得巨大成功的高纺锤树形果园，多采用这种矮化砧。该系具有更好的苗圃性状，除压条易繁殖外，还能在春季用硬枝进行扦插生根，苗木生长整齐。MM9-T337矮化自根砧育苗具有育苗简单、园貌整齐、结果早、产量高、品质好等优点，是世界苹果生产发展的趋势。

2011年，烟台市果茶工作站利用国家项目支持，从意大利引进一批MM9-T337脱毒砧木。表现干性强、易成花、结果大小均匀、丰产性好等特点，特别适宜发展高密度的高纺锤形树形。

⑥ 我国选育的矮化砧木　我国矮化砧木资源丰富，例如山东的崂山柰子、烟台的沙果，四川的矮子花红，等。国内培育主要有S系（5、6、12等）和SH系（20、63等），77-9-5，77-9-35等优良砧木。

辽砧2号。辽宁省果树科学研究所从“助列涅特×MM9”杂交实生苗中选育出的优良矮化砧木，1980年杂交，1983年初选，1992年复选，1995年决选，2003年12月通过辽宁省农作物品种审定委员会品种登记并正式定名。抗寒能力强，中间砧嫁接品种以2米×4米的株行距较为合适。主干基部易产生翘皮，在早春应注意刮治。

SH系。经多年的系统观察鉴定，其中SH40、SH6、SH1三个砧号的综合经济性状超过了国外的M、MM、P系等苹果矮化砧，在全国13个省（市）区试验推广栽培，表现性状突出、稳定。SH系苹果矮化砧及其嫁接品种的砧穗亲和特性、早果丰产性能，尤其是果实着色、风味品质、耐藏性及抗性（抗旱、抗抽条、抗寒、抗倒伏）等主要经济性状均超过了英国的MM7、MM9、MM26等矮化砧。其中SH6、SH1、SH40，矮化性状稳定。

GM256。与国外矮化砧相比，除具备与苹果多数品种嫁接亲和力强、早果丰产、树体矮化等特点外，突出特点是可抗－40℃低温，适应性广。抗早期落叶病和黑星病，抗蚜虫，不易感染腐烂病；与多品种嫁接，能大幅度提高单产；与寒富嫁接，效果更佳。

77-34。矮化性能相当于MM7，早果、丰产性不低于MM26和MM9，无“大小脚”现象；抗寒力很强，耐盐碱，对苹果粗皮病也有一定的抗性。

KM。嫁接后树冠小，亲和力强，结果早，丰产性强。

神矮LS-1。是山西临猗县果研所王少雷历经17年的不断实验研究的高位矮化砧高新科技成果。是目前国内试验成功唯一适宜苹果高位矮化、一米矮化、全矮栽培和四合一苹果栽培的矮化砧。神矮LS-1矮化苹果树，叶片极大，光合作用极强，生长极快，结果早，产量高（1年栽树，2年结果，3～4年丰产），果个大，果形指数高，不用环剥环割，易成花，连年丰产，早红早熟20～30天，经济效益比传统栽培提高了2～3倍。

（3）矮化中间砧　由于某些苹果品种的接穗与砧木嫁接后亲和力较低，不易愈合。选用对接穗和砧木亲和力都强的另一品种嫁接在二者的中间，这一茎段叫中间砧，下面有根的砧木叫基砧或根砧，用中间砧可以提高嫁接成活率；使用矮化砧木作中间砧，叫矮化中间砧；可以弥补矮化自根砧根系弱、分布浅、固地性差，以及对当地风土适应性差等缺点。利用乔化砧提高适应性和抗性，利用矮化茎段达到矮化的效果。

> **提示**：矮化茎段一般为20～30厘米。

三十六、苹果实生砧木苗如何培育？

根据砧木的来源，将果树砧木分为实生砧木和自根砧木两大类。苹果砧木苗主要是用实生繁殖法，也可用压条、根蘖分株等自根砧木繁殖。

实生繁殖是从生长健壮、无病虫害的优良母株上采集充分成熟的种子，在春季或秋季播种育苗。对于山荆子、海棠果等乔化砧木，主要利用实生繁殖；播种后，当年夏季苗木直径达到0.8～1厘米时，即可用芽接或枝接方法，进行嫁接。

1. 种子的采集和处理

种子质量影响实生苗的长势和质量，采种的总要求是：选择品种或类型一致、生长健壮、丰产、优质、抗逆性强、无病虫害的树作采种树，采集充分成熟的种子。

（1）选择优良母本树　采种树丰产、稳产、优种、健壮、无病虫害。

（2）适时采收　种子成熟一般经历生理成熟和形态成熟两个阶段，生产中，多采用形态成熟的种子。

① 生理成熟　种胚形成，营养积累达到一定的水平，种胚已经具有发芽能力时，即达到生理成熟。此时内部营养物质呈易溶状态，含水量高，种胚通透性强，易吸水和失水；采后立即播种，即可萌发，且出苗整齐；但是养分不足，幼苗生活力弱，种子不易长期贮存。

② 形态成熟　种胚已经完成生长发育阶段，内部营养充分积累，并大部分转化为不溶解的状态，如淀粉、脂肪、蛋白质状态，生理活动明显减弱，进入休眠状态，种皮老化、致密、坚硬，不易霉烂，适宜长期贮存。鉴定种子形态成熟时，多依据果实和种子的形态特征，果实完熟（固有色泽），果肉变软，种皮颜色变深、有光泽、饱满。

（3）选择果实，合理取种　果实肥大，果形端正，其种子多、饱满、活力强；偏果、畸形果，种子发育差。取种方法：常采用堆沤腐烂法，多用于小果、果肉无利用价值的砧木取种。

> **注意**：取种时，防止高温，应低于45℃，清水漂洗，人工剥取，或结合加工取种。

（4）晾晒和分级　通常采用阴干法，不宜暴晒。精选分级，依据种子的大小和饱满度，进行合理分级；剔除杂物和破粒，使纯度达到95%以上。

（5）妥善贮存　种子在充分阴干后，进行贮存，要经常通风透气。

2. 种子的休眠

（1）含义　种子休眠是指有生活力的种子即使吸水并给与适宜的温度和通气条件，也不能发芽的现象。

> **提示**：落叶果树大都有自然休眠，常绿果树无明显休眠或休眠期很短。

① 自然休眠　种子成熟后，种子内部存在妨碍发芽的因素，使其不能正常萌发。自然休眠是长期系统发育形成的抵御寒冷气候的特性，有利于生存和繁殖；有利于贮存，但育苗时比较困难。

② 后熟　休眠期间，在综合外界（温、湿、气）条件下，种子内部发生一系列的生理、生化变化，从而进入萌发状态，这个过程叫后熟。

③ 被迫休眠　通过后熟的种子，由于不良的环境条件，使其不能正常萌发，称为被迫休眠或二次休眠。

（2）影响种子休眠的因素

① 种胚发育不全。有些果树的种子外观已成熟，并已脱离母体（采果），但是胚处于幼小阶段或发育不全，幼胚还需要再经过一段时间的发育（吸收胚乳）。

② 种皮或果皮的结构障碍。坚硬、致密、蜡质或革质化，通透性差。

③ 种胚未通过后熟过程。

（3）解除休眠的措施

① 层积处理　是使种子完成生理后熟，打破休眠的一项技术措

施。即在果树种子播种前的一段时间，将种子与河沙分层堆积在一起，并保持一定的低温、湿润、通气条件，使种子后熟并通过低温阶段的措施，也叫沙藏。

> **提示**：层积温度2 ~ 7℃，有效最低温−5℃，最高温17℃；湿度50% ~ 60%；通气（氧气充足，后熟快，高温下进入二次休眠与氧气不足有关）。

层积时间与砧木种类有关（表4-1）。

表4-1　苹果主要砧木种子层积时间

砧木种类	山荆子	楸子	西府海棠	塞威氏苹果	花红	湖北海棠
层积时间/天	30 ～ 50	40 ～ 50	40 ～ 60	60 ～ 100	60 ～ 80	30 ～ 35

② 机械处理　即通过碾压、敲壳等机械磨伤措施，使种皮破裂或出现深凹点，以便气体和水分进入。

③ 化学处理　即通过生长调节剂（赤霉素、细胞分裂素等）或化学药剂（石灰氮、硫脲、生石灰、碳酸氢钠、浓硫酸等）进行处理，促使种子萌发。

3. 生活力鉴定

（1）目测法　直接观察种子的外部形态，有生活力的种子饱满、种皮有光泽、粒重、有弹性、胚和胚乳呈乳白色。

（2）染色法　用0.5%四氮唑，25 ～ 30℃处理3 ～ 24小时；再用红墨水染色。

（3）发芽试验　在培养皿中，给予适宜的条件，进行发芽率试验。

4. 播种及播后管理

（1）播种时期　春播和秋播。以山荆子为例，山荆子种子应在播种前30 ～ 50天，进行层积催芽处理，选择背风、向阳、肥沃、沙壤地作畦，春季播种，采用条播，开沟深1 ～ 3厘米，将种沙一起播入沟内，每亩播种量0.75 ～ 1.25千克，能出苗1.5万～ 1.8万株；覆细土0.2 ～ 0.3毫米，再覆0.1 ～ 0.2毫米的河沙。如果在大棚内育苗，要扣棚保温保湿。

（2）播后管理　幼苗2～3片真叶时，进行间苗、移栽、补苗；生长期间，经常中耕除草，保证全年无草荒；5—6月间，结合灌水，追施肥料；苗高约30厘米时，进行摘心，以利于加粗生长，并除去苗干基部5～10厘米处发生的侧枝（侧梢），形成光滑带，以利于嫁接操作。

三十七、苹果自根砧木苗如何培育?

砧木品种化是现代果树生产的重要方向之一。由自身器官、组织的体细胞形成根系的砧木，称为自根砧。其遗传组成与亲本相同，可以保持苗木整齐；主要用于培育矮化自根砧。多用扦插、压条、分株、组织培养等方法繁殖自根砧。方法与前相同。

➢ **提示**：自根砧繁殖需要建立自根砧母本园或母本繁殖圃，从母本园、圃中，获取繁殖材料。

第二节　嫁接苗培育

三十八、苹果嫁接苗有哪些特点?

1. 优点

能够保持接穗品种的优良性状；可以充分利用砧木的优良特性（矮化、抗性、适应性等）；便于大量繁殖；可以保持和繁殖营养系的优良性状变异，促进杂交幼苗提早结果，早期进行品种鉴定，缩短育种期限；高接换优，救治病株；开始结果早。

2. 缺点

有些嫁接组合不亲和，对技术要求较高，可传播病毒病。

3. 利用

苗木繁殖，品种更新，树势恢复。

三十九、苹果嫁接方法有哪些？

1. 接穗的采集和贮运

在确定发展品种后，应从良种母本圃采集接穗，或从鉴定的优良品种的营养系成年母株上采集，采集外围发育枝或新梢。要求枝条充实、芽体饱满。

> **提示**：采穗母株必须品种纯正、丰产、稳产、优质、无检疫对象或特殊的病虫害。

根据嫁接时期、方法的不同，采集接穗要求不同。秋季嫁接（芽接），采集当年的春梢，随采随用；春季枝接，一般在休眠期结合修剪，采集一年生枝；夏季嫁接，可采集当年新梢或贮存的一年生枝。

用新梢作接穗，最好随采随用，采集后，立即去掉叶片，保留1厘米长叶柄，以便于操作和检查成活，贮存于阴凉、湿润、透气的地方，一般温度控制在4～13℃，湿度80%～90%，适当透气；运输接穗时，要注意保湿透气，温度适宜。

一年生枝作接穗，可埋藏，预防早春发芽；运输时，注意保湿、通气、降温。

苹果苗一般采用秋季芽接，未成活的在下一年春季再进行枝接补接。

2. 芽接

芽接指在砧木上嫁接单个芽片的嫁接方法。春、夏、秋形成层活跃时，均可进行，北方多在7—9月进行，速生苗可提早到6月。最常用方法是“T”形芽接。也可用嵌芽接、带木质部芽接等。芽接法操作简便、快速，伤口小，宜接期长，节省接穗，成活率高。不成活的可以及时进行补接，还适宜分段芽接，培养中间砧苗。

苹果育苗一般采用“T”形芽接法。8月中旬—9月中旬为嫁接适期。嫁接过早，接芽当年萌发，冬季易受冻害；嫁接过晚，砧木、接穗不离皮，操作不便，愈合困难。具体操作方法：

在砧木距离地面约5厘米处，选平滑的背阴或迎风面横切一刀，深度以切断皮层为准，再在横切口中间，向下纵切一长为1～2厘米的切口，切口呈“T”字形。

接穗应用当年生新梢，随采随用。削取接芽时，取枝条中间饱满的芽，将叶片除去，留下一段叶柄，先用刀在芽下1.5厘米处向上斜削入木质部，纵切长约2.5厘米，再从芽的上方1厘米处横切一刀，用两手指捏住芽片两侧轻轻一掰，取下不带木质的芽片。

图4-1　苹果“T”形芽接

1—削接芽；2—取芽片；3—芽片插入切口；4—塑料条绑扎

用芽接刀拨开砧木切口皮层，将芽片由上而下轻轻插入，使芽片上方与“T”形横切口对齐，然后用塑料条将切口自下而上绑缚好，将叶柄外露，以便检查成活（图4-1）。

3. 枝接

枝接指用具有一个或一个以上芽的一段枝作接穗的嫁接方法。一般在春季树液流动后至展叶期。常用切接、劈接、腹接、插皮接、舌接、插皮舌接等方法；主要用于粗大砧木的嫁接，利用坐地苗建园，高接换优，更新树冠，修复树干损伤恢复树势等，枝接还便于采用机械化操作，嫁接时间长。枝接分为嫩枝嫁接和硬枝嫁接。

4. 二重枝接

用于苹果矮化中间砧苗的培育。由根砧、中间砧和品种3段组成，一般培育中间砧苗需要2年出圃（图4-2）。

此外，还有根接、茎尖微型嫁接、芽苗嫁接、靠接、贴接、桥接等特殊的嫁接方法。

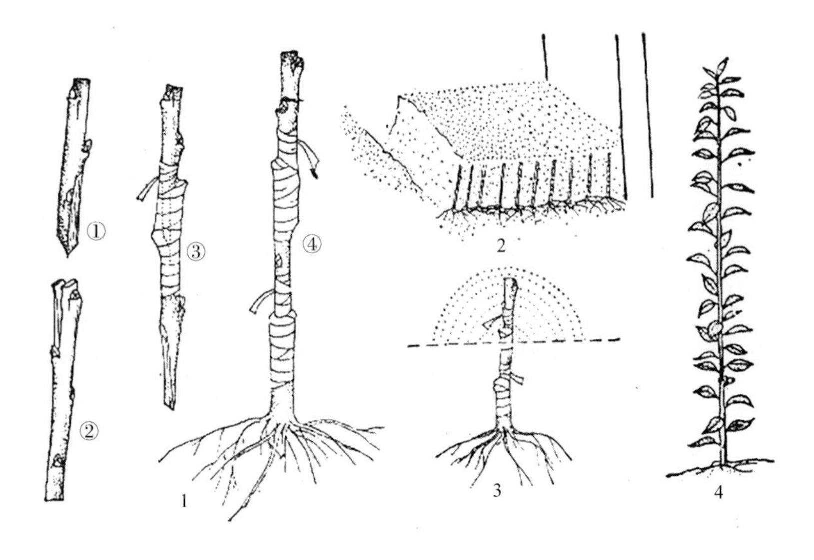

图4-2　枝接二重砧法

1—室内嫁接：①品种接穗，②中间砧，③品种接穗与中间砧接合，④再接到基砧上；2—窖内贮藏；3—露天栽植；4—当年成苗

四十、苹果嫁接后如何管理？

（1）检查成活和补接　芽接10～15天后，检查成活情况；未成活的，应及时进行补接。

（2）剪砧，解绑或折砧　苗木成活后及时剪砧，解绑或折砧。接后成活的苗木，第二年早春发芽前，将接芽以上的砧木部分剪去，称为剪砧；一般多在春季剪砧，剪砧时期一定要在砧木树液流动前，剪后及时灌水，使根部吸收充足的水分和养分，集中供给接芽生长。

剪砧后解绑，解除塑料条，保证嫁接伤口愈合。

嫁接成活后，在接芽上方将砧木苗干折倒，促使接芽萌发生长的方法，称为折砧。为使苗木生长健壮充实，折砧必须在秋季苗木缓慢生长之前90天进行。用折砧方法处理砧干，技术要求严格，而且费工，常规育苗一般不采用，多用在当年嫁接当年出圃的快速育苗中。折砧曾广泛应用于缩短苹果苗木培育周期，如今在中部地区的矮化中间砧苹果苗的培育中，常有应用。

折砧时一般先在芽的上方横切一刀，深达苗干粗的1/3，之后一手捏住切口下部的砧木，并以拇指保护好接芽，另一手的拇指顶住切口背面向上用力，其余四指握住切口上部的砧梢，慢慢用力向下弯曲，使苗干在切口上方折劈。折砧时不能完全折断苗干，要将木质部和大部分皮层折断，但还有一部分相连，使部分养分继续供给折断的部分。折砧处理既改变了砧干的生长极性，又保留了其上的叶片，使接芽处于顶端优势地位，并得到更多的营养供给，能够提前萌发，充分利用夏秋时节生长，提高了当年嫁接当年出圃苗木的质量。折后可将梢部埋土固定，以防风折。在嫁接苗长到10多个叶片之后，再剪除砧木苗干。

也可在成活芽的上方扭曲苗干，苗梢弯倒后埋压土中，缚于干基以及接芽上方刻伤等处理方法，与折砧道理相同，但效果不如折砧。

（3）埋土防寒　严寒地区，冬季应进行埋土防寒，以利于安全越冬。

（4）萌芽后去萌蘖　春季萌芽后，接芽周围会长出很多萌蘖，应随时除掉，以免影响接芽生长；风大地区要设立支柱，防止被风折断。

（5）浇水施肥，防治病虫　嫁接苗生长前期，注意肥水管理，加强中耕，防治病虫害，促其快速健壮生长；为使苗木生长充实健壮，7月以后应控制肥水，防止后期贪青旺长。

（6）春季枝接　芽接未成活的，早春用劈接、切接等枝接方法，进行补接，保证同步生长，当年苗木能够出圃。

（7）除萌蘖和圃内整形　发现萌蘖及时除去。进行摘心，促进副梢生长。

四十一、苹果优质苗木标准是怎样规定的？

优质苗木应从株高、茎粗、整形带饱满芽数、根系的数量和长度来分级。培育优质苗木的主要措施：

（1）选择大龄苗木　从播种到嫁接苗出圃，海棠砧2年生苗，山荆子2～3年生苗，尽量不用当年播种、当年嫁接的快速苗和半成品苗、芽苗建园。

（2）规范育苗的密度　一般每亩产苗2000～3000株，容易获得大规模的优质苗。

（3）圃内整形　在6～7月份，嫁接苗生长高度超过定干高度后，进行摘心，促进副梢生长。

苹果苗木等级规格如表4-2所示。

表4-2　苹果苗木等级规格指标（GB 9847—2003《苹果苗木》）

<table>
<tr><th colspan="2">项目</th><th>1级</th><th>2级</th><th>3级</th></tr>
<tr><td colspan="2">基本要求</td><td colspan="3">品种和砧木类型纯正，无检疫对象和严重病虫害，无冻害和明显的机械损伤，侧根分布均匀舒展，接合部和砧桩剪口愈合良好，根和茎无干缩皱皮。</td></tr>
<tr><td colspan="2">乔化砧和矮化中间砧苹果苗，粗度≥0.3厘米，长度≥20厘米的侧根/条</td><td>≥5</td><td>≥4</td><td>≥3</td></tr>
<tr><td colspan="2">矮化自根砧苹果苗，粗度≥0.2厘米，长度≥20厘米的侧根/条</td><td colspan="3">≥10</td></tr>
<tr><td rowspan="3">根砧长度/厘米</td><td>乔化砧苹果苗</td><td colspan="3">≤5</td></tr>
<tr><td>矮化中间砧苹果苗</td><td colspan="3">≤5</td></tr>
<tr><td>矮化自根砧苹果苗</td><td colspan="3">15～20，但同一批苹果苗木变幅不得超过5</td></tr>
<tr><td colspan="2">中间砧长度/厘米</td><td colspan="3">20～30，但同一批苹果苗木变幅不得超过5</td></tr>
<tr><td colspan="2">苗木高度/厘米</td><td>>120</td><td>>100～120</td><td>>80～100</td></tr>
<tr><td rowspan="3">苗木粗度/厘米</td><td>乔化砧苹果苗</td><td>≥1.2</td><td>≥1.0</td><td>≥0.8</td></tr>
<tr><td>矮化中间砧苹果苗</td><td>≥1.2</td><td>≥1.0</td><td>≥0.8</td></tr>
<tr><td>矮化自根砧苹果苗</td><td>≥1.0</td><td>≥0.8</td><td>≥0.6</td></tr>
<tr><td colspan="2">倾斜度/度</td><td colspan="3">≤15</td></tr>
<tr><td colspan="2">整形带内饱满芽数/个</td><td>≥10</td><td>≥8</td><td>≥6</td></tr>
</table>

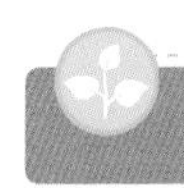

第三节　苹果无病毒苗木的培育和应用

世界各国对苹果研究表明：大多数苹果栽培品种，都感染一种至数种潜隐病毒，其中以苹果褪绿叶斑、茎痘和茎沟病毒分布最广，危害性最大，几乎在所有栽培苹果的国家或地区都有存在。从生产实际来看，苹果病毒分布之广，危害之重，不亚于真菌所致的树皮腐烂和果实腐烂病。通过对我国25个试验站收集的材料分析来看，苹果树带毒率100%，同时携带2～4种病毒的比率占到26%～65%。果树病毒在植株体内能够消耗大量的营养，影响果品的产量和质量，锈果类病毒还会直接导致果实失去商品价值。目前发达国家已基本上实现了苹果无病毒化栽培，而我国近几年才刚刚开始，要达到发达国家目前的水平，我们还有很长的路要走，任重而道远。因为现在我国大面积种植的依然是带毒苗，这些苗木一旦栽植，不可能在短时间内再进行更换，所以苹果脱毒也是我国苹果产业未来发展的必然趋势。

> **提示**：发展苹果无病毒化栽培，是当前乃至今后我国果树生产发展的总趋势，是提高果品产量和质量的必经之路。

病毒可以导致果实畸形，果园减产，甚至有绝收的致死性危害。采用扦插、嫁接、分株、压条（营养器官）繁殖的苗木，都可能携带一种甚至多种病毒或类病毒，对苗木的生产及产品质量，都会产生不良的影响。在植物组织培养过程中，利用微茎尖培养和热处理，可脱除植物所带病毒，而获得无病毒苗。其苗木根系发达，生长健壮，肥水利用率高，抗逆性强，结果早。栽培无病毒苗木，是防治果树病毒病的最根本、最有效的途径，不仅可以大大地提高产量和改善果实品质，而且可获得明显的经济和社会效益。

四十二、苹果病毒有哪些危害性？包括哪些种类？

侵染果树的病毒和类菌原体种类很多，根据感染后的表现和特点，一般将病毒分为潜隐性病毒和非潜隐性病毒两大类。在砧木和接穗都抗病时，潜隐性病毒感病植株无明显外观症状，表现为慢性危害，使树势衰退，树体不整齐，果实产量、质量、耐贮性降低，肥水利用率（用于果实生产）下降，氮肥利用率降低40%～60%，减产20%～60%；非潜隐性病毒在感病植株上有明显的外观症状，一般容易识别，发现后，应及早刨除。迄今为止，对病毒病还没有理想的治疗方法和有效的药剂，果树一经感染，就终生带毒。植物病毒扰乱苹果树的正常代谢机能，从而引起病害。

世界各地报道苹果病毒有20余种，根据对我国苹果产区多数品种普查，普遍有病毒病危害，带毒率30%～95%，给生产造成巨大的损失。目前危害我国苹果的病毒主要有6种，苹果花叶病毒、苹果锈果类病毒、苹果绿皱果病病毒均为非潜隐性病毒；苹果茎痘病毒、苹果茎沟病毒和苹果褪绿叶斑病毒为潜隐性病毒。

苹果在长期的营养繁殖过程中，病毒的侵染逐年积累增多。树体一旦被病毒侵染，就终生带毒，受其持久为害。病毒主要通过嫁接传染，随同接穗（或砧木）、苗木远距离传播。因此，嫁接繁殖的数量越大，病毒的传播扩散速度也越快。利用带毒的接穗，嫁接繁殖苗木或高接换优，都会使病毒蔓延。病毒病害与真菌或细菌病害不同，难以用化学药剂进行有效的预防或控制。

苹果病毒病目前尚无有效治疗方法，只能通过培育和栽培无病毒的苗木和控制病毒传播两条途径来减少病毒的危害和扩散。培育采穗用的无病毒母本树，繁殖栽培无病毒苗木，是防治苹果病毒为害的根本措施。因此，无病毒苗木的培育，具有重要的意义。

栽培品种脱毒后，只要在大田进行人工嫁接，基本都会感染病毒病。只有在组织培养条件下，进行茎尖嫁接后，在温室进行营养钵培养，后移栽大田（无地下线虫、架设防虫网等），才会培养出真正的“无毒苗”。

四十三、苹果无毒苗有哪些特点及优势?

1. 品种纯正，内在种质优良

通过植物组织培养无性繁殖的苗木，纯正一致，保证了种苗个体间差异小，种质纯度高，杂种异株少；苗木生理年龄较大，进入结果期较早，基砧种质遗传性稳定，所结的果实，都能保持品种原有母株的优良性状。

2. 抗逆性强，需肥量少，可减少施肥量

脱毒苗木抗逆性遗传稳定，耐性强，抗寒、抗旱、抗盐碱，长势优于常规苗木。由于根系发达，生长特别旺盛，还可以减少其他病害的发生。无病毒苹果树需肥量特别是氮肥量明显减少，一般比普通带毒树减少40% ～ 60%，耐粗放管理，适宜在瘠薄土壤上栽培。

3. 成花容易、果个大，果实品质好，商品果率高

无病毒树的果实多，个大，均匀一致，着色好，色泽艳丽，表光好，光洁度高，耐贮性强。

4. 苗木健壮，生长旺盛，结果早

在同等管理条件下，无病毒苗木生长健壮，整齐一致，高度比带毒苗木增加10% ～ 28%，干茎直径增大12% ～ 20%，分枝多，生长量大，叶片大，肥厚光亮，根系发达，吸收能力强，栽植成活率比带毒苗高16%，缓苗比常规苗快20%。

5. 树体生长强壮，树势强健，丰产稳产高产

一般生长量比带毒树高出约1/3，增产16.9% ～ 60%，大小年结果幅度小，树势强健，骨干枝牢固，结果枝分布均匀，产量提高20% ～ 30%，生长旺，树体全重比带毒树增加36%，干周生长量增加26% ～ 30%。果园整齐度高，增产潜力大而稳定。

四十四、苹果无病毒苗木如何繁育?

1. 脱毒

① 热处理脱毒　对果树苗木整株或植株的一部分（如接穗），在

钝化病毒的温度和植物体能忍受的温度之间，在保持70%～80%相对湿度的热处理装置中，处理一定的时间，杀死病毒而保持处理材料的生理活性。约38℃的高温，不仅能延缓病毒的扩散，而且能使器官和组织的生长速度超过病毒的繁殖速度，对病毒有钝化作用。

② 微茎尖培养脱毒　病毒感染后，在植株内的分布并不均匀，植物不同组织和不同部位病毒的分布和浓度有一定的差异，甚至有的组织或部位无病毒，例如除种子之外，在生长点附近即茎尖和根尖的分生组织部位（0.1～0.2毫米）多不含病毒。这样小的无病毒组织，进行微茎尖培养，可获得无毒原种；采用组织培养技术，可获得完整的无病毒植株培养作母本树，生产无病毒嫁接材料，即接穗。

③ 热处理与茎尖培养相结合　脱毒苗不易感染上代植株的基因病毒，可直接种植。无毒苗则彻底钝化，通常用于原种进行二次或三次栽培，才作种苗使用。

2. 其他方法

其他方法参见第一章第十四问。

四十五、怎样进行苹果苗木的组培快繁（微体繁殖）？

在无菌条件下，将离体的植物器官、组织、细胞或原生质体，在人工培养基中，培养成完整植株的过程，称为组织培养。脱毒苗主要利用组织培养繁育，利用组织培养技术，进行果树繁殖，通常称为微体繁殖。其具有占地面积小、育苗周期短、适宜繁殖时间长、繁殖系数大、可部分或全部脱除病毒等优点。我国苹果基本实现了工厂化组培繁殖育苗。

用于组培的材料称为外植体。以茎尖分生组织为外植体称为茎尖培养；成龄树枝段为外植体称茎段培养；叶片为外植体称为叶片培养。其中茎尖培养繁殖系数大、周期短、占用空间小、变异少，在果树繁殖上应用最为广泛。

果树茎尖培养分为四个阶段，即无菌培养系的建立，茎尖繁殖，离体茎的生根及组培苗的驯化和移栽。

1. 无菌培养系的建立

（1）培养基制备　培养基是外植体生长和发育的基质。以MS培养基应用最为普遍。

（2）外植体引入　即接种。

2. 茎尖繁殖（继代培养、扩繁）

要求温度25 ～ 30℃、1500 ～ 3000lx光照（16小时），30 ～ 50天，分苗一次。

3. 离体茎的生根

1/2MS培养基，少糖，加入生长素类和细胞分裂素类植物生长调长剂进行培养，促进生根。

4. 组培苗驯化和移栽

主要包括以下几个环节：培养壮苗，强光闭瓶锻炼，开瓶锻炼，过渡移栽，大田移栽。

第五章

葡萄嫁接育苗

四十六、葡萄砧木的种类有哪些？

葡萄砧木的作用非常广泛，能够提高葡萄耐寒性、耐旱性、耐盐性、耐涝性、抗病性，并且对树体、产量、果实品质等具有重要的影响。根瘤蚜曾在北美发生、蔓延，从北美传到欧洲，给欧洲葡萄园带来毁灭性的灾难。后来，在北美洲发现了一种对根瘤蚜具有抗性的野葡萄，将欧洲葡萄嫁接于抗根瘤蚜的砧木上，以抵抗根瘤蚜的为害，通过嫁接方法挽救了葡萄种植。各地可根据当地的立地条件和生态环境，选择合适的砧木，克服自然环境中的不利因素，充分发挥栽培品种的优良性状，获得最佳的经济效益。

目前，欧美葡萄生产发达的国家已经基本上实现了优良品种的砧木化栽培。

我国葡萄栽培应用砧木的历史较短，砧木研究主要集中在抗寒砧木。在寒冷地区，由于存在根系严重冻害问题，自20世纪60年代以来，国内开始应用抗寒砧木，如山葡萄和贝达等，研究的地域集中在东北地区。

国外的某些葡萄病毒病、线虫、根瘤蚜等危险性病虫害已带入我国，部分葡萄园已发现有病毒病、线虫和根瘤蚜等为害。为了避免给葡萄生产带来灾难性损失，应大力推广使用具有良好抗性和适应性的砧木。

通过选择良好的葡萄砧木，可扩大适应土壤的范围（pH 5.5～

9.0）；可增强抗逆性（旱、寒、涝、病、虫）；调节树体生长势（矮化、乔化）；调节产量和品质（增产和控产）；调节葡萄的成熟期（早熟、晚熟）。

1. 用作葡萄砧木或培育砧木的原种

（1）美洲葡萄　抗寒力强，枝条可抗−30℃的低温，根系可抗−10℃的低温，但抗根瘤蚜的能力较差。

（2）河岸葡萄　原产美洲的河岸潮湿地带。矮化砧，根浅，适合于肥沃土壤，喜潮湿，抗根瘤蚜、扇叶病毒和真菌性病害，抗寒力很强，枝条可抗−30℃的低温，根系抗−11.4℃的低温，嫁接有“小脚”现象，不抗石灰质土壤。

（3）沙地葡萄　原产美国的沙砾干燥地区。乔化砧，深根性、适合于耕作层浅的瘠薄山地，抗旱性强、抗根瘤蚜，对各种真菌性病害免疫，但不耐石灰质土壤。

（4）冬葡萄　原产美洲的干燥山坡和山顶上。对石灰性土壤有良好的抗性，抗扇叶病毒和茎痘病，不抗卷叶病。抗寒力较差，不易扦插生根，主要作为培养砧木的原始材料。

（5）山葡萄　原产我国东北及俄罗斯远东等地，是葡萄中最抗寒的，枝条可抗−40℃的低温，根系可抗−15.1℃的低温。不易生根，常作育种材料。

（6）其他原种　另外，香宾尼葡萄及圆叶葡萄等，也常用作培育抗性砧木的原种。

2. 葡萄抗性砧木的类型、品种（系）

（1）抗旱砧木品种（系）　特别抗旱的砧木品种有140Ru、1103P、99R、110R、41B、Fercal；比较抗旱的砧木品种有S04、5C、5BB、8B、420A、3300C、333EM、1202C、1613C、225Ru、Salt creek。

（2）抗寒砧木品种（系）　主要有5A、3306C、3309C、5BB、山河3号、山河4号、山河1号、山葡萄、贝达等。

（3）耐盐砧木品种（系）　主要有1616C、1202C、1103P、5BB、贝达、河岸葡萄格格尔。

（4）抗葡萄根癌病砧木品种（系）　对葡萄根癌病抗性很高的砧木

主要有河岸3号、S04、河岸2号、和谐（Harmony）。

（5）耐石灰质土壤砧木品种（系） 耐石灰质土壤强的砧木主要有41B、333ES；比较耐石灰质土壤的砧木有420A、5BB、161-49C、140Ru、S04、5C、110R、99R、1103P。碳酸钙含量高的土壤应选抗石灰质土壤强的砧木栽植。

（6）抗缺铁黄化砧木品种（系） 主要有Fercal、140Ru、41B、5BB、333ES、420A、S04。

（7）重茬地推荐砧木品种（系） 主要有3309C、3306C、S04、5A、1202C、5C、8A、5BB、1616C、157-11。

（8）抗根瘤蚜砧木品种（系） 以上所有砧木均可抗根瘤蚜。

国外著名葡萄砧木及特性如表5-1所示。

表5-1 国外著名葡萄砧木及特性

砧木品种	根系	生根	树龄	生长势	生长周期	成熟期	品质	着色	亲和性
3309C	中	极不良	极长	较弱	中	中	好	好	中
3306C	中	极不良	中	较弱	中	中	好	好	中
1202C	粗深	良	最长	较弱	短	晚	好	差	良
41B	粗深	极不良	长	较弱	中	较早	好	好	差
5BB	极浅	中	中	较弱	短	较早	极好	极好	良
5C	中深	中	中	较弱	中	早	极好	极好	中
8B	中	不良	中	中	长	早	极好	极好	良
S04	强、极深	良	中	中	中	较早	极好	极好	良
420A	细中	极不良	中	中	中	较早	极好	极好	良

3. 葡萄砧木选用标准

（1）抗性 如抗病、抗虫、耐旱、耐寒及耐石灰质土壤等。

（2）繁殖能力 容易扦插，发根力强。

（3）亲和性　对接穗的亲和性好。

（4）寿命　足够长。

（5）生长势　适宜的长势。

（6）适应性　对环境适应性强。

四十七、我国引进国际著名砧木及国内培育品种（系）有哪些？

我国成规模利用的砧木为贝达，多采用人工嫁接，2年出苗；贝达不适宜于碱性土壤，黄化、“小脚”现象严重，没有大面积繁殖圃。

（1）贝达　英文名称Beta，为美洲种。抗寒性强，与栽培品种嫁接亲和性良好，目前在东北及华北北部地区作抗寒砧木栽培。在南方地区，贝达作为葡萄砧木，还有明显的抗湿、抗涝特性。因此，在南方葡萄产区，贝达作为抗湿砧木，也有良好的应用价值。

> **提示**：贝达作为鲜食品种砧木时，有明显的“小脚”现象，而且对根癌病抗性稍弱，栽培时应予重视。

（2）S04　是德国从冬葡萄和河岸葡萄杂交后代中，选育出的葡萄砧木品种；其嫁接苗生长旺盛，抗旱、抗湿，结果早，抗根瘤蚜和抗根结线虫，耐盐碱，耐湿性显著，扦插易生根，并与大部分葡萄品种嫁接亲和性良好。

（3）5BB　是法国从冬葡萄与河岸葡萄的自然杂交后代中，经多年选育而成的葡萄砧木品种。在各地试栽，表现出明显的抗旱、抗南方根结线虫和生长快、生长量大的特点，耐石灰性土壤。

（4）华佳8号　是上海农业科学院园艺研究所杂交培育而成的一个专用砧木品种。根系发达，生长健壮，抗湿、耐涝。用其作砧木与藤稔等品种嫁接，成活率高，有明显的早果、早丰产等优良性状。尤其适宜用作藤稔葡萄的砧木。

（5）刺葡萄　原产我国，抗病、抗湿特点十分突出，适应高温多湿的条件，并具有一定的抗病虫能力。适宜在南方丘陵山区和庭院应用，作为抗湿砧木栽培及育种材料（图5-1）。

图5-1　刺葡萄

四十八、葡萄硬枝嫁接快速育苗如何实施?

葡萄硬枝嫁接采用冬季休眠的抗性砧木枝条和优良的品种枝条，在春季室内利用劈接或舌接的方法繁育苗木。

1. 选好育苗地

选择地势平整，向阳，能灌、能排的沙壤土地，或室内修建葡萄育苗温床，温床采用电热线通电的方法，对嫁接接合部位进行升温、控温。

2. 接穗选择

选择冬剪后的生长正常的一年生的成熟枝蔓，混合芽已经分化良好、芽体饱满、无病虫害的枝条作接穗。

> **提示**：选择名贵、大粒、味道可口、价格高、效益好的适合当地气候环境条件的优良品种作接穗，进行嫁接育苗。

3. 砧木选择

选择根系发达、生长粗壮、抗性强的普通或专用葡萄苗木作嫁接的砧木。我国西北陕、甘、宁干旱地区，应选择抗旱的S04、5C、5BB等作砧木；在滨海和内陆盐碱地区，应选择1616C、420A、贝达和5BB等耐盐碱、耐水湿性能强的砧木。

4. 硬枝嫁接时期

在休眠期嫁接，以春季4～5月气温达到5～6℃为宜。

5. 硬枝嫁接方法

（1）葡萄硬枝劈接

① 切砧木　按劈接的方法进行嫁接，在砧木根部以上5～8厘米处，平齐剪断，并在砧木剪口面中部（在横断面的1/2处）垂直切一竖切口，即砧木切口，深约3厘米。

② 削接穗　在接穗下端2.5厘米处至底部斜削一刀，呈长马耳形斜削面，再在其背面底部削成马蹄形斜削面，在接穗上部留2个混合芽，将接穗截断。要求削面两面等长、呈楔形 、外厚内薄。

③ 接合　将接穗的马耳形斜削面，自上而下顺着砧木切口插入。粗度相近时，两面的形成层对齐；粗度有差距时，要至少对齐砧穗一边的形成层。马耳形削面顶部留白0.2～0.3厘米。

④ 绑缚　用塑料薄膜将接合部位绑缚严密，绑缚时，要松紧适度（图5-2）。

⑤ 接后管理　将嫁接好的苗木，砧木基部蘸生根药剂，放入葡萄育苗温床上，苗木的底部，即嫁接的砧木，根系栽植在厚15～20厘米的细沙中保湿；苗木的上部，即接穗，不进行任何覆盖物保护，使其处于休眠状态；苗木的中部，即嫁接口接合部位的绑缚薄膜表面贴电热线，绑缚薄膜及电热线之间用锯木粉围裹，通电升温、控温。每天育苗温床内的砧木根系部分的相对湿度保持在89%～91%，嫁接口

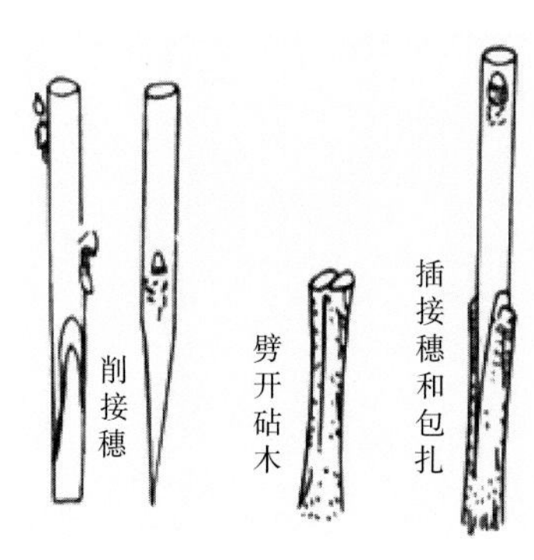

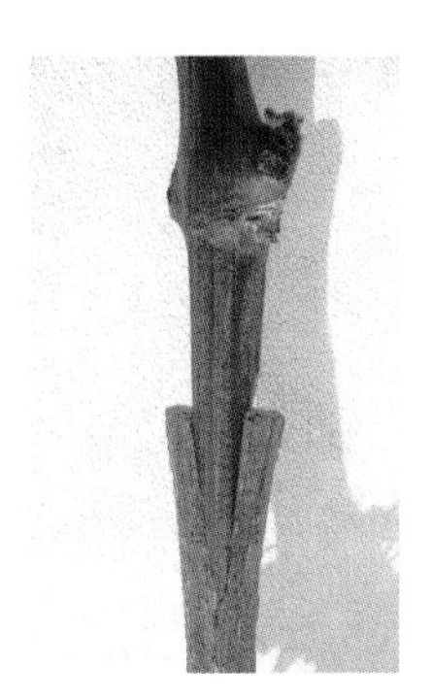

图5-2

图5-2　葡萄硬枝劈接

接合部位及锯木粉的温度控制在24～28℃，经20～30天，嫁接部位愈合后，将温度再降低到4.5～5.5℃，即培育出所要求的葡萄苗，这时可出圃和栽植（图5-3）。

图5-3　葡萄温床育苗

> 提示：在电热线或电热毯上加温催根，室温要低于5℃，抑制接穗提前发芽。先促使砧木与接穗的接口愈合，让砧木生根，以提高成苗率。

（2）硬枝舌接　也叫双舌接。适用于粗度1～2厘米，且大小大体相同，或相差不大的砧木和接穗进行嫁接的一种方法（图5-4）。舌接砧木、接穗间接触面积大，接合牢固，成活率高。具体操作同第三章第二十二问“5．舌接”。

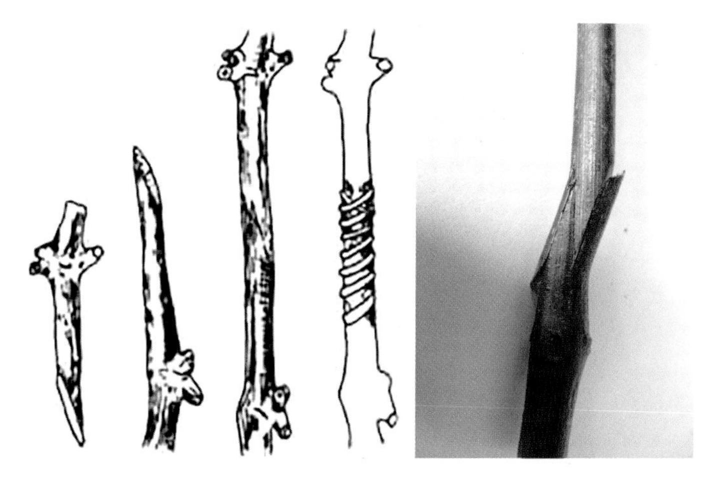

图5-4　葡萄硬枝舌接

四十九、葡萄嫩枝嫁接育苗如何实施？

葡萄嫩枝嫁接也叫绿枝嫁接。当前生产上，一般都因地制宜地选择抗性砧木的插条育苗，或用砧木种子繁育实生砧木苗，选用适应当地的优良品种，进行嫩枝嫁接育苗。

1．嫁接时期

一般果树大都选择在早春嫁接。葡萄嫩枝嫁接，必须选择在夏季嫁接，采用葡萄嫩枝劈接，在葡萄生长季节一般都可以进行，一般在花期前后，即6月上旬—7月初，6月份最好，接穗发芽后，当年能够木质化，2年可成苗。如果是育苗，只要砧木新梢粗度生长到能嫁接的粗度（约0.5厘米以上）时，即可进行葡萄嫩枝劈接。嫁接越早，葡萄苗木生长越好。技术操作熟练的嫁接人员可以在5月下旬—6月下旬，砧木和接穗的新梢抽出8～10片叶，茎粗达0.3～0.5厘米，苗木基部木质化时开始嫁接，这是嫩枝嫁接的最佳时期。

> **提示**：嫁接前，首先对砧木进行摘心并去掉副梢，促进加粗生长。

2. 嫩枝劈接嫁接方法

（1）剪砧　选离地面较近的光滑部位，剪断砧木（图5-5）。

（2）劈开砧木　劈口深2～2.5厘米（图5-6）。

图5-5　剪断砧木

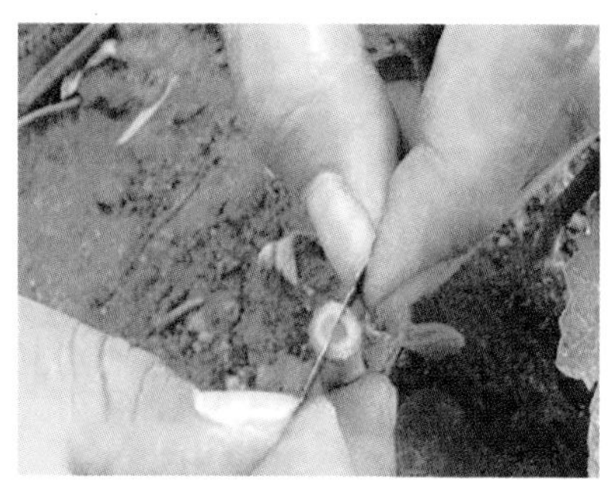

图5-6　劈开砧木

（3）削接穗　选择良种，用刀片削接穗（图5-7，图5-8）。

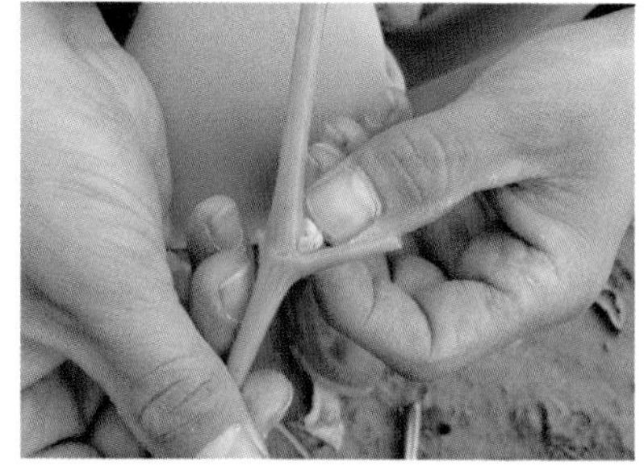

图5-7　选取芽饱满的接穗

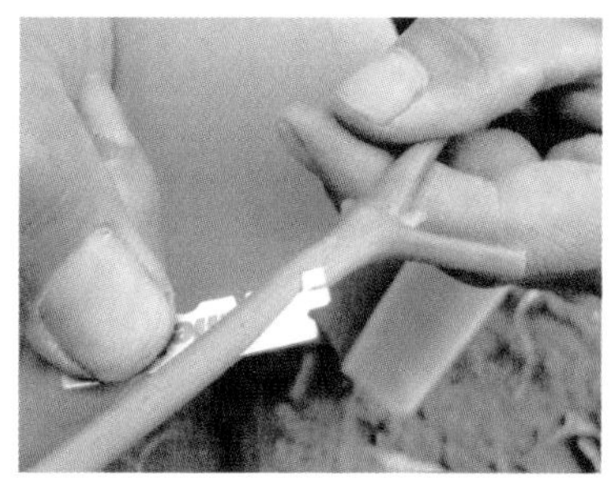
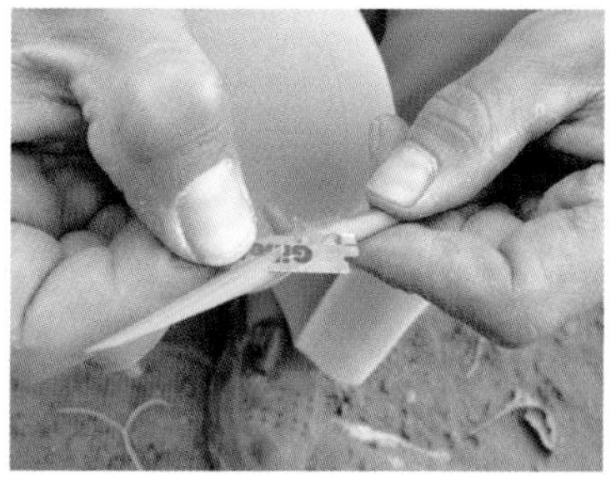
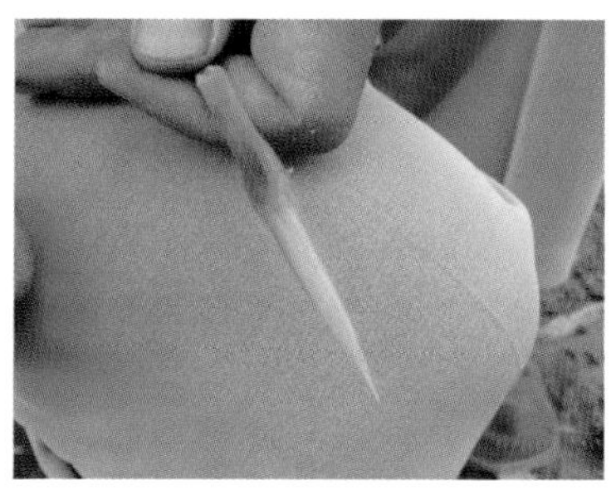

图5-8 用刀片削接穗

（4）插入接穗　至少保证一侧形成层对齐（图5-9）。

（5）包扎绑缚　将接口及接穗，全部用塑料薄膜包扎好（图5-10，图5-11）。

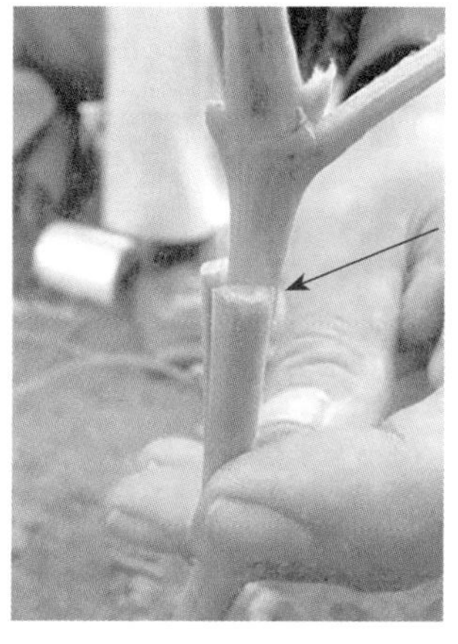

图5-9

图5-9　插入接穗接合

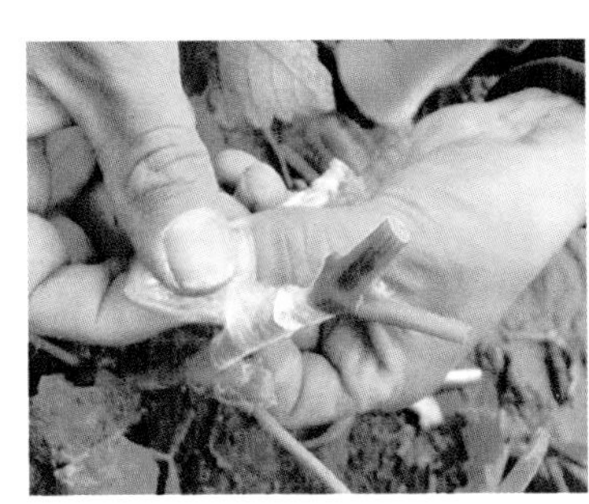
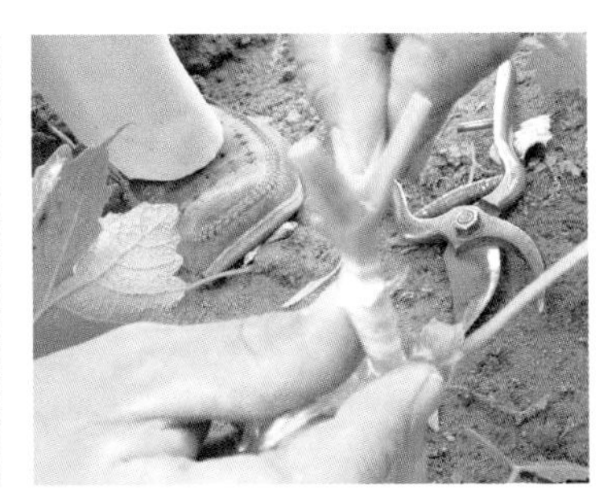

图5-10　包扎嫁接口及接穗

（6）嫩枝嫁接成活后苗期管理　嫁接后要及时灌水，去掉砧木上的萌蘖（图5-12），并加强病虫害的防治工作。当接芽抽出20～30厘

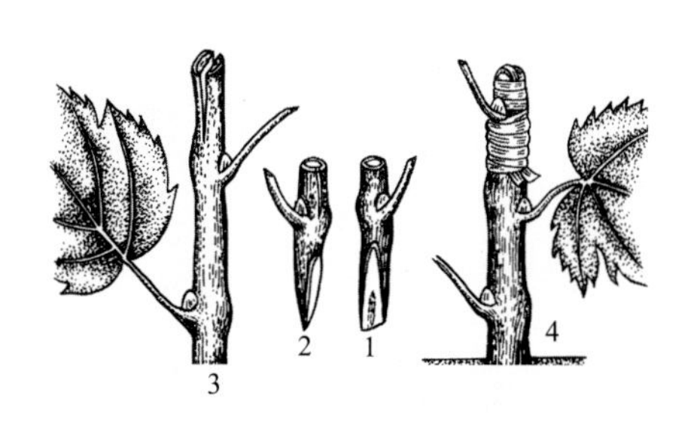

图5-11　葡萄嫩枝嫁接

1—接穗正面；2—接穗侧面；3—砧木切口；4—接合包扎

米新梢时，选留1条粗壮枝，引绑在竹竿或铁丝上，防止风折；要及时摘心，促进新梢的生长。在6—8月份，每隔10～15天，喷1次杀菌剂，并加0.2%的尿素，防止病虫害发生，促进苗木生长；每隔15天，灌1次透水；在8—9月份，对新梢进行摘心，并结合病虫害防治方法，喷0.3%的磷酸二氢钾，共喷3～5次，促进苗木新梢充实、健壮生长（图5-13）。

图5-12　去萌蘖

图5-13　成活状

五十、怎样进行葡萄嫩枝舌接?

葡萄嫩枝舌接适用于砧木和接穗粗度1～2厘米，且大小大体相同或相差不大的情况，成活率高。

砧木、接穗削法及接合方法与葡萄硬枝舌接方法相同。接合好后，接口全部用塑料条（宽1～1.5厘米）包严绑紧（图5-14）。

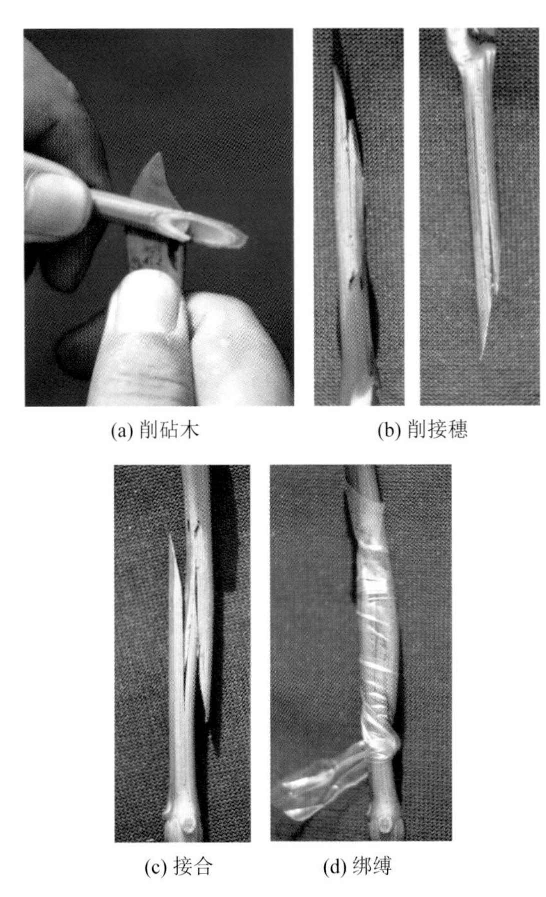

(a) 削砧木 (b) 削接穗

(c) 接合 (d) 绑缚

图5-14 嫩枝舌接

五十一、如何实现葡萄“三步”快速育苗?

“三步”快速育苗法，群众称为“三级跳”育苗法。在辽西地区已经被广泛应用，是繁殖葡萄优良品种苗木多、快、好的成功方法。该方法需要有日光温室（图5-15）、电热线（图5-16）等作保证，在精心管理下，一株优良品种一年内可繁殖150多株符合葡萄优良品种的标准苗木。

图5-15　日光温室

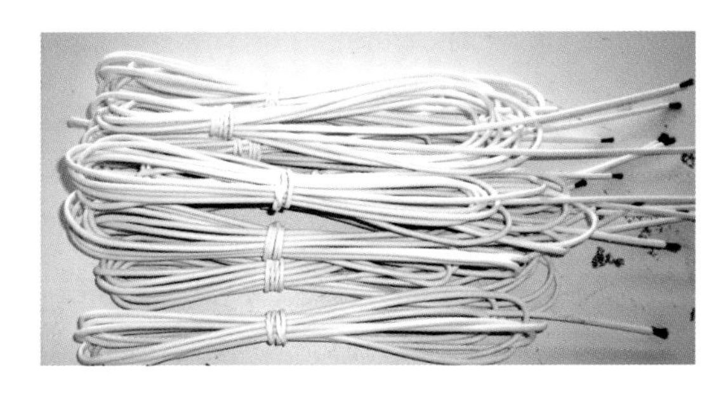

图5-16　电热线

1. 第一步

早春2月上中旬，开始在温室内栽植优良品种葡萄接穗苗木，用电热线通电加热，使温度提高到20～25℃，促使苗木快速长根，芽眼萌动；再将温度提高到28℃，30～40天后，幼苗可长出10～15片叶。

葡萄接穗苗木栽植后，过5～7天，栽植葡萄砧木苗木。当砧木苗8～9片叶时，及时摘心，去除副梢和腋芽。当砧木与品种接穗粗度接近时，在温室里进行嫩枝嫁接。

一般一株优良品种苗平均可采6个芽，嫁接6株苗木，按成活率70%计算，至少可成活4株，加上母株，一共可繁育5株。

2. 第二步

将这5株种苗在温室精心管理，一般再经过约40天，新梢又可生长出10～12片叶，其上的芽又可以用于嫁接，在塑料大棚坐地砧（去年秋天未起苗的砧木）上进行嫩枝嫁接，5株品种母株至少可以产出

30个接芽，进行嫩枝嫁接，按80%成活率，坐地砧上品种苗能培育成24株，加上5个母株，一共可繁育29株优良种苗（图5-17）。

图5-17　日光温室快速育苗

3. 第三步

这时已到了5月初，随着气温不断升高，苗木生长逐渐加快，可不用设施进行保护，到6月中下旬，砧木即可长出7～8片叶，开始摘心，促进加粗和半木质化。这时大棚里的29株品种苗，新梢又长出10～13片叶，采芽进行嫁接。在29株品种苗上，每株平均采6个芽，共174个芽，嫁接成活率按照70%计算，可成活121株，再加上29株母株，可繁育150株新品种苗木。

通过“三步”快速育苗法繁育优良品种苗木，大大加快了繁殖速度。在精心管理下，一株优良品种一年内可以繁殖苗木150多株。苗木新梢粗度0.5厘米以上，留5～7个饱满芽剪截，有5条长15厘米以上的根，可成为优良品种的标准苗木。

五十二、怎样进行葡萄春季劈接换种?

近年来，我国各地葡萄生产发展很快，随着葡萄产业形势的发展要求，原有的一些老品种已经不能满足鲜食和加工市场供应的需要。迅速改良更换葡萄部分品种，已成为当前葡萄生产上亟待解决的一个新问题。

葡萄春季劈接换种，利用原品种植株作砧木，选用优良新品种作接穗，一般可通过劈接嫁接方法，进行改劣换优。嫁接方法简便、成活率高，嫁接当年可恢复架面。翌年即可进入盛果期，只要原品种植株无病毒病，都可进行改接换优，是一个值得普及推广的技术方法。春季劈接换种的具体技术措施是：

1. 制订计划，备好接穗

嫁接换种要有计划，一个主栽地区，或一个葡萄园，应有计划地逐步分期分批进行改接换种，防止对当年葡萄产量产生过大的不良影响。嫁接前，要对需要更换的植株进行调查统计和标记，并按当地具体实际情况，安排技术力量，落实换接品种，备足接穗。接穗一定要选择品种纯正、无损伤、无冻害、芽眼饱满、不带检疫性病虫害的葡萄枝蔓。在嫁接前，将选好的枝条，基部在清水中浸泡8～10小时，以充分吸足水分。

> **注意**：葡萄接穗切忌浸泡时间过长，防止造成芽眼和韧皮部软烂。

2. 确定适宜的嫁接时期

葡萄春季劈接换种，从惊蛰开始至芽眼萌动之前的这一阶段，均可进行。经验证明，伤流期（即萌动前枝条吐水期）以前，或伤流结束后至发芽前，这两个时期嫁接成活率最高。葡萄伤流期一般在葡萄萌芽前约半个月开始，维持约10天，各地应根据当地实际情况，灵活安排嫁接时间。一般华中、华北南部3月上中旬—4月初，是劈接换种的最适宜时期；华北中部、北部地区要待4月中上旬葡萄出土后（当地山杏花开后），才能进行。

> **注意**：如果接穗芽眼已经萌动，嫁接成活率将受到严重的影响，成活率降低。一定要保证接穗处于休眠状态。

3. 葡萄春季劈接换种方法

（1）砧木处理　利用需要更换的原品种植株为砧木，先从主蔓基部距地面5～10厘米处平茬剪断，断面削平，要求平整光滑。在截面中部用刀垂直向下劈开，形成一个整齐的深3～5厘米的垂直切口。

（2）接穗处理　在接穗下部芽眼下方1厘米处，两面分别用刀削成3～5厘米的马耳状斜切面，削好的接穗呈楔形，两边切面要光滑整齐。接穗一般留1～2个饱满芽，在顶部芽眼上方2～3厘米处平剪。

（3）接合　将削好的接穗迅速插入砧木切口内。砧木粗时，切口两端可各插1个接穗；砧木细时，插接1个即可。关键要对准形成层，接穗切面和砧木切口要保证完全吻合无空隙。

（4）绑缚　接穗插好后，利用塑料薄膜遮盖砧木切口断面，防止泥土和其他脏物侵入切口，以利于愈合。方法是用边长约15厘米的一块正方形塑料薄膜，中间按接穗的粗度、数目和位置，剪出相应的孔，然后从接穗上方套入，除露出接穗外，包严整个砧木断面，再用绑扎绳将嫁接处紧紧绑扎。

（5）堆土覆盖　嫁接完成后，每株可用一小堆细土，将接穗全部埋在细土堆内，并插一竹竿，作出标记，防止田间操作碰动接穗。

> **提示：**堆土覆盖既可防风、防干、防寒，也可促进嫁接口的快速愈合，是春季葡萄嫁接换种成活的重要保证，必须予以重视。

4. 嫁接后的管理

（1）经常检查，及时防治地下害虫　嫁接后，一般约2周，即可愈合萌发，在接芽萌动后，结合检查，及时轻轻刨开土面，以利于新梢抽生转绿；但刨土要分次进行，直到全部愈合，才能全部刨完土堆。

在地下害虫为害较重的地区，要注意防治害虫，保证嫩梢健壮生长。

（2）立柱扶直，促进枝梢健壮生长　在原植株旁立一个竹竿或木杆，将抽生出的新梢引缚扶直，促其直立健壮生长。当枝条长度达到架面铁丝高度时，要及时进行绑蔓，将嫁接后的葡萄枝蔓绑缚在铁丝上。

（3）去除萌蘖　嫁接成活后，要随时抹去原品种基部发出的萌蘖，以集中养分，促进嫁接新梢快速生长。

> 提示：如果嫁接未能成活，应适当保留萌蘖，以备夏季再次进行嫩枝嫁接。

（4）及时剪除绑扎物　嫁接成活后，在枝条迅速生长期前，要及时剪除绑扎物，防止“卡脖”现象发生，造成环缢现象。

（5）加强栽培管理和病虫害防治　对已嫁接成活的植株，要加强水肥管理，及时进行夏季修剪和病虫害防治，促进当年植株形成新的树冠。

（6）冬季防寒　入冬前要对根颈部堆土防寒。嫁接换种时，由于原植株根系较大，嫁接成活后，生长很快，枝条容易旺长，甚至在入冬前，仍不能停止生长，这样常常导致冻害的发生，尤其是嫁接口更易发生冻害。为了防止冻害的发生，除了要加强管理、及时摘心促进枝条粗壮外，对嫁接换优的植株，一定要及早进行埋土防寒，即使在不需埋土防寒的地区，也要在入冬前，及时在根颈部堆土、培土，防止嫁接口部分因土壤表层温度变化剧烈，而发生冻害。

五十三、庭院葡萄及旅游观赏葡萄如何进行多头高接换优？

近年来，庭院葡萄及旅游观赏葡萄发展很快。随着葡萄良种的不断快速发展，大众对庭院葡萄及旅游观赏葡萄的要求更高。以前的低产劣质葡萄，也可采用高接换优技术，加以改造，使小粒换成大粒种，酸葡萄换成甜葡萄，品质差葡萄换成优质葡萄。通过实践，摸索出一套当年嫁接成活，当年嫁接结果的多头多位葡萄高接改劣换优的新技术。

1. 多头高接换优技术方法

（1）适时嫁接　葡萄高接可在3—4月或8—9月进行。剪除多年生枝蔓时，其伤口处可分泌白色黏着物，此时嫁接成活率最高，即在春季芽未萌发而将要萌发时进行嫁接，效果最好，成活率几乎可达100%，而秋季嫁接成活率约90%。

（2）嫁接砧木处理　嫁接前，先进行修剪，将粗细为1厘米以下的枝蔓全部剪除，并将其他小枝、弱枝及卷须剪净，然后用1～2波美度的石硫合剂，或4%～5%的石油乳剂喷洒植株。在嫁接前15～20天，每株穴施腐熟人粪尿50～60千克、饼肥1～3千克、磷肥0.5千克、钾肥0.5千克，保证有足够的营养，满足树势恢复和接穗新梢生长的需求。

（3）接穗剪取　接穗应选择适应本地区生长的优质、美观、大粒、高产的葡萄优良新品种。接穗和砧木粗细强弱基本一致，这样有利于形成层吻合密接，提高嫁接成活率。选取生长健壮、枝蔓充实、冬芽饱满的一、二年生的侧蔓，从侧蔓的基部算起，营养积累少的第1～3节不能作接穗，从第4节开始，一芽一段，接穗粗细要在1厘米以上，这是高接后能当年结果及丰产的关键；接穗剪好后，下端放在清水里浸4～8小时，使之充分吸水。也可采用贮藏的枝条，但浸水时间应为10～15小时。

（4）嫁接　采用劈接法，根据原有树形侧蔓的分布安排，在粗细约为1.2厘米的侧蔓上，选光滑平直的部位剪断，并削平断面，然后在砧木断面的中间劈一垂直的劈口，深约4厘米。将接穗上端距芽眼2厘米处剪平，接穗长5～7厘米，下部的两侧削成3～4厘米的楔形削面，削面要平滑，厚薄一致。削好后，将接穗插入劈口，接穗与砧木形成层对准对齐。如果砧木粗细超过1.6厘米，一个劈口可接2个接穗。然后用薄膜条绑严绑紧接口，再用长和宽约15厘米的新塑料袋，连同接穗、劈口一起套起来，下端用绳扎紧，并固定在架上。

➢ **提示**：一般三年生棚架葡萄可接15～30个芽；五年生以上可接50～70个芽，多的达80～100芽；如果一年接不完，可分两年完成。

（5）接后管理

① 除袋　一般春季嫁接后20～30天，接芽萌发。当新芽已萌发但还未张开伸展时，就要及时去掉套袋，以免套袋中的高温高湿导致烧芽或烂芽。

② 绑梢，除去绑缚物　新梢长出后，应及时绑好牢固，以防风

害。但不要急于解绑，可长到葡萄快成熟时，再将绑扎接口的薄膜条去除。

> 提示：因葡萄不同于其他果树，新梢生长快，即使新梢已长至30厘米以上，其接口有时还不是很牢固，如果去掉绑条，稍有重力影响或风刮，就会将接口拉裂。

③ 抹芽、摘心　葡萄嫁接后，砧木上长出萌芽，应随时抹除，避免与接穗争夺养分，影响成活率；对接穗新梢上萌发的副梢，同样应全部抹除，促使新梢健壮生长。当新梢长到80厘米以上时（花穗以上8～10片叶），反复摘心，以促进果穗生长。如果长有2串花穗，可摘一留一，使养分集中，促进穗大粒大。当葡萄长到黄豆粒大时，可在顶端留一副梢生长，副梢长到约1米时，反复摘心抹芽，促其生长充实，为下一年高产打下良好的基础。

④ 加强肥水管理　高接葡萄由于地上部分失去枝蔓过多，萌芽前，可少施1～2次肥，少浇水；新梢长出后，可随着枝叶量的增长而增加施肥量，促使新梢快速生长；开花前期，喷施0.2%的硼砂、硫酸锌溶液，以提高坐果率；开花后期，喷施0.3%的尿素，用于壮果；果实膨大期，喷施0.5%的磷酸二氢钾溶液，提高果品质量。

⑤防治病虫害　在嫁接苗的生长期，尤其是幼果期，注意喷药防治，可喷洒250倍的三乙膦酸铝或900倍的58%甲霜·锰锌可湿性粉剂（瑞毒霉）1次。每隔10～15天，喷洒1次160倍的波尔多液，连喷2～3次，确保葡萄免遭病害为害。

2. 多头高接换优技术特点

这种多头高接换优新技术，与常规嫁接换种相比，具有“四改”特点：

① 改低接（距主蔓基部约20厘米）为高接，使全部接口均在棚架上进行。

② 改一株接一芽（或两芽）为一株接多芽（多者可达几十芽）。

③ 选择接穗改为严格选择接穗，只选取粗细为1厘米以上的中部及中下部生长发育健壮的枝蔓作接穗。

④ 改接穗和接口裸露为用塑料袋套袋包扎，有利于保温、保湿，促进新梢早萌发和提高成活率。因此，葡萄高接后，表现出结果早、结果多、结果好、效益高等特点。一般5年生葡萄换接优种后，年株产可达30千克以上，表现为高产、优质、高效。

第六章

板栗高接技术

板栗实生繁殖在生产中有产量低、质量差、结果晚、品种杂等弊端。嫁接能保持优良性状的稳定遗传，避免出现较大的变异，是实现品种优化的重要途径。幼树嫁接可以缩短童期、提早结果、促使早期丰产，嫁接树5年相当于实生树20年的产量。劣种大树通过多头高接，能迅速改良品种、提高产量、改进品质，提高经济效益。

板栗根系再生能力差，受伤后愈合慢，在生产上，一般不采用苗圃地嫁接，多采用高接，实现“一年栽，二年壮，三年接，四年丰产”。也常对实生大树或内膛光秃、结果外移严重的栗树进行高接优种改造，实现高产、稳产、优质、低耗、高效。

五十四、板栗实生苗如何繁育？

板栗的繁殖方法主要有实生繁殖和嫁接繁殖两种。实生繁殖虽然方法简单，成本较低，树体寿命长，但不能保持品种的优良性状，单株间差异大，一般结果晚，产量低。因此，近年来，各地多采用嫁接繁殖。

由于板栗幼苗嫁接成活率低，而且嫁接苗栽植不易成活，或者栽植后易发生损茬、死亡的现象，造成“两头忙”（地上部伤口要恢复，地下部根系也要恢复，顾此失彼，难成活或生长缓慢），树体成形慢。因此，在生产中，提倡定植实生苗，一般成活三年后，树势生长健壮，树干直径达3厘米以上时，再进行高接栽培，实现“一年栽，二年壮，三年接，四年丰产”的生产目标。实生苗的繁育方法是：

1. 采种

在9月份板栗成熟采收时，从生长健壮、丰产稳产、早实优质、抗逆性强的盛果期优良母树上，进行采集，选择充分成熟、大小整齐、种仁充实饱满、无病虫害和机械损伤的栗果留作种子。

> **重要提示**：留种用的板栗，应该选择自然落地的栗果，发育充实饱满，易贮藏，种子发芽率高，最好不用从打落的栗蓬中取出的种子，失水风干及粒小不成熟的都不能用作种子。

2. 种子的贮藏

板栗种子怕冻、怕热、怕风干、怕霉烂。种子失水达18%时，就丧失了发芽力，必须保持较高的含水量，才能保证种子的生活力。从种子采集到播种，需要贮存长达6个多月的时间。因此，种子采收后，应经过水选，并需立即进行湿沙贮藏，其目的是为了保持种子的水分，保证生活力。在湿沙和低温条件下，还能打破休眠，沙藏期间，不能冻结（保持0～5℃较适宜）。

种子数量少（约10千克）时，可在冰箱保鲜室中贮藏；量大时，要用沙藏。

沙藏方法：选择地势高、干燥、排水良好、背风阴凉的地方挖沟，沟深0.8～1米，宽30～50厘米，长度依种子数量的多少而定。沟底先铺一层厚约10厘米的洁净河沙，然后将1份种子与3份湿沙掺匀后，放入沟内。或不与湿沙混合，先在沟底沙子上放1层种子，种子上再盖1层湿沙，种沙厚度各约10厘米，如此反复进行，直至层积至距地面15～20厘米时为止。在放种子的同时，如果种子量大，贮藏沟长，沟内中央每隔约1米，由沟底到沟顶竖立一个直径约15厘米的秫秸把或草把，上端露出，以利于通气散热；种子放完后，上面全部用湿沙填平，冬季地面上部培土30厘米，堆成屋脊形，沟的周围修好防水沟，以防雪水、雨水渗入，造成种子霉烂；如果种子量少，可用小型沟、坑或装入通气的容器中埋藏，方法同上。

➢ **注意**：贮藏种子时，要定期进行检查，发现问题，及时处理。

3. 苗圃地准备

育苗地要选择地势平坦、土层深厚、土壤肥沃、无严重病虫害、便于排灌的沙质壤土的地块，避开重茬地块；要细致整地，经过深翻整平，施足底肥，作成宽1～1.2米，长5～15米的畦面；作好畦后，在播种前3～5天，浇1次透水，待土皮稍干后，再进行播种。

4. 播种

板栗播种可分为秋播和春播两个时期。秋播多在秋末冬初，适合冬季较温暖的地区，一般10月下旬—11月上旬进行。秋播的优点是栗果可不必进行沙藏，在土壤中自然完成休眠，采种后，稍加处理，即可进行播种，覆土5～6厘米。但秋播因栗果在大田中的时间较长，易受外界气候（冻害）以及鸟兽的损害，出苗率较春播差，在生产中，不提倡大面积推广。

生产中多进行春播。春季当土壤10厘米土层地温达到10～12℃，约有30%以上种子裂嘴露白发芽（清明前后）时，即可进行播种，播种方法分直播和畦播。直播是指在不建立苗圃地的栗园内，直接按预定株行距播种建园，将栗种播在定植穴内，每穴放种子2～3粒，覆土5～7厘米，待生长1～2年后，选择壮苗就地嫁接。此法苗木不经移栽，根系发达，生长旺盛，对环境适应能力强，但苗期管理不便，效果较差。

目前主要采用畦播育苗，便于集中培育、集中管理。多采取开沟点播法，即在畦内开沟，按行距30～40厘米，深度3～5厘米，株距15厘米进行点播，播种时，种子应平放在沟内，注意不要让种子竖直放置，应该用手正确摆放，以利于萌芽和根的伸长。播种前，可用吲哚丁酸（50～100毫克/千克）浸种、催芽，待胚根长到1～3厘米时，剪去胚根尖（1～5毫米，有利于分根，多形成侧根），再进行播种，均有利于苗全苗壮，促进侧根萌发，根系发达，分布均匀良好。随播随覆土，厚度为2～4厘米，播种量75～100千克/亩，可生产苗木

6000 ～ 10000株。

> 提示：播种时，种子应背面向上，腹面向下，种尖向一侧，不要使底座朝天或朝地放置，以利于萌芽和根的伸长，否则，苗木根部容易弯曲生长（图6-1）。

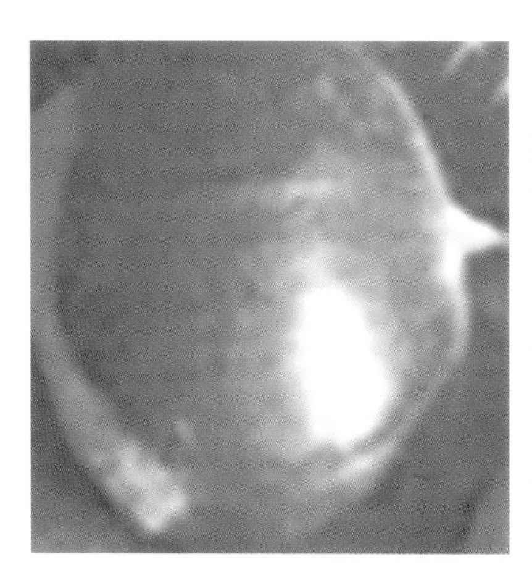
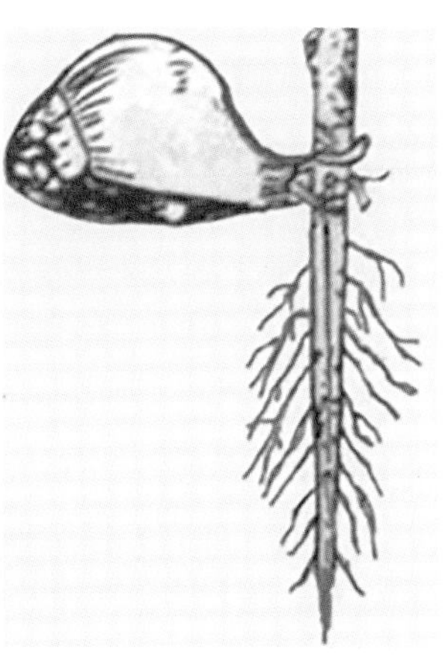

图6-1　种子播种放置方式

> 注意：由于板栗品种多，区域化明显，最好用当地的板栗育苗，栽植当地的板栗实生苗。否则，栽植不易成活，或成活后，易发生嫁接不亲和，造成严重的损失。

5. 苗期管理

幼苗展叶后即可浇水，出土后立即中耕除草，对直播建园地尤为重要，以保证幼苗正常生长。幼苗生长1个月后，种子内养分已经耗尽，可在6月上旬和8月上旬施肥2次，施尿素5 ～ 10千克/亩，施后立即灌水。为了促使栗苗组织充实，生长后期不要追施氮肥。栗苗怕涝，施肥后，除土壤特别干旱缺水需灌水外，在雨季要及时排水防涝，避免在苗圃内长时间积水，做到雨停地面即干。还要及时防治立枯病、白粉病，刺蛾、毛虫、栗大蚜、红蜘蛛等病虫害，确保苗全，苗壮生长。

当年栗苗一般只能长到30～60厘米，北方地区冬季严寒干燥，易引发栗苗“抽干”（自上而下干枯），当年冬季需平茬，浇好封冻水、盖粪土，进行保墒防寒。翌年春季萌芽后除萌，每株留一个健壮的新梢，继续培育二年生苗木，要求苗高80厘米以上，苗直径0.8厘米以上。小苗可进行归圃，再培育一年，保证栽植苗木整齐一致。

6. 苗木出圃

合格的板栗苗木标准是：植株健壮，枝条充实，芽体饱满，根系发达，具有一定的地径和株高。一级苗木规格大体为：苗高1米以上，顶芽充实；地上部直径0.8厘米以上；侧根5条以上，完整，分布均匀，侧根长度20厘米以上；无病虫害和机械伤害的二年生健壮苗木（表6-1）。

表6-1 板栗苗木质量标准

指标	等级			
	Ⅰ级	Ⅱ级	Ⅲ级	等外级
苗高/厘米	大于等于100	大于等于70小于100	大于等于50小于70	＜50
茎粗（直径）/厘米	大于等于0.8	大于等于0.6小于0.8	大于等于0.5小于0.6	＜0.5
根系	主根完整，主根长20厘米以上，20厘米以上的侧根5条以上		主根完整，15厘米以上侧根3～5条	残缺
伤口愈合	完好		基本完好	差

起苗时间可在秋后土壤结冻前或春季萌芽前，冬季土壤冻结期间不能起苗（根系容易受冻，影响成活，操作也不方便）。起苗前，约10天进行1次浇水，使土壤疏松。板栗苗根系再生能力差，起苗时要深刨，尽量减少断根，并注意保留须根，留根长度最好在30厘米以上，有利于苗木成活，并缩短缓苗期。

起苗后，应尽快运到栽植地，最好随起苗随栽植；长距离运输时，苗木应用草帘、草袋、麻袋等具有吸湿性的材料进行严密包装，里面用湿锯末、杂草、稻草等填充，防止失水，最后将苗木裹紧，封好袋口。运输过程中，失水苗木要及时补充水分。近距离运输可不包装，但需要用泥浆蘸根。

暂时不栽植的苗木，可进行假植，将根系蘸水或蘸泥浆后，置于背风阴凉处，或用湿沙将根系全部埋住，防止水分散失。

> **注意**：除了苗木的烂根、伤根外，不要人为地剪短根系，只要不是太长，放入坑内不弯曲，就不用剪断，这有利于苗木成活并缩短缓苗期。

五十五、板栗如何栽植建园？

1. 建园方式

（1）先定植实生苗，后嫁接　是广大山区建栗园的主要方式。优点是建园成本低，品种搭配容易掌握，便于灵活选择品种，树势生长健壮，结果早，易丰产。但嫁接后的管理费时、费工。

（2）直接定植嫁接苗　优点是省去了嫁接环节，缺点是缓苗慢，前期树体生长势弱，品种配置难度大，极易造成成园后，再进行嫁接的不良后果，尤其是北方栗产区，生产上要慎用。

（3）直播实生种，再嫁接　优点是成本低，适应性强，可节省苗圃用地，缺点是管理难度大，容易出现缺株断行，造成栗园不整齐一致。

（4）利用自然野生、实生板栗砧木就地嫁接　充分利用当地野生板栗资源，直接进行嫁接；成园后，必须根据地貌，做好土壤管理和水土保持工程。

（5）实生幼树高接建园　对集中连片约10年生的实生树，进行多头多位高接改造，使之良种化，改造成集约化栗园；这种方式投资少、见效快，产量和质量会很快提高。

（6）改造栗园　将管理粗放、放任生长、树龄差异大、品种混杂、株行距不等、病虫害严重的栗园，进行嫁接改造，通过高接换优，改造成集约化、丰产稳产的栗园；改造时，要做好品种的合理配置，并加强嫁接后期的管理。

（7）低产残冠树改造　结合整形修剪，进行改造，恢复树冠完整，扩大结果面积，延长结果年限。

2. 品种和授粉树的选择和配置

选择品种时，要适应市场需求，适应当地生态环境，保证商品性状优良。优良品种应具备丰产稳产、品质优良、耐贮性好、抗逆性强的特点。

板栗是异花授粉植物，雌花量少，自花授粉不结果或结果率极低，一般只有10% ～ 40%。为了便于生产管理和板栗树各品种间的互相授粉、提高产量，板栗树应实行连片种植，形成一定的规模。如果不配置授粉树，产量难以保障。

高产板栗园中，一般应采用3 ～ 5个优良板栗品种互为授粉，授粉品种距离主栽品种20 ～ 30米为宜，数量按主栽品种数量的1/10或1/20配置为佳。选配授粉树时，注意花粉直感作用，花粉直感是指当代果实或种子具有花粉亲本表现型性状的现象。栗树的花粉直感现象表现明显，父本的单粒重、品质、果肉颜色、涩皮剥离难易、成熟期早晚等性状，对当年母本结果均有显著的影响。因此，要用优良性状的品种作为授粉树。

一般先栽植实生苗建园，成活后在砧苗上嫁接主栽品种和授粉品种。二者物候期、成熟期最好一致，以便于采收等管理；品种选择应以当地适合的优良品种为主栽品种，根据不同要求，既要考虑到外贸出口，又要兼顾国内市场需求，同时做到早、中、晚熟品种合理搭配。

3. 合理密植

合理密植是提高单位面积产量的基本措施。平地栗园以30 ～ 40株/亩，山地栗园以40 ～ 60株/亩为宜；土壤条件好，株行距可3米×3米，每亩74株；土壤条件差，株行距2米×3米，每亩111株；计划密植栗园每亩可栽111株以上，以后逐渐进行隔行、隔株移栽或间伐调整。

为保证板栗的产量和经济效益，栽培密度应实行早期密植，盛果期稀植间伐的原则。即前1 ～ 8年，定植板栗苗111株/亩，株行距2米×3米，8年后，固定约56株/亩即可。

> 提示：合理密植，做到“株距可以手拉手，行距永远不碰头”。

4. 栽植时期

栽植板栗可在秋后、春季、雨季3个时期。

（1）秋后栽植　北方冬季寒冷地区，春季干旱，以及山地等水源较远，没有水利，缺少浇水条件的地方，从多年的实践看，春季栽植不如秋植成活率高，秋后栽植最好，应以秋后栽植为主。选2年生板栗幼苗，从落叶到土壤结冻前进行，在10月中旬至封冻前栽植均可以，具体时间为11月上中旬（立冬前后），当然越早越好。秋植土壤墒情好，成活率高，根部损伤易愈合，有利于根系恢复创伤；到翌年春季根系和新梢萌动早，能加速幼树生长，使其生长发育良好。

图6-2　栗苗套塑料筒防寒

栽后及时定干，干高1米；必须在土壤封冻前，进行埋土防寒，否则，造成冻害，抽条严重，不能成活。到翌年春季清明前后（当地山杏花开花时）出土，扶直苗木；或栽后及时套上筒状塑料条防寒（图6-2），到翌年春季发芽1厘米时，将塑料条取掉。

（2）春季栽植　水源较近的地方，或有水利设施的山地，还是春季栽板栗幼树最好，成活率高，生长整齐，为了确保成活率，栽后定干高1米，及时套上筒状塑料条，防风吹抽条；到芽长1厘米时，将塑料条去掉。

春季栽植要掌握“宁晚勿早”的原则，以苗木临近发芽时定植为宜，可以减轻春季干旱多风造成的抽条等不利影响，具体时间为4月上旬（清明）—4月下旬（谷雨）。

> 注意：苗木一定要保存好，栽植时千万不能萌芽，否则不易成活。

（3）雨季栽植　山坡地也可以在雨季进行栽植，当年板栗幼树，选择7月下旬—8月上旬，将树苗叶片去掉，栽好踩实，也能够保证成活。

5. 定植方法

选择干粗、芽饱满、根系发达、须根多、伤根少、枝条发育充实、节间短、无病虫害和机械损伤的二至三年生实生大苗。二年生一级苗标准为：茎粗1厘米以上，苗高80厘米以上，充实健壮，芽体饱满，根系完整，无病虫害。

（1）剪根和浆根　板栗幼苗定植前，先将根系进行修整，剪去烂根、残根、干枯根和根系的过长部分，烂根剪到露白为止，可预防根部病害和刺激新根萌发；然后将修根后的栗苗放入配有生根粉3号或根宝的泥浆池内，浸泡10～30分钟备用。如果苗木轻微失水，可将根部浸入水中8～12小时。

> 注意：如果苗木根系不是太长，或出现烂根、枯根、病伤根，不能人为地将根剪得太短。

（2）定植　栽植前，最好用挖掘机一次性挖条沟，或挖深1米、直径1米的大坑（图6-3），施好底肥，以复合肥效果最好。树坑挖好后，每坑内撒施100克复合肥，先在肥上回填两铁锹土，再放树苗，做到根与肥不直接接触，防止烧根。

图6-3　挖深1米、直径1米的大坑

将栗苗放入定植穴中心，扶正苗木，用表层细土覆盖8～10厘米厚，但覆土厚度不能超过根颈部位太多，要“挖大坑，浅栽树”；严格执行“三埋两踩一提苗”栽植方法，保证幼苗干正根伸，回填盖土踏实后，要灌透定根水。水渗后在定植穴表面覆盖一层细干土或覆膜保墒，防止土壤水分蒸发（图6-4）。

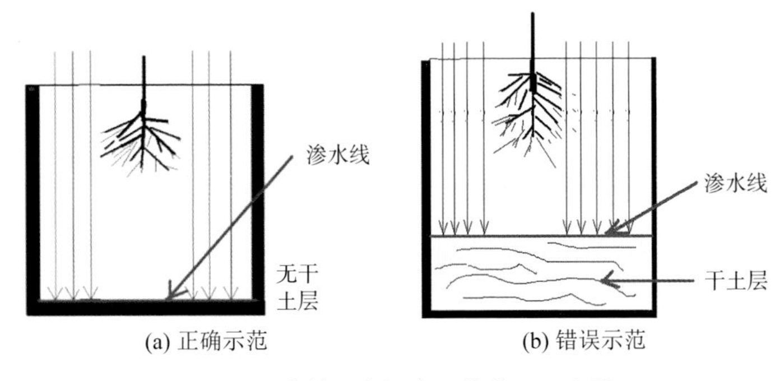

图6-4　栽植后浇透水，坑内无干土层

（3）定干　幼苗定植后，对栗苗进行定干。用修枝剪在幼苗距离地面80 ～ 100厘米处，根据苗木芽的饱满程度，剪去上部枝条；山地干低一些，可60 ～ 80厘米；平地干可略高些，一般100 ～ 120厘米。定干后，为防止水分蒸发，用油漆涂封截口。

> **提示**：整形带要有充足的饱满芽。春季萌芽前，可对整形带内方位好的芽进行刻伤，促进萌发新梢，预选主枝。

6. 定植后管理

（1）补栽　秋栽及春栽的苗木，要及时检查，未成活缺株的，要及时补栽。

（2）防寒　秋季栽植的板栗树，必须做好越冬防寒的措施，才能保证成活。秋植苗木防寒，主要方法是：

① 埋土防寒　先在苗木根部一侧培一个小土堆（土枕头），高约10厘米，然后将苗木轻轻向土堆方向弯倒，使其伏在地面，用细土将苗全部埋上，埋土厚度25 ～ 30厘米，根部多培一些；翌年春季发芽前（当地山杏花开），将防寒土分2～3次撤除，扶直苗木，浇少量水，

修好树盘，用1平方米的塑料薄膜，进行树盘覆盖，能够增温保墒，提高成活率，促进幼树健壮生长（图6-5，图6-6）。

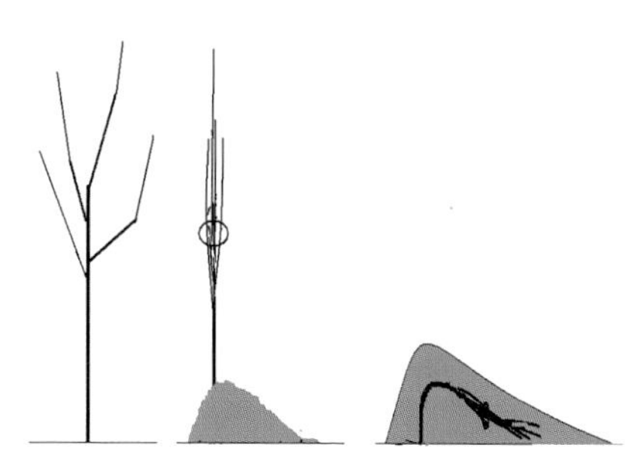

图6-5　埋土防寒示意图

图6-6　埋土防寒

> **提示**：如果是嫁接苗，在苗木品种嫁接口的反方向培小土堆；山坡地苗木向山坡上弯曲；平地苗木最好向南弯曲，防止苗木南面受冻或受伤，引起病害。

② 蛇皮袋填土防寒　对于不易弯倒的苗木，也可用蛇皮袋套在树苗外面，袋内填土进行防寒（图6-7，图6-8）。

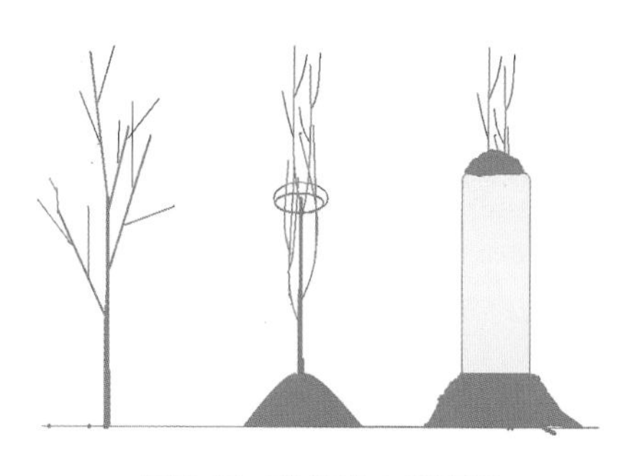

图6-7　套袋填土示意图

图6-8　蛇皮袋填土防寒

③ 套塑料筒防寒　用塑料筒套在树苗外面，使用方便，效果更好，保证成活。到春季发芽1厘米后，再将塑料筒去掉，还可防止春季金龟子、黑豆虫等食叶害虫为害；春栽的栗苗也可套塑料筒，防止抽条，能显著提高成活率（图6-9，图6-10）。

图6-9　栽树套干专用塑料筒

图6-10　套塑料筒防寒

（3）覆膜　春季栽植的苗木，或秋栽苗木出土，浇水后，立即在树盘上覆盖1平方米的塑料薄膜，上面再盖一层土保墒。地膜覆盖，具有增温、保温、保墒、提墒、抑制杂草等显著功效，有利于栗树的生长发育；尤其是新栽植的小幼树，覆膜后，成活率显著提高，缓苗期缩短，越冬抗旱能力明显增强（图6-11）。

图6-11　地膜覆盖树盘，膜上再覆土，抑草又抗旱

> 提示：在栽植板栗树苗时，树盘覆盖1平方米的黑色地膜，效果更好。既可以保温保湿，提高成活率，还可以抑制杂草。

栽树时，为了确保成活及生长健壮，除了苗木应达到标准外，还应保证做到“六个一”：一是用挖掘机挖深和直径至少为1米的栽植沟，或人工挖栽植穴，保证直径、深各1米；二是栽植前，每株树苗底部施入50千克有机肥；三是施入1把复合肥（约100克），栽苗时，与根系用土隔开；四是保证每株浇50千克（两桶）水；五是树盘覆盖1平方米的地膜；六是树苗外套塑料筒防寒防虫。

7. 缺水干旱地区栽植板栗苗，提高成活率的方法

板栗多栽植在山坡地，没有水浇条件，一般采用春季侧根插瓶栽植法，可提高栽植成活率。在4月上中旬，按株距2.5～3米，挖长、宽、深各60厘米的定植穴；苗木定植前，先用清水泡根10～12小时；栽植时，先将废酒瓶、矿泉水瓶或易拉罐灌满水，将苗木的1条侧根（粗约0.3厘米）插入瓶内，将苗木带瓶一起埋入定植穴内，浇足水；水渗下后，修直径60厘米、低于地面10～15厘米，且中间低四周高的漏斗状树盘，最后在树盘上覆盖地膜，防止水分蒸发。

> 注意：栗树定植2～3年后，根系占满定植穴，很难再向外伸展，根系反卷生长，形成“花盆效应”，最好用挖掘机挖条沟，一劳永逸。

五十六、板栗嫁接前应如何进行树体管理？

1. 实生栗树嫁接前第一年幼树管理

（1）叶面喷肥　因板栗苗栽植时，有相当一部分伤根和断根，吸水、吸肥能力很弱，必须叶面喷肥，及时补充根系吸肥的不足。一般用0.2%尿素（即100千克水加0.2千克尿素），0.2%磷酸二氢钾，0.05%硫酸锰，在5月上旬展叶后，开始喷布，每隔10～15天，喷1次，连

续喷4次以上；喷肥时间最好选在上午10点前和下午4点后，叶片正反面都要喷布，以见水滴为好；5月上旬可加35%敌畏·毒死蜱乳油（新栗虫净）1000倍液，防止金龟子为害新梢嫩尖；6—7月份防治红蜘蛛及栗大蚜；7月下旬加除虫菊酯类农药，防治食叶害虫。

> **重要提示**：叶面喷肥十分重要，必须保证及时喷布；叶面喷肥必须严格掌握浓度，温度高时，适当降低浓度；浓度过大，适得其反，使叶片灼伤，生长缓慢。

（2）施肥浇水　不用耕地，实行免耕法，防止伤根、透风、倒秧死树。7月中旬，每株追施复合肥100g，距树干20厘米处，挖4个20厘米深的坑施入。一年浇水3次以上，才能保证正常生长，栽植时，及时浇第1次水，5月下旬浇第2次水，6月下旬浇第3次水，以后根据旱情，适时浇水；降雨好，不缺墒可免浇水；11月上旬浇冻水，防寒越冬，秋季不旱可免浇；冬前栽植的若不干旱，冬前也可以不用浇水。

> **注意**：施复合肥必须选硫酸钾型的，因板栗是忌氯作物；硫酸根可以使土壤偏酸，有利于锰的释放和吸收。

（3）夏季剪定主枝　在5月底—6月初，选留角度好、呈放射状、分布均匀的2～3个枝作主枝，主枝间夹角120°，促进主枝快速加长、加粗生长，以利于嫁接，其他竞争枝摘心缓放。

> **提示**：板栗树栽植后，在实生树尚未嫁接前，就应该及时进行整形，以利于在嫁接前建好骨架结构；嫁接后，再结合夏季修剪措施，使板栗早成形、早结果、早丰产。

通过第一年的科学管理，幼树可长到茎粗2厘米以上，初步形成小树冠。

2. 实生栗树栽后第二年嫁接前的幼树管理

第二年幼树继续加强管理，重点促进栗树增粗，使之生长健壮，以保证第三年能够实现栗树嫁接优良品种。

（1）土肥水管理　3月下旬—4月上旬，利用土地返浆期，趁墒追肥，每株幼树施复合肥200克，距树干四周30厘米处，挖2个20厘米深的坑施入。7月中旬第二次追施复合肥150克，距树干30厘米处，挖3个20厘米深的坑施入。11月上旬浇封冻水，不干旱可免浇。

（2）春季修剪　在3月底—4月上旬完成。一株幼树最好保留3个主枝，采用自然开心形，不留中心干；主枝超过50～60厘米的，在50～60厘米处短截，多余枝尽早疏除，细弱枝留作辅养枝。

（3）夏季修剪　5月中旬开始，在每1个主枝距中心干60厘米处，选两个水平位置的侧枝（嫁接时留作活支柱用），其他壮枝摘心缓放。

在第二年促使幼树健壮生长，一般幼树能够长到茎粗4厘米以上，到第三年后，就可以进行嫁接（图6-12）。

图6-12　第二年实生幼树理想生长状况

五十七、栗树如何进行高接？

板栗一般不在苗圃内嫁接，最好先栽当地实生砧木苗，栽植2～3年后，待幼树生长旺盛健壮，地上部枝繁叶茂时，再进行高接，这叫做“先坐下去，后站起来”。这样树体恢复快，早成形，早丰产；如果树势未恢复，地上部生长衰弱时，说明根系还没有恢复好，不能过早急于嫁接。

> **提示**：板栗一般不栽嫁接苗，避免“两头忙”。生殖生长比营养生长慢1/2以上，栽植实生苗5年即可进入盛果期，栽植嫁接苗需要约10年；嫁接苗嫁接亲和反应强烈，嫁接口明显增粗，相当一部分在嫁接口以上死亡，再萌生砧木实生苗，需要重新再进行嫁接；嫁接苗建园，还不容易配置授粉树，造成单产低。

1. 实生幼树嫁接前管理

板栗幼树一般经过正常管理，到第三年，干粗达到3厘米以上，即可进行嫁接。

（1）施肥　3月上旬嫁接前，每株施复合肥200克，距树干50厘米，挖3个20厘米深的坑施入。

（2）整形修剪　在4月上旬嫁接前完成；幼树2个主枝的，每个主枝留2个侧枝；幼树有3个主枝的，每个主枝上留1个侧枝，作为活支柱，以后嫁接成活后，留作绑缚支柱用。剪成一条龙，不要将枝头剪掉（短截枝头后，树液流动慢，嫁接晚，成活率降低），其他无用的枝条全部剪除，为嫁接做好充分的准备。

2. 接穗的采集和处理

（1）采集接穗　接穗应从品种优良、生长健壮的盛果期大树上采集，在母树上剪取发育良好、组织充实、芽体饱满、粗壮的一年生发育枝或结果母枝，最好是结果母枝，不要用徒长枝。有条件的最好直接从采穗圃中剪取，一般可结合冬季修剪，在休眠期采集；最好在发芽前一个月内（3月中下旬春分前后）采集，贮藏期以不超过50天为宜，否则嫁接成活率下降。贮藏时间越长，嫁接成活率越低；超过80天，一般嫁接不易成活。

采后对接穗进行必要的整理，剪去枝条前段不充实的部分及当年结果枝的盲节段和基部弯曲的部分，接穗长度20厘米以上，粗度在0.6厘米以上，采集后，50～100根为一捆扎好，做好品种标记，及时放入低温保湿的窖内贮存（图6-13）。

图6-13　采集接穗，整理打捆，标明品种

> **注意**：接穗采集时，不能用徒长枝，以免造成嫁接成活后，只长树，不结果，或结果晚，给生产造成严重的损失。

（2）接穗的贮存　数量少时，可用地窖或山洞贮藏，并封好窖口、洞口，地面用秸秆遮阴，防止升温，温度不超过10℃；也可放到水井里，距水面1米以上，盖上井盖；还可放到家用冰箱冷藏室中。数量大时，用以下方法贮存：

① 窖藏　先在窖内地面铺一层10厘米厚的湿沙，湿度30%～35%，将接穗捆竖直摆放在湿沙上，用湿沙填充，填充高度不能超过接穗的1/2，每捆之间也用湿沙填充；贮存期窖内温度以3～5℃为宜，最低不低于0℃，最高不能超过10℃，窖内湿度达到90%。贮存后期，注意检查，温度过高，及时进行调节，白天盖严窖门；早晨气温低时，开门换气，避免热气进入。如果方法得当，接穗可保存到5月底。

② 沟藏　贮藏沟选在阴凉高燥处，沟深60～80厘米，宽80～100厘米，长度依接穗数量多少而定。贮藏时，沟底先铺湿润细沙，将接穗成排或稍倾斜排放在沟内，然后用河沙全部掩埋接穗，最后用防雨材料遮盖。

③ 冷库贮藏　将接穗装入塑料袋，填入少量湿锯末后，将塑料袋口扎紧，放置在3～5℃的冷库中。

为了延长保存期，提高嫁接成活率，可对接穗进行蜡封。先将接穗剪成嫁接时所需的长度，一般为10～15厘米（有2～3个饱满芽），粗的可长些，细的可短些；随后将工业用石蜡，在容器中熔化（最好使用水浴式夹层桶，便于控制石蜡温度），温度可控制在80～100℃之间。石蜡化好后，拿着接穗的一端进行蘸蜡，并立即取出，速度越快越好（蜡液浸渍1～2秒）；然后，换另一头再蘸，中间不要留未蘸蜡间隙，使整个接穗外面包上一层均匀的石蜡层。蜡封的接穗充分散热冷却后，再捆扎集中装入麻袋或塑料袋中（贮藏时间稍长，要装入塑料袋中），放在阴凉处，做好标记后，进行沙藏或冷藏备用，接穗要保证新鲜，含水充足，不萌动，无霉腐，无冻害。

> **提示**：蜡封接穗时，蘸蜡操作要迅速，时间1～2秒为宜，石蜡厚度不能太厚，否则容易脱落。

3. 嫁接时期

板栗夏秋季芽接不易成活，生产中很少应用。春季枝接时期也比其他果树晚些，一般从4月下旬开始，只要保存的接穗不萌动，嫁接时期可延续到5月底。以砧木萌芽、尚未展叶时进行，最为适宜。嫁接时期过早，气温低，砧木皮层不易剥离，操作困难，接口愈合慢；嫁接时期过晚，虽然气温高，接口愈合快，但砧木生长新梢后，已经消耗了大量的养分，容易削弱树势，而且嫁接后，生长期缩短，成活后，接穗当年生长不健壮，越冬抗冻能力下降，容易遭受冻害。因此，4月中下旬—5月上旬，气温回升，日平均气温达到15℃以上，新芽长到0.5厘米，尚未展叶时（以当地桃花开放最为适宜），嫁接最好。

> **提示**：嫁接时，要注意天气变化，天气晴好，嫁接成活率高；阴雨天、大降温、沙尘暴、大风天气及伤流期，嫁接成活率低。

4. 嫁接方法

板栗的嫁接方法很多，可分为枝接和带木质芽接两类。枝接最常用的有插皮枝接、皮下腹接和劈接。嫁接时，选择砧木光滑处作为嫁接部位，用刀削平剪锯口断面的毛茬，有利于嫁接伤口的愈合。3～5年生幼树，剪砧位置选择在距地面高度15～20厘米的光滑处；少数有分枝的栗树，只要枝条达到能够嫁接的粗度，即可全部嫁接。为保持栗园整齐，要求在同一地块剪砧高度基本一致。板栗春季枝接多采用插皮接和腹接，在实践中，多将两种方法结合运用，演变了一些新的嫁接方法，效果很好，值得推广。

（1）劈接法　适合砧木较粗（砧木直径3厘米以上），或不离皮时（3月下旬），进行嫁接；接穗粗1厘米以上，生长量最大，嫁接愈合好，生长健壮，但成活率稍低些。

在砧木表皮光滑的部位剪砧，削平剪口，用刀从剪口中心垂直向下劈开，在接穗的下端两侧削成长5～8厘米的马耳形削面，一侧稍厚，厚面朝外，插入劈口内，对准形成层，用塑料薄膜包紧接口（或蜡封接穗）。此法也可用于中幼龄树和大树多头改劣换优（图6-14，图6-15）。

图6-14　劈接方法

图6-15　劈接成活状

（2）插皮接　也叫皮下接。需要在砧木芽萌动离皮的情况下进行，在砧木断面皮层与木质部之间插入接穗。

在砧木预嫁接部位，选光滑处剪断，用镰刀将剪、锯口削平，以利于愈合；在接穗的下部，先削一长5～8厘米的长削面，使下端稍尖，再在削面的对面轻削去一层薄皮，接穗上部留2～3个芽，顶端芽要留在大削面的背面。

在砧木切口下表面光滑部位，割一比接穗长削面稍短的纵切口，深达木质部，将树皮向两边轻轻拨起，然后将接穗长削面对着木质部，从皮层切口中间插入，长削面留白约0.5厘米，视砧木横断面面积的大小，可插入多个接穗，直径2厘米以下时插1个，2～4厘米时插2个，4～6厘米时插3个，6～8厘米时插4个。此法在生产中最常用，幼树成龄树都适用，特别是成龄树多头高接（图6-16，图6-17）。

> **提示**：接头插2个以上接穗时，可以一正一反（一个正接，一个倒接），倒接的成活后，弯曲生长，角度开张，接穗生长互不影响（图6-18）。

（3）腹接法

① 切腹接　具体方法见第三章第二十二问普通腹接相关内容。接后用塑料条绑扎包严，保湿（图6-19）。

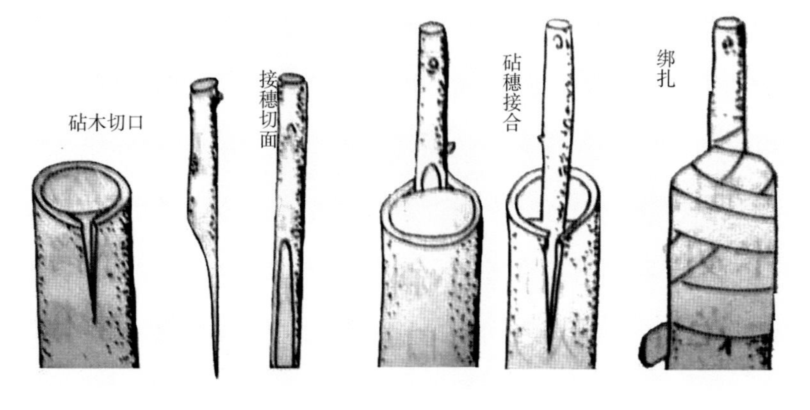

图6-16　插皮接

图6-17　插皮接成活状

图6-18　倒接成活状

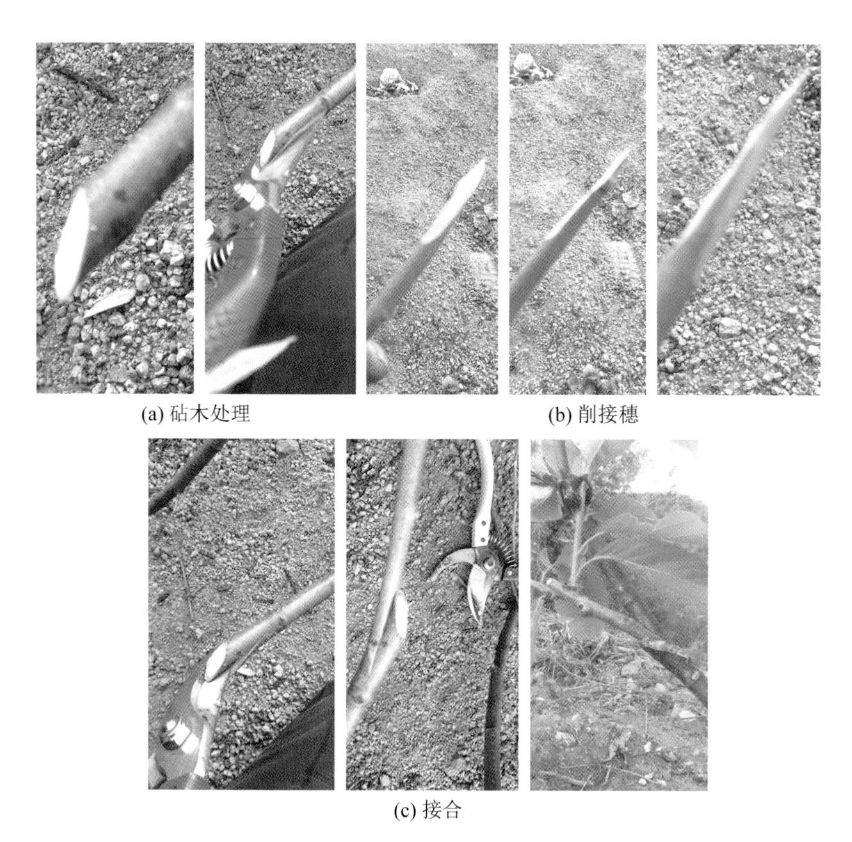

(a) 砧木处理　　　　(b) 削接穗

(c) 接合

图6-19　板栗切腹接

②"T"形插皮腹接　用于填补树体的空间，一般是在枝干的光秃部位进行插皮腹接，以增加内膛枝量，补充空间。

嫁接时，先在砧木树皮上切一个"T"形切口，深达木质部，横切口上方树皮削一个三角形或半圆形坡面，便于接穗插入和紧密相接，切口部位一般在稍凸的地方或弯曲处的外部，砧木直立或较粗时，"T"形切口稍斜一些，效果更好。腹接的接穗，应选略长、略粗、稍带弯曲的为好。

用刀在接穗的下部削一长3～5厘米的长削面，削面要平直，再在削面的对面削一长1～1.5厘米的小削面，使下端稍尖，接穗上部留2～3个芽，顶芽要留在大削面的背面，削面要光滑，芽上留0.5

厘米剪断，在砧木的嫁接部位用刀斜着向下切一刀，深达木质部的1/3～1/2处，然后迅速将接穗大削面插入砧木削面里，使形成层对齐，用塑料条包严即可。

③ 皮下腹接　在砧木离皮时采用，主要用于栗树内膛光秃带补枝。成活率高，也可用于高接换优，利用前面的活支柱进行新梢绑缚，以后再剪去活支柱。与“T”形插皮腹接方法基本相同，但更多用于较粗大的砧木上。具体方法是：在砧木需要补枝的部位（一般每隔75～100厘米补1个枝），先将砧木的老皮削薄，至新鲜的韧皮部，然后割一“T”字形口，在横切口上端1～2厘米处，用嫁接刀向下，削1个月牙斜形削面，至“T”字形横切口，深达木质部，以免接穗插入后“垫砧”。

> **提示**：如果砧木树皮太厚，不能用削好的接穗硬插砧木皮层，可先用硬竹签等插入，将砧木切口皮层翘起。

接穗要长一些，一般约为20厘米，最好选用弯曲的接穗，削面为8～12厘米的马耳形，背面削至韧皮部，呈箭头状；然后将接穗插入砧木皮层中，用塑料条包扎紧密，不露伤口（图6-20）。

图6-20　皮下腹接

现在板栗嫁接推广的“带基枝腹接”“裸柱插皮腹接”等，都是皮下腹接方法的改进。

④ 支柱环剥插皮腹接法　具体方法参见第三章第二十二问的相关内容。

⑤ 带基枝的腹接　具体方法见第三章第二十二问带基枝腹接相关内容。

（4）带木质芽接　以4月中下旬和8月底为嫁接最适宜时期。方法：用手倒拿接穗，先在芽下1～1.5厘米处斜切一刀，深至接穗粗度的一半，再从芽上2厘米处斜切，与下端切口相交，取下芽片；然后在砧木上，切去与芽片形状相似的切口（砧木离皮时，可切成“T”形切口），将芽片嵌入，用塑料条包严，芽尖外露；砧木以上部分，留30厘米剪断，留作活支柱（图6-21）。

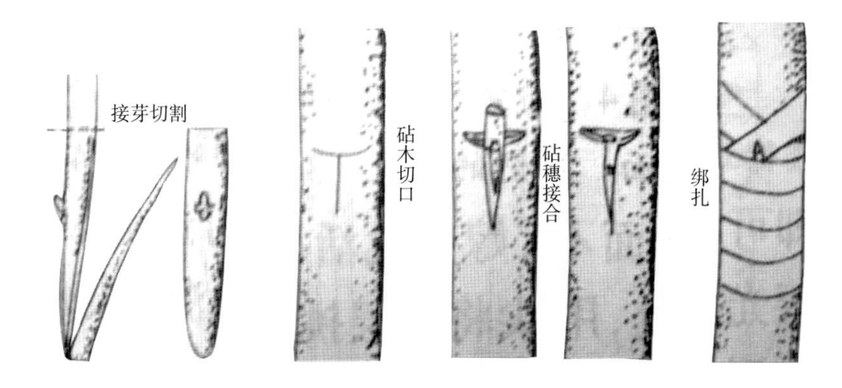

图6-21　带木质芽接

此外，还有切接、插皮舌接、搭接法等，可根据实际情况和自己的爱好，灵活运用。在对大树进行多头高接实际操作中，几种方法要配合使用，多用插皮枝接换头，皮下腹接和带木质芽接插枝补空，以增加嫁接部位，加快树冠恢复速度。

五十八、什么是板栗裸柱插皮腹接法？有哪些好处？

板栗裸柱插皮腹接法是在板栗春季萌芽离皮时，将嫁接接口处的前方留50厘米，树皮用钳子剥光，作固定支柱，然后用插皮腹接，将接穗嫁接在砧木上的方法。适用于“开心、拉枝、刻芽”早丰技术的板栗园。

这种嫁接方法主要有四大好处。

① 可避免伤流期树体伤流对嫁接树愈伤组织形成的重大影响，提高嫁接成活率。

② 将萌发新梢直接绑缚在固定支柱上，可避免大风伤枝、折枝的发生。

③ 树皮剥光后，接口前面枝条死亡，减少了养分无效消耗，有利于主、侧枝健壮生长。

④ 接口愈合好。

五十九、板栗裸柱插皮腹接法具体如何实施？

（1）接穗准备　在3月15日—30日，采集接穗，采集时期距嫁接时期一般不超过50天。选用结果母枝，最好是未结果的母枝，粗度0.6厘米以上为宜。50～100根一捆，标明品种，做好标记，贮藏备用。

（2）嫁接时期　嫁接时间过早，树皮不易离皮，操作困难；嫁接时间过晚，萌芽展叶抽枝后，树体养分消耗多，嫁接成活后，生长弱，冬季容易遭受冻害。

一般在4月中下旬—5月上旬，日平均气温达15℃以上，新芽萌发长到0.5厘米时，开始嫁接为宜。或以当地桃花开放时，为栗树嫁接的适宜时期。

> **提示**：栗树嫁接时注意天气变化，天气晴好，嫁接成活率高；阴雨天、大降温、沙尘暴、伤流期，嫁接成活率低。

（3）嫁接方法

① 砧木剥皮处理　在接口距主干约20厘米处（在主枝内侧选光滑位置），接口以上用钳子剥光树皮，留50厘米，做固定活支柱。

② 削接穗　削面长5～8厘米，留穗长7～10厘米，保证有3～4个饱满芽。

③ 插接穗　在主枝内侧选光滑位置（防止拉枝时断裂折枝），撬开皮层，迅速插入接穗，幼树砧木较细，一个接口一般只插1条接穗，不要接太多。

> **重要提示**：接穗太多，嫁接成活后，伤口不易愈合，枝条太乱（图6-22）。

图6-22　接穗太多，成活后枝条太乱

④ 包扎　用嫁接专用塑料条，将接口包扎严紧，系活扣（以后解开塑料条，用来绑缚新梢用）（图6-23）。

图6-23　板栗裸柱插皮腹接及半裸柱嫁接

⑤ 防虫蛀　用面粉熬成稀糨糊，再加入气味浓的有机磷类杀虫剂（敌敌畏等），糨糊在枝条上作用时间长，起到驱避害虫的作用。在包扎的塑料条上涂满一层，通过农药对害虫的驱避作用，防止板栗透翅蛾成虫在接口处产卵和幼虫蛀食接口。同时，这种方法对其他害虫也同样有效，还能防止胴枯病的传播（图6-24，图6-25，图6-26）。

> 提示：板栗嫁接时，最好嫁接在上面几个分叉枝上，尽量不要嫁接在距离地面较近的主干上，以免遭受冻害，引起干腐病，造成树体死亡（图6-27）。

图6-24　板栗透翅蛾为害

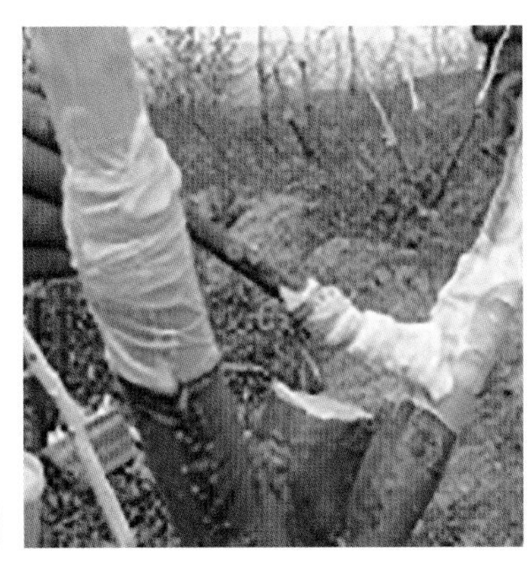

图6-25　接后涂糨糊，防病虫为害

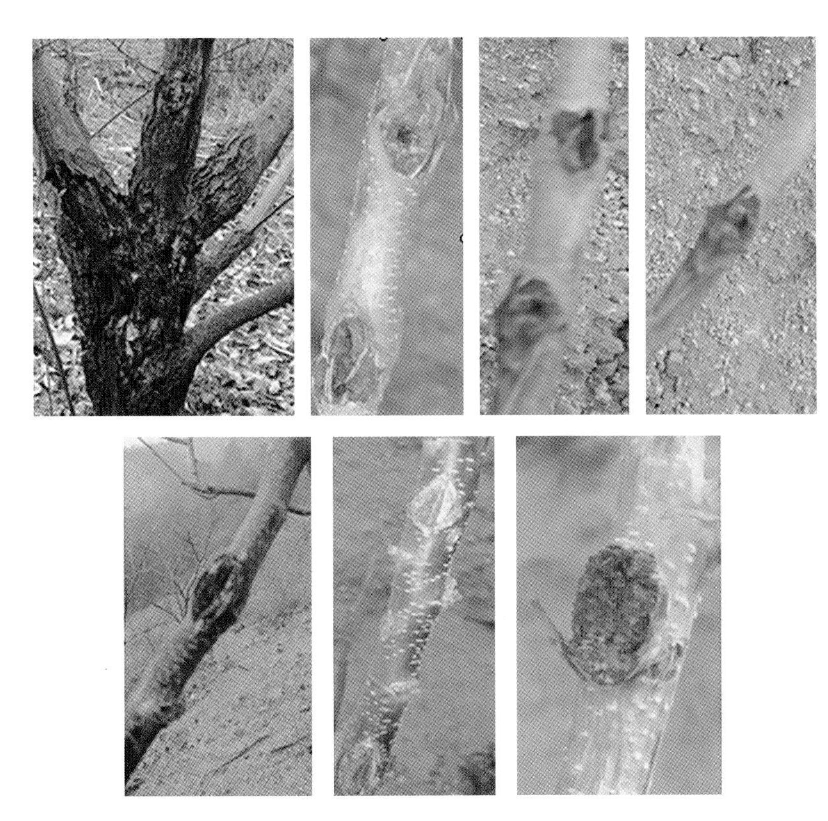

图6-26

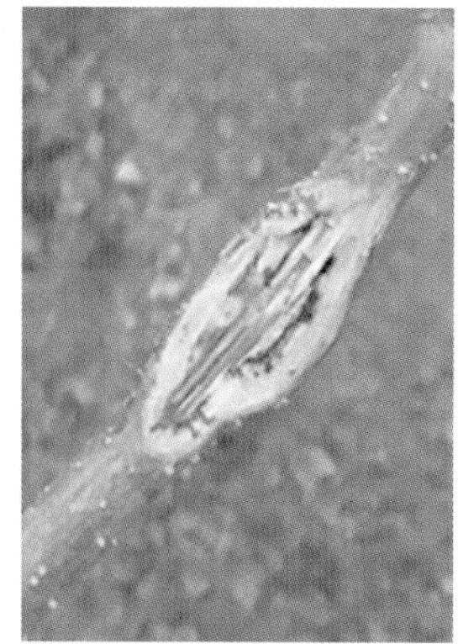

图6-26　栗疫病、板栗透翅蛾共同为害状

图6-27　低位嫁接易受冻害，得干腐病

六十、板栗裸柱插皮腹接接后如何管理？

（1）除萌蘖　嫁接成活后10余天，砧木即发生很多萌蘖，要及时除去，以保证根系吸收的营养只供接穗的生长，大约每周1次，当年至少应进行2～3次，早期抹芽，后期除梢，越早越好；去除萌蘖，最好萌蘖在黄豆粒大小时，及时除去，集中营养供嫁接新梢生长，正常情况下，一年生长量可达1.5米（图6-28）。

> 提示：对未成活的接口，要在砧木上选留1～2个方位好、长势壮的新梢，准备下一年再进行补接。

（2）摘除栗花、栗蓬　嫁接后当年，去除萌蘖的同时，将板栗雄花、栗蓬全部除去，当年不留花果，集中营养供给新梢，保证嫁接新梢健壮生长；否则，会影响主枝生长和第四年的丰产。最好能够保证嫁接的当年主枝生长量长达1～1.5米，保证三年生幼树长到茎粗5厘米以上，以方便以后的管理（图6-29）。

图6-28　除萌蘖

图6-29　摘除栗花、栗蓬

（3）解缚　接穗上萌发的新梢长至20～30厘米时，解除绑扎接口的塑料条，以避免其阻碍接口愈合和缢伤枝条（图6-30）。

> 提示：塑料薄膜绑扎的，一般可不用解绑。

图6-30　解绑太晚，造成缢痕

（4）绑缚新梢　新梢长到30厘米以上时，为避免劈裂，被风刮折，要绑支柱或支棍，支棍长1米，粗约3厘米，将新梢引缚绑在支棍上，腹接的和带木质芽接的，可绑在砧木接口前的活支柱上。随着新梢的加长生长，每隔30厘米绑缚1次，绑新梢2～3次，即可防风伤枝（图6-31）。

图6-31　新梢绑缚，防止风折

> **提示**：绑缚支架是嫁接成败的关键一环，否则就会前功尽弃。

（5）摘心　当新梢长到45～50厘米时，要掐去嫩尖摘心，并由上至下去掉4片叶，保留叶柄，以促壮枝壮芽，促生分枝，培养枝组，加速形成树冠，促进早结果。

> **提示**：嫁接后，应加强夏季管理，防止枝条紊乱，不分主次，只上部发枝，下部光秃，结果部位外移，形成“鞭杆”（图6-32）。

图6-32　夏季不处理，不摘心，枝条紊乱，冬剪困难

夏季摘心可以收到控冠的效果，幼树嫁接当年根据发枝强旺程度，进行1～4次摘心。第一次在新梢长达30厘米时摘心，第二次摘心要长短结合，秋季未停长的新梢，可全部摘心。嫁接后，第二年摘心1～2次，在雌花前留5～7片叶摘心；对不结果枝要提早摘心，去4片叶，促其分枝，用增加结果量来压冠，即以果压树。

> **重要提示**：主、侧枝新梢不能摘心，保证优势，健壮生长，其他预结果的，进行早摘心。

（6）除虫防病　板栗嫁接后，萌发的嫩芽、幼梢及叶片，常被金龟子、栗大蚜、象鼻虫、红蜘蛛等食叶害虫为害，可喷药防治，一般可选用氯氰菊酯、菊·杀乳油等；接口如有病害，可涂波尔多液、灭腐灵等杀菌剂防治。

（7）栗树嫁接后整形修剪　要定主枝，选侧枝。嫁接成活后，一株幼树留4～6个主枝；有3个主枝的，每个主枝保留2个枝头；有2个主枝的，每个主枝保留3个枝头，多余枝条疏掉；1个主枝最多留2个（拉枝后接近水平位置）侧枝，多余的疏掉。主枝、侧枝都不要摘心，集中养分，加强生长，最好能保证主枝当年生长至1.5米以上，以利于下一年的拉枝工作；其他新梢可在长20厘米处摘心或剪梢，促成花结果（图6-33）。

图6-33　嫁接成活后第二年结果状

> 注意：嫁接成功与否，主要看接穗的质量，接穗贮藏期不能超过50天，必须保存好。做到摘栗花、栗蓬，以免影响主枝生长和以后的丰产。定主枝4 ~ 6个，每个主枝选侧枝2个，不能留得过多，过多会浪费养分，都生长不好，造成主次不分。

六十一、如何对板栗大树进行高接改造?

目前，有相当一部分板栗大树及大、老栗树，70%不是优种树，粗放管理，长蘖多，结栗果少，造成根冠比失调，产量很低，质量也差，修剪、采收管理等生产操作很不安全，有很高的危险性。这种放任生长的大树，很难用修剪的方法加以解决，可通过落冠多头高接改造，实现丰产、稳产、安全生产（图6-34 ～图6-36）。

图6-34　嫁接前，栗树严重枝干比失调

图6-35　落冠嫁接

图6-36　落冠嫁接后，矮冠、丰产、安全

> 提示：板栗嫁接更新时，首先要注意加强土肥水管理，更新树冠，迅速恢复树势，待树体健壮后，再进行高接改造。衰弱树直接高接，效果不好。

六十二、结果少、产量低的板栗树怎样通过嫁接直接改造？

嫁接改造时，按开心形标准，要一步到位。枝粗10厘米以下的，采用插皮腹接；10厘米以上的，同侧每隔2米，嫁接一个结果枝组，即在主枝两侧每隔约1米，嫁接一个结果枝组，至全部补齐；枝粗30厘米及以上，可多接接穗。到7月份，嫁接新梢长到40厘米时，进行摘心，并去掉顶部4片叶，促生新的结果枝组（图6-37，图6-38）。

图6-37　板栗插皮腹接

六十三、中幼树、低产残冠大树怎样进行高接换优？

采用多头（多接穗、多接口）、多位（多部位）嫁接（图6-39）。剪砧时，兼顾树体生长情况，进行合理整形，并尽量降低嫁接口的高

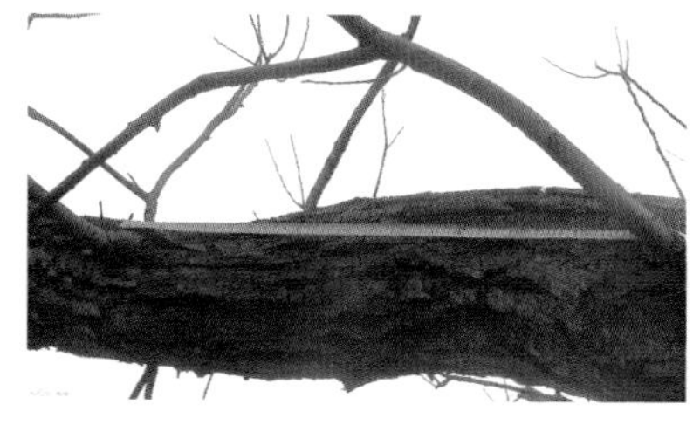

图6-38　每隔约1米，嫁接1个结果枝组，全部补齐

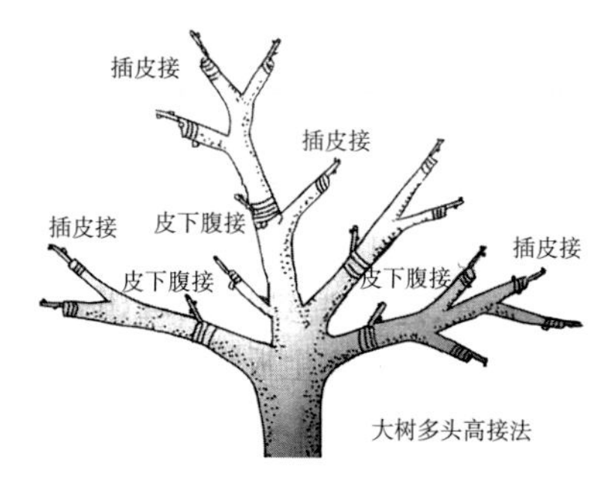

图6-39　多头、多位嫁接

度（接口距地面的距离）和粗度（接口直径），以降低树冠的高度。

> **提示**：过粗的树，可先锯断砧木，待下一年萌发枝条后，再进行嫁接。

> **重要提示**：在不提高接口高度的前提下，尽量将砧木接口的粗度限制在最小的范围内，以利于接口当年能够完全愈合。

六十四、截干嫁接技术在改造低产板栗树中如何正确应用?

老板栗园由于缺少科学管理，产量较低，为了改造这些低产树，可采用截干技术：在干高1.5～2.5米处（嫁接口以上部位）截除其上的树冠部分，并削平截面，使之呈馒头状，春季其隐芽在强度的刺激下，会萌发出许多枝条，在截口以下30～120厘米处，留2～6个生长健壮、方位适宜、枝条开张角度较大的枝条，培养成骨干枝或主侧枝，其余萌发的枝条一律抹除，并对所留枝条适时摘心，促其萌发侧枝，准备翌年春季进行嫁接。

对于分枝部位过高的栗树，可在1.2～1.5米高处截干。接口上间隔5～6厘米插上一圈接穗，接口消毒处理，并用塑料袋包扎，防止水分散失和感染；在接口以下的树干上，在多个部位进行腹接，用来弥补分枝过高的缺陷（图6-40，图6-41）。

图6-40　截干大接口多头多枝插皮接，包扎后，外套塑料袋

> **注意**：低产残冠大树进行高接时，应尽量少疏除大枝和骨干枝，并注意降低接口的粗度和高度，充分利用萌蘖枝进行嫁接。

图6-41　嫁接成活状

六十五、板栗嫁接时可使用哪些新式材料进行嫁接伤口保护？

嫁接接口要求包紧、缠严、不透风、不进水。如果砧木太粗，一般接口直径超过10厘米，塑料条包扎非常困难，可用不干胶带粘贴好（图6-42，图6-43），也可用防水橡皮泥或建筑用中性密封胶，利用射枪堵严接口，接穗用铁钉固定。

图6-42　不干胶带

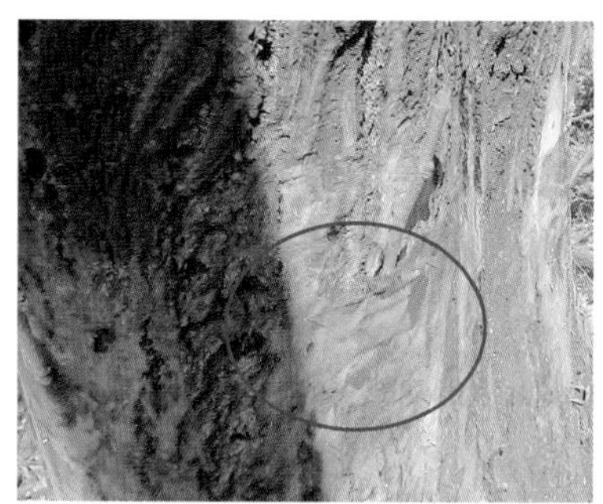

图6-43　用不干胶带粘贴接口

嫁接专用的密封胶是中性硅酮密封胶，一般1瓶价格8～10元，1瓶可以嫁接40个接穗，嫁接的亲和力不受影响（图6-44）。

图6-44　中性硅酮密封胶密封嫁接口

> **注意**：中性硅酮密封胶为板栗嫁接专用，不要随意用建筑上的密封玻璃的酸性密封胶，以免对嫁接口愈合有不利的影响，降低成活率。

泡沫密封胶落冠嫁接技术。树高3米以下的主枝，在主枝两侧每隔约1米，嫁接1条接穗最好，大树嫁接一般可接30条以上的接穗。用泡沫密封胶进行密封嫁接口，简单方便，如果嫁接未成活，也最好选用泡沫密封胶补接。泡沫密封胶使用方法：先摇均匀，口朝下，喷在约10厘米×10厘米手掌大的塑料布上，约核桃大小一块，拿起贴在接口上（图6-45）。

图6-45

图6-45　用泡沫密封胶密封嫁接口

有的嫁接的板栗树，特别是大、老栗树，嫁接15天以后，应经常观察嫁接接穗，如果还没有发芽，拔出接穗，若还没有形成愈伤组织，也没有枯死，最好选用泡沫密封胶再进行补接；有的嫁接的栗树，包扎塑料条里全是黏稠的液体，而且含在里面的接穗也全变黑了，这是伤流现象，一般年份，板栗不会有伤流发生，但有的年份气候异常，早春骤然快速升温，使树体萌芽生长过快，也极易发生伤流现象，造成嫁接不成活。针对这种情况，可锯掉嫁接死亡的一小段，再重新嫁接，即可挽救，最好用泡沫密封胶再进行补接。

提示：老栗树嫁接时，先用刮挠将老粗皮刮掉，见到白色的韧皮部。老皮层有棱沟，防止进水透风。接口削一个约2厘米的等腰倒三角形，最好选用蜡封接穗，插接穗时，在三角口的中间呈45°角倾斜插入，这样皮层夹得紧；如果垂直插入，会撑起皮层，成活率降低。皮层较厚的，可用硬木棍、竹签或螺丝刀（平口改锥）等，先将老皮层撑开，不要用削好的接穗直接用力去插，以免接穗形成层受损，影响嫁接成活。

六十六、如何利用板栗接穗倒插接?

栗树嫁接时，直立枝光秃带过长，没有分枝的部位插皮腹接时，可以适当地进行接穗倒接，成活后，枝条向下弯曲，再向上生长，有利于角度开张，缓和枝条生长势，可提早结果；或在较粗的砧木上进行插皮接时，可用一条接穗在砧木削面正常嫁接，另一条接穗在砧木切口下方附近倒接，这样，一条接穗正常向上生长，倒插的接穗向下侧方生长；可避免以前传统的一个切口插两条或更多条接穗，从而成活后互相竞争，枝条紊乱（图6-46，图6-47）。

图6-46　接穗倒插接

图6-47

图6-47　接穗倒插接成活状

六十七、板栗嫁接落冠为什么不能过重?

现在一些果农将大栗树从大枝基部去掉，在基部插较多的接穗。用这种方法嫁接的板栗树，虽然可以彻底矮化大树，但成功率不高；如果不成活，易造成死树，嫁接受其影响较大，不易复原，最好不用这种嫁接方法。落冠太重，嫁接的接穗少，则只长树，不结果，恢复产量慢。栗树嫁接当年徒长，第二年徒长，两年后很少看见树上结果，第三年才开始少量结果，恢复产量太慢，不易控制，损失大（图6-48 ～图6-51）。

图6-48　板栗大、老栗树开心落冠过重

图6-49　只从大枝基部插较多的接穗

图6-50　落冠太重，嫁接的接穗少

图6-51 直径较大的大栗树，落冠太重，嫁接的接穗少，枝条徒长恢复产量慢

六十八、板栗嫁接大伤口应如何进行保护？

（1）涂愈合剂　板栗大树嫁接改造，会造成大量的伤口，为了防止伤口病菌感染，使其尽早愈合，需要在较大的剪锯口伤口上，涂愈合剂，对剪、锯口进行保护，简单方便。一般在1年之内，伤口就能够很好地愈合。

（2）涂药糨糊　一般在4月底—5月初，板栗嫁接时，用面粉做成稀糨糊，放在容器中，向内加入氰戊菊酯（速灭杀丁），搅拌均匀，用刷子将药糨糊刷在嫁接缠裹的塑料条外面，或砧木直径3厘米以上的锯口，可对害虫起到驱避的作用，避免板栗透翅蛾等害虫产卵为害，效果很好。

（3）嫁接工具常消毒　在果树上，有很多病菌和病毒是通过嫁接工具人为操作交叉感染的。因此，嫁接时，应经常对嫁接工具进行消毒灭菌，防止人为传播。最好用果树修剪工具消毒液（图6-52），其属于喷雾剂，使用方便，用手一摁，雾即喷出。

图6-52　修剪工具消毒液

> **重要提示**：果树嫁接工具要经常消毒，不能用带毒带菌的工具，去嫁接健康的树，造成人为交叉传染病毒或病菌。

六十九、板栗大树嫁接后怎样防止枝条徒长?

新嫁接的板栗幼树，到7月份，新梢生长达到40厘米时，进行摘心，并去掉顶部4片叶，促生新的结果枝组。正常摘心控冠的情况下，顶尖能够及时封顶；但对于大树嫁接，由于根冠比失调，新梢生长过于旺盛（图6-53），如果通过摘心，还不能够控冠，到了8月新梢仍然没有停止加长生长，可在8月立秋后（8月10日板栗采收前）和9月上中旬（9月20日板栗采收后），各喷1次多效唑，一喷雾器（15千克水）兑1小袋多效唑（每小袋为15%多效唑可湿性粉剂100克），喷2次多效唑后，缓和了枝条生长势，有利于成花，翌年嫁接改造的板栗大树可以实现株产5～10千克。

如果嫁接高度2～3米，主枝可每隔50厘米，嫁接1条接穗，一株树嫁接30～50条接穗，树势稳定，8月、9月分别喷2次多效唑，可有效控制枝条徒长，促进雌雄花分化，促进结果；同时夏季将郁闭、不着光的新枝疏除，保证通风透光，满足新芽光照需求，完成花芽分化；枝条生长健壮不旺，恢复产量快，翌年，每嫁接一条接穗，可结栗果0.5千克，每株树即可结栗果7～10千克（图6-54）。

图6-53　大树嫁接新梢生长旺盛

图6-54　主枝每隔50厘米，嫁接1条接穗，形成1个固定的结果枝组

七十、板栗嫁接时如何配置授粉树?

配置授粉树，是板栗丰产的一个重要问题，很多板栗园没有配置授粉树，而导致低产。在嫁接板栗的过程中，不要嫁接单一品种，要有10%的授粉树，一个板栗园至少要嫁接2个以上的品种，最好是3～4个。在方圆50米之内，即能够授粉，如果嫁接栗园周围老栗树较多，也可不用嫁接授粉品种。新建面积大和山区的栗园，周围几百米以内没有栗树的，必须要配备授粉树。

> 提示：板栗有花粉直感现象，就是栗果的品质受授粉树的影响，授粉树品质差，被授粉的树的栗果，品质也下降。因此，一定要选当地的优良品种嫁接，作为授粉品种。

七十一、板栗嫁接不亲和应如何预防？出现不亲和后怎样挽救？

1. 症状表现

板栗嫁接促进了早果早丰。随着时间的推移，在板栗嫁接过程中，也显现出许多弊病，经常出现嫁接后接穗与砧木不易愈合的问题。因砧木与嫁接品种两者之间的基因差异，所产生的阻抗反应形成亲和力问题，造成疏导组织维管束连通不畅。叶片制造的营养物质（碳水化合物）输导到接口受阻，接口以下枝干变细（呈高跷腿），造成根部供应养分不足，吸肥吸水能力降低，树势变弱，最终死亡。有的嫁接后虽然愈合，但遇到大风易从接合处折断；有的接穗成活后，只能生长2～3年就死去，不能持续生长结实，个别品种尤其严重，给板栗生产造成很大障碍；还有的嫁接3～5年（有的10年）后，接口出现瘤状突起，1～2年内大量结果，随即树势衰弱，接口以上干枯死亡（图6-55）。

图6-55　嫁接不亲和症状表现

2. 防治方法

（1）选嫁接亲和力强的品种　例如燕山早丰（3113），嫁接亲和力好，不易死树；大板红嫁接亲和力不强，嫁接口易起包，接后5年树势弱，不到20年就会死亡，到接后30年死树可达50%；燕魁（107）适应能力强，但嫁接不易成活。

（2）使用亲缘关系较近的砧木　板栗嫁接繁殖对砧木种类要求比较严格，必须是共砧，最好是本砧。实生板栗苗嫁接板栗优良品种叫做共砧。例如：早丰栗的实生苗嫁接燕魁栗。我国栗产区多采用共砧，嫁接亲和力强，生长旺盛，根系发育良好，较抗干旱和较耐瘠薄，用该品种的实生苗嫁接该品种叫做本砧。例如：早丰栗的实生苗嫁接早丰栗。本砧更能保持母本优良性状，亲和力更强，成活率更高，值得大力推广。

（3）桥接　嫁接后，当月检查成活时，90%接穗成活，个别株不活，可能是亲和力的问题，应换品种进行补接。成活后，发现由于亲和力问题造成愈合不好的，翌年春季立即桥接，以后发现嫁接口变粗，接口受阻现象，翌年春季及早用“桥接”进行补救。利用接口以下抽生的萌蘖进行桥接，没有萌蘖时，可用实生旺条在四周进行插皮接，要早发现早治疗。

板栗桥接方法和步骤：

① 备好桥接枝条　选亲和力强的品种（燕山早丰、燕红、北峪二号等）在每年春季嫁接栗树前20～30天（北方在3月10日—30日）采集桥接用的枝条，根据桥接部位大小，准备0.5～2厘米粗的枝条，贮藏方法同其他普通嫁接用的板栗接穗。

② 桥接　春季栗树萌芽至新梢30厘米期间，均可进行；根据桥接部位，确定适宜的方法。

a. 桥接部位宽5厘米以下，采用搭桥方法。在砧木与接穗交接处用刀开一条沟，深达形成层，宽度等同桥接枝粗度，砧木接穗长度10～20厘米。将桥接树条，用刀削去1/3，放入开沟内，用2厘米圆钉固定，再用塑料条包扎严。

b. 桥接部位宽5厘米以上，采用桥接方法。在砧木一方开长10厘米的沟，嫁接品种一方开长10厘米的沟，中间相隔10～30厘米；将桥接枝条两端，分别削10厘米的长削面；每端用3个圆钉固定，根据桥接部位粗细，可桥接3～5个枝条。包扎有两种方法：一是用塑料条包扎严紧；二是因桥接部位粗，包扎不严，可用泡沫密封胶，将嫁接口封闭严，成活率高，效果特别好（图6-56）。亲和力问题严重的，当年即可恢复树势，翌年可正常结果；亲和力问题轻的，不影响当年的产量。

图6-56　板栗桥接

（4）补接　对于嫁接口起包的栗树，可以进行挽救嫁接。先在起包处下方，嫁接口处上方，用锯锯出深1～3厘米的一圈（树干粗时深些，细时浅些，不伤木质部），再在嫁接口直上方多锯深1～2厘米，进行养分截留；然后切边长为2厘米的三角形切口，用尖木棍倾斜45°角插入，拔出后，将接穗插入，最后用泡沫胶进行封闭（图6-57）。

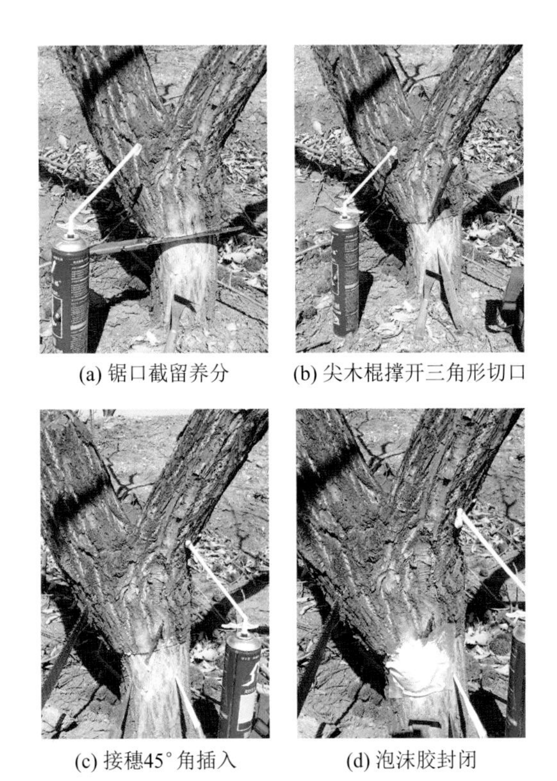

(a) 锯口截留养分　(b) 尖木棍撑开三角形切口

(c) 接穗45°角插入　(d) 泡沫胶封闭

图6-57　板栗起包树的截留嫁接挽救

第七章
核桃嫁接技术

第一节　核桃实生苗的培育

核桃育苗包括对苗圃地和种子的选择、播前处理、播种、苗期管理、苗圃嫁接、接后管理、起苗、苗木运输、苗木分级、假植等。

培育品种优良健壮的苗木，是核桃生产发展的前提和基础。近年来，我国不仅在核桃嫁接技术方面取得了许多成功的经验，而且选育出了一批产量高、品质优、抗性强的优良品种，为核桃的品种化栽培奠定了基础。嫁接苗不仅能够保持品种的优良性状，使核桃具有较高的商品价值，而且具有结果早、易丰产及充分利用核桃砧木资源等优点。

七十二、核桃苗圃地应如何选择及整地？

1. 苗圃地选择

苗圃地应选择在交通方便、地势平坦、土壤肥沃、土层深厚（1米以上）、土质疏松、背风向阳、排灌方便的地方。重茬地会造成必需元素的缺乏和有害毒素的积累，使苗木产量和质量下降。因此，不宜在同一块地上连年培育核桃苗木。土壤以沙壤土、壤土和轻黏壤土为宜。

> 提示：苗圃要进行全面规划，一般应包括采穗圃和繁殖区两部分。

2. 苗圃地整地

苗圃地整地包括深耕、作畦和土壤消毒等工作。

（1）深耕　秋耕宜深（20～25厘米），春耕宜浅（15～20厘米）；干旱地区宜深（25～30厘米），多雨地区宜浅（15～20厘米）；土层厚时宜深（25～30厘米），河滩地宜浅（15～20厘米）；移栽苗宜深（25～30厘米），播种苗宜浅（15～20厘米）。北方宜在秋季深耕，耕前施有机肥约4000千克/亩，并灌足底水，春季播种前，再浅耕1次，然后耙平作畦。

（2）作畦　可采用高床、低床或垄作三种方式。南方多雨地区宜用高床；北方水源缺乏地区可采用低床；垄作的优点在于土壤不易板结，肥土层厚，通风透光，管理方便，在灌溉方便的地方，可采用垄作育苗（图7-1）。

(a) 高床　(b) 垄作　(c) 低床

图7-1　苗圃地作畦

（3）土壤消毒　目的是消灭土壤中的病原菌和地下害虫，生产上常用的药剂是福尔马林和五氯硝基苯混合剂等。预防地下害虫可用辛硫磷制成毒土，在整地时，翻入土中。

七十三、核桃实生砧木苗如何培育？

砧木苗是指利用种子繁育而成的实生苗。作为嫁接苗的砧木，要求其种子来源广泛，繁殖方法简便，繁殖系数高，而且亲和力好，适应性强。

1. 砧木选择

砧苗是指利用种子繁育而成的实生苗，主要作为嫁接苗的砧木。砧木应适合当地生态条件及砧木和接穗的特点。我国核桃砧木主要有7种，即核桃、铁核桃、核桃楸、野核桃、麻核桃、吉宝核桃和心形核桃。目前，应用较多的是前4种，以核桃作为本砧最为普遍。我国北方采用核桃砧木或核桃楸砧木效果较好；南方以野核桃和铁核桃为宜。

苗圃中的实生砧木苗为1～2年生，干径在1厘米以上；高接换优用的砧木树龄可大一些，但一般不超过30年。砧木嫁接部位多是侧枝或副侧枝，砧木横断面直径宜在8厘米以下。

（1）核桃　是目前核桃的主要砧木，用本砧作砧木，具有嫁接亲和力强，成活率高，接口愈合牢固，生长结果良好等优点。缺点是种子来源复杂，实生后代分离广泛，在出苗期、生长势、抗逆性和与接穗亲和力等方面存在明显差异，影响苗木的整齐一致。

（2）铁核桃　也叫夹核桃、坚核桃、硬壳核桃等，它与泡核桃是同一个种的两个类型，主要分布在我国西南各地区，是泡核桃、娘青核桃、三台核桃、细香核桃等优良品种的良好砧木。铁核桃作砧木嫁接泡核桃亲和力良好且耐湿热，缺点是不抗寒。

（3）核桃楸　又称楸子、山核桃等。主要分布在东北和华北各地。根系发达，适应性强，抗寒、抗旱、耐瘠薄，是核桃属中最耐寒的一个种，适合于北方各地。但嫁接成活率和成活后的保存率，都不如核桃本砧高，大树高接部位高时，易出现“小脚”现象。

（4）野核桃　主要分布在江苏、江西、浙江、湖北、四川、贵州、云南、甘肃、陕西等地，喜温暖，耐湿，嫁接亲和力良好，适合当地环境条件，主要用作当地核桃的砧木。

（5）枫杨　在我国分布广，多生于湿润的沟谷和河滩地，根系发达，抗涝，耐瘠薄，适应性较强。但枫杨嫁接核桃成活后的保存率很低，可在潮湿的环境条件下选用，不宜在生产上大力推广。

此外，黑核桃作为普通核桃的砧木，也正在不断的试验之中。

2. 种子的采集和贮藏

（1）种子的采集　首先，应选择生长健壮、无病虫害、坚果种仁饱满的壮龄树（30～50年生）为采种母树。夹仁、小粒或厚皮的核桃，商品价值较低，但只要成熟度好，种仁饱满，即可作为砧木苗的种子。当坚果达到形态成熟，即青皮由绿变黄并出现裂缝时，方可采收。此时的种子发育充实，含水量少，易于储存，成苗率也高；如果采收过早，胚发育不完全，贮藏养分不足，发芽率低，即使发芽出苗，生活力很弱，也难成壮苗。

种子采收的方法有捡拾法和打落法两种，前者是随着坚果自然落地，每隔2～3天，树下捡拾一次；后者是当树上果实青皮有1/3以上开裂时，进行打落。一般种用核桃比商品核桃晚采收3～5天。种用核桃不必漂洗，可直接将脱去青皮的坚果拣出晾晒。未脱青皮的堆放3～5天后，即可脱去青皮。难以离皮的青果一般无种仁或成熟度太差，应剔除，不作种用。脱去青皮的种子应薄薄地摊在通风干燥处晾晒，种子晒干后进行粒选，剔除空粒、小粒及发育不正常的畸形果。

> **注意**：种用核桃脱皮后，不宜在水泥地面、石板、铁板上让日光直接曝晒，以免影响种子的生活力。

（2）种子的贮藏　要求种子种仁饱满，没有经过漂洗，当年采收的新核桃没有黑仁、瘪仁，破损率应小于15%，大小以每千克130～140个为宜。

核桃种子无后熟期，秋播的种子不需长时间贮藏，晾晒也不必干透，一般采收1个月后，即可播种。而春播的种子，需经过较长时间的贮藏。核桃种子贮藏时的含水量以4%～8%最为合适，贮藏环境应注意保持低温（−5～10℃）、低湿（空气相对湿度50%～60%）和适当通气，并注意防止鼠害。

核桃种子的贮藏主要是室内干藏法。即将干燥的种子，装入袋、篓、木箱、桶等容器内，放在经过消毒的低温、干燥、通风的室内或地窖内。种子少时，可吊在屋内，既可预防鼠害，又有利于通风散热；种子如果需要过夏贮藏，需密封干藏，可将种子装入双层塑料袋内，并放入干燥剂密封，然后放入能制冷、调温、调湿和通风的种子库或贮藏室内，温度控制在±5℃之间，相对湿度60%以下。

3. 种子播前处理

核桃播种前，需要进行一系列的处理。种子要进行水选，方法是将种子放入盛水的大缸内，去除漂浮的劣质种子。

秋季播种，最好先将核桃种子用水浸泡24小时，使种子充分吸水后再播种。

春季播种，需进行一定处理才能促进种子发芽。

（1）层积沙藏　选择排水良好、背风向阳、没有鼠害的地点，挖贮藏沟（或量少时，挖贮藏坑）。沟的深度为0.7～1.0米，宽度为1.0～1.5米，长度依贮藏种子数量而定。冻土层较深的地区，贮藏沟应适当加深。贮藏前，先对种子进行水选，去掉漂浮在水面上的不饱满的种子，将剩余的种子，用冷水浸泡2～3天后，再进行沙藏。贮藏前，先在沟底铺10厘米厚的湿沙，湿沙的含水量以手握成团而不滴水为标准；然后，在上面放一层核桃，核桃上再放一层10厘米厚的湿沙，湿沙上面再放核桃，如此反复，直至距沟口20厘米处，最后用湿沙将沟填平。最上面用土培成屋脊形，以防雨水渗入。量大时，沟内每隔2米的距离，层积前先竖1个通气草把，以维持种子的呼吸和正常的生理活动。

（2）冷水浸种　未能沙藏的种子，可用冷水浸泡7～10天，要求前2天，每天换2次水，以后每天换1次，换水一定要彻底干净；也可将盛有核桃种子的麻袋（或蛇皮袋）放在干净的流水中浸泡，待种子吸水膨胀裂口后，即可进行播种。

（3）冷浸日晒　将冷水浸泡过的种子，放在日光下曝晒几小时，待90%以上的种子裂口后，即可播种。如果不裂口的种子占20%以上，应将这部分未裂口的种子拣出，再浸泡几天，然后再日晒促裂。

对于少数未开口的种子，可采用人工轻砸种尖部位的方法进行促裂，然后再进行播种。

（4）温水浸种　将种子放入缸中，倒入80℃的热水，随即用木棍搅拌，待水温降至常温后浸泡，以后每天换1次冷水，浸种8～10天，待种子膨胀裂口后，即可进行播种。

（5）开水烫种　先将干核桃种子放入缸内，再将1～2倍于种子的沸水倒入缸中，随即迅速搅拌2～3分钟后，待不烫手时，再加入冷水，浸泡数小时后捞出播种。此法多用于中、厚壳的核桃种子。

> **注意**：薄壳或露仁核桃不宜采用温水浸种或开水烫种，以免烫伤种子，影响出苗。

4. 播种

（1）播种时期　秋播宜在土壤结冻前（10月中下旬—11月）进行。秋播操作简便，出苗整齐，种子无需处理即可直接播种。但缺点是播种时期过早，会因气温较高，种子在潮湿的土壤中易发芽或霉烂；播种过晚，又会因土壤结冻，操作困难。

春季播种，需要对种子进行一定的处理，促其发芽后，再进行播种。土壤解冻后，尽量早播，播种越晚，当年的生长量就越小。春播前3～4天，苗圃地要先浇1次透水。

> **注意**：冬季严寒和鸟兽为害严重的地区，核桃播种时，不宜进行秋播。

（2）播种量　与种子的大小和种子的出苗率有关。一般情况下，每亩需要核桃种子150～175千克，10000粒以上，可产苗6000～7000株。

（3）播种方法　畦播时，畦面的宽度一般约为1米，每畦播2行，行距50～60厘米，株距15厘米，畦两侧各空出20厘米，以方便嫁接操作。

垄作时，每垄播1行，宽垄也可播2行，株距15厘米；山地直播时，宜采用穴播，每穴放种子2～3粒，由于核桃种子较大，为了节省种子，多采用点播，沟深6～8厘米，播种时，以种子的缝合线与地面垂直，种尖向一侧为好，出苗根系舒展，幼茎直立，容易出土，生长迅速（图7-2）。

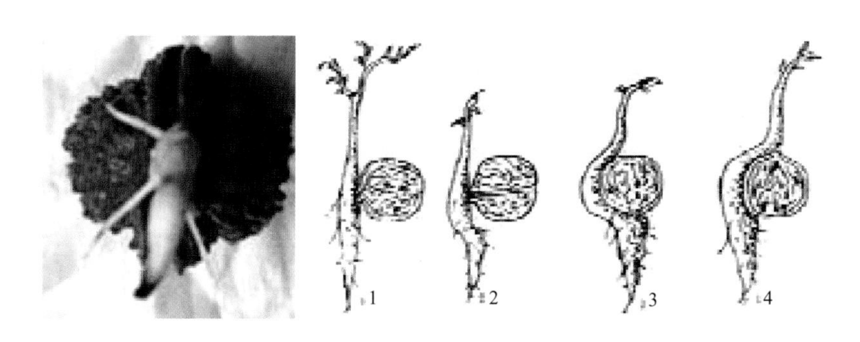

图7-2　核桃播种放置方式

1—缝合线和地面垂直；2—缝合线和地面平行；3—种尖朝下；4—种尖朝上

种子上面覆土3～5厘米，通常秋播宜深，春播宜浅；缺水干旱的土壤宜深，湿润的土壤宜浅；沙土、沙壤土比黏土应深些。

春播墒情良好的，可以维持到发芽出苗，一般不需要浇“蒙头水”；对于春季干旱风大的地区，土壤保墒能力较差时，要浇水；秋季播种的，一般可在翌年春季土壤解冻后核桃发芽前，浇1次透水；种子萌芽后，如果大部分幼芽距地面较深，可浅松土；如果大部分幼芽即将出土，可用适时灌水的方法代替松土，以保持地表潮湿，促进苗木出土。

> **提示**：核桃苗对除草剂比较敏感，目前可使用的除草剂以氟乐灵为主；使用氟乐灵要注意该药见光易分解，最好在耕地前施入，注意该药不要重复使用，否则对出苗有一定的影响。

5．砧木苗的管理

（1）第一年砧木苗管理　春季播种后20～30天，种子陆续破土出苗，大约在40天苗木出齐。为了培育健壮的苗木，应加强核桃苗期的管理。

① 补苗　当苗木大量出土后，及时检查，如果缺苗严重，应及时

进行补苗，以保证单位面积的成苗数量。补苗可用水浸催芽的种子点播，也可将边行或多余的幼苗带土移栽。

② 中耕除草　苗圃地的杂草与幼苗争夺水分、养分和光照，有些还是病虫害的媒介和寄生场所，因此，育苗地的杂草应及时清除。中耕深度前期2～4厘米，后期可逐步加深至8～10厘米。

③ 施肥浇水　一般在核桃苗木出齐前，不需灌水，以免造成地面板结；但土壤墒情较差时，出苗率大受影响，在播种后30天出苗前后，根据墒情，可浇1次出苗水，并视具体情况，进行浅松土。以后要根据墒情，结合追肥，及时浇水。

苗木出齐后，为了加速生长，应及时浇水。5—6月是苗木生长的关键时期，幼苗长到15厘米时，及时追施尿素，施用量15～20千克/亩。间隔15天再施第二次，结合追肥，一般要灌水2～3次；7—8月雨量较多，追施磷钾肥2次；9—11月一般灌水2～3次，应保证予以封冻水，幼苗生长期间，还可进行根外追肥，用0.3%的尿素或磷酸二氢钾，喷布叶面，每隔7～10天喷布1次。

在雨水多的地区或季节，要注意排水，以防苗木晚秋徒长和烂根死苗。

④ 摘心　当砧木苗30厘米高时，可进行摘心，促进基部增粗；发现顶芽受害而萌生2～3个新梢时，要及时剪除弱梢，保留1个较强的新梢生长。

⑤ 断根　核桃直播砧木苗主根很深，一般长约1米，侧根很少，起苗时，主根极易折断，且苗木根系不发达，栽植成活率低，缓苗慢，生长势弱。因此，常在夏末秋初，对砧木苗进行断根，以控制主根，促进侧根生长。用“断根铲”在行间距离苗木基部20厘米处，与地面呈45°角斜插，用力猛蹬踏板，将主根切断；也可用长方形铁锨在苗木行间一侧，距砧木20厘米处开沟，深10～15厘米，然后在沟底内侧用铁锨斜蹬，将主根切断。

> **提示**：核桃苗断根后，应及时浇水、中耕；半个月后，叶面喷肥1～2次，增加营养积累。

⑥ 病虫害防治　病害主要是细菌性黑斑病等，害虫主要有象鼻虫、金龟子、大青叶蝉等，应注意加强防治，防治食叶害虫用高效氯氰菊酯、高效氯氟氰菊酯（功夫）等杀虫药剂。

（2）第二年砧木苗管理　核桃当年生苗木较弱，播种当年不能嫁接，在第二年春季萌芽前，将砧木苗平茬、浇水，除去多余的萌芽，在20厘米高时，进行摘心，以增加苗基部粗度。

① 间苗　间苗在第二年土壤解冻后至萌芽前进行。间苗前，先浇1次水，再用特制的窄边铁锹，在准备间掉的实生苗两侧，各铲一下，再将小苗拔出来。实生苗到第二年嫁接前，最多不超过7000株/亩，间去弱苗、小苗、过密苗。要求留下的实生苗分布均匀、整齐一致。

② 间苗后归圃　间下的苗，按照7000株/亩归圃栽植，下一年再进行嫁接。

> **注意**：归圃时，要在运输过程中，避免根系失水，栽植深度要求根颈比地面低5厘米，归圃后及时浇水。

③ 平茬　平茬就是将实生苗在地面处或略高于地面处剪断。一般在第二年土壤解冻后进行（在3月20日之前完成），平茬前，要先浇水。

④ 抹芽除萌　平茬后，会萌发许多萌芽，只选留一个生长健壮的，其他的萌芽都应从基部去掉，注意一定要去除干净；除萌蘖在4月上中旬进行，当萌蘖长到10～15厘米时，及时去除。一般要进行两次，以第一次为主，第二次再进行一次复查，两次除萌间隔不超过10天。

⑤ 施肥浇水　及时施肥和浇水，肥料要少量多次施入，每次浇水，结合施尿素10～20千克/亩。一般到嫁接前，最少要浇4～5次水。第一次在平茬前进行；第二次在萌芽前后；第三次在第一次除萌后进行；第四次在第二次除萌后进行；第五次在嫁接前1～4天进行。

⑥ 病虫害防治　主要是金龟子为害，在萌芽前后，可喷氯氰菊酯或高效氯氟氰菊酯（功夫）等杀虫剂，进行有效防治。

第二节　核桃苗圃地嫁接

核桃育苗广泛采用嫁接育苗的方式。究其原因主要是：嫁接可使结果期提前，嫁接繁殖核桃，在栽植后2～3年，便可结果；实生繁殖的核桃，需5～10年后，才能开始结果；嫁接可以减少品种的变异，保证果实的商品化。嫁接方法主要采用实生核桃苗芽接的技术，来大量繁殖核桃苗木。

七十四、核桃采穗圃怎样建立和管理?

核桃嫁接时，对接穗质量要求很高，大量结果后的核桃树（尤其是早实核桃），很难长出优质的接穗。因此，要建立良种采穗圃，培育优质接穗。

1. 采穗圃的建立

采穗圃均应建在地势平坦、背风向阳、土壤肥沃、有灌排条件、交通方便的地方，尽可能建在苗圃地内或附近，当天采集的接穗必须保证当天能够运回，越快越好。采穗圃以生产大量优质接穗为目的，要求品种一定要纯正，无病虫害，来源可靠。采穗圃的株行距，应适当合理，一般株距2～4米，行距4～5米。

2. 采穗圃的管理

（1）整形修剪　由于优质的接穗，多生长在树冠上部，因此，采穗用的树形多采用开心形、圆头形或自然形，树高控制在1.5米以内。修剪主要是调整树形，疏去过密枝、干枯枝、下垂枝、病虫枝和受伤枝；在萌芽前，必须重剪，要求将中短结果枝疏除，将长果枝和营养枝中短截或重短截，促其抽生较多的长枝；对外围用于扩大树冠的骨干枝，修剪要轻，有利于树冠的扩大。

（2）抹芽　抹去过密、过弱的芽，如果有雄花，应在膨大期前，进行抹除，减少养分的无效消耗。

（3）采集接穗前摘心　春季新梢长到10～30厘米时，对生长过强的新梢进行摘心，促进分枝和上部接芽老熟，增加接穗芽的数量，防止生长过粗，不便于嫁接操作。摘心要有计划地分批进行，防止摘心后，接穗抽生二次枝，不能利用。

（4）肥水管理　定植后，每年秋季要施基肥，一般3000～4000千克/亩；追肥和灌水的重点要放在前期，施肥以氮肥为主。立地条件好的，在萌芽前一次性施入；立地条件差的，在萌芽前和开花后（5月初）两次施入。每次20千克/亩。也可根据树龄，2～3年生的采穗圃，每株施尿素0.25～0.5千克；4～6年生，施1～1.5千克。浇水要结合施肥进行，萌芽前（3月）浇水1次，新梢速长期（5月）浇水2～3次；夏秋季适当控水，以防徒长并控制二次枝；10月下旬，结合施基肥，浇足冻水。每次浇水后，中耕除草，雨季要注意排涝。

（5）采穗量　采穗过多，会因伤流量大、叶面积少，而削弱树势。因此，不能过量采穗。一般定植第二年，每株可采接穗1～2条；第三年3～5条；第四年8～10条；第5年10～20条。以后，要考虑树形和果实产量，并在适当时机，将核桃采穗圃转变为丰产园。

（6）病虫害防治　由于每年大量采集接穗，造成较多伤口，极易发生干腐病、腐烂病、黑斑病、炭疽病等。一般在春季萌芽前，喷1次5波美度的石硫合剂；6—7月，每隔10～15天，喷等量的波尔多液200倍液1次，连续喷3次。圃内的枯枝及残叶，要及时清理干净，减少病虫源。

七十五、如何选择核桃适宜的嫁接时期？

播种后，在翌年的5月下旬—6月下旬，以枝条充实的2～3年生实生砧木苗嫁接为宜。核桃苗的嫁接适宜温度在15～29℃，即夜间温度为15℃，白天最高温度为29℃时，就可以开始嫁接，温度超过33℃，嫁接成活率下降。在冀中地区，核桃芽接的最佳时间为5月20日—6月20日，在这个时期内，嫁接成活率高，可达90%～95%，当砧木苗基部粗度达到约1厘米时进行为宜。在有接穗的条件下，砧木只要达到0.8厘米以上，就应及时嫁接，嫁接时间越早越好，一般在5月25日开始嫁接，嫁接苗成活后，当年可以出成品苗，当年能够出圃。第一次嫁接应在6月15日前完成，补接工作最晚不迟于7月5日。6月20日—7月20日嫁接的核桃苗，成活率约70%，苗高只有约20厘米，嫁接后，当年不能出圃。嫁接半成品苗（图7-3），可在7月10日—8月5日之间进行。

图7-3　核桃半成品苗

七十六、核桃接穗怎样采集及处理？

1. 接穗采集

选取品种纯正、刚木质化、不带“芽座芽”的健壮发育枝作接穗。枝条刚木质化时，树木处于氮素代谢旺盛时期，各接芽也处于生理活动旺盛期；芽子不带芽座易取生长点，且接芽片易与砧木紧密贴合，如果芽子带芽座或芽轴长，取下的芽片不仅不易带生长点，且芽片也褶皱不平，不易与砧木紧密贴合，影响嫁接成活率。

为了提前嫁接，前期采集的接穗，有效芽可保留3个，所剪枝条保留叶片2～3个即可，剪取接穗时，注意剪断的部位尽量低一些，保证剪下的接穗最下面的一个芽也可以利用；中后期采集的接穗，有效芽要保留5个以上，所剪枝条保留叶片3～4个以上。为了提高接穗的利用率，在接穗采集前7天，对要采集的接穗进行摘心处理，可以促进上部接芽成熟，每个接穗可以多出1～2个有效芽。

> 提示：接穗最好与砧木粗度基本一致，木质化程度要高，生长顺直圆滑，没有三棱突起。采集接穗时，剪口和枝条要垂直，这样接穗的伤口较小，失水较慢，还应注意叶片要随剪随去，防止叶片失水，对接穗造成损害。

接穗剪下后，立即去掉复叶，只保留1～1.5厘米长的叶柄，防止腐烂，影响成活；并用湿麻袋覆盖，以防止新鲜接穗失水。如果就地嫁接，可随采随接。

2. 接穗的贮藏与运输

接穗一般要现采现用。短期保存，需将接穗捆好后，竖立放到盛有清水的容器内，浸水深度约10厘米，上部用湿麻袋盖好，放于阴凉处，每天换水2～3次，可以保存2～3天。

> 提示：核桃芽接接穗最多存放3～4天。

核桃芽接接穗保存期较短。必须在采集、运输、贮藏、嫁接整个过程中，都要注意遮阴和保湿。外出采集，必须带湿麻袋，在采集过程中，随时打捆，放到阴凉处，覆盖上核桃剪下的叶片，暂时存放；在运输车下面要多垫一些湿核桃树叶，然后立即入窖（地窖要提前灌水，提高湿度）；在大苗圃地嫁接集中的地方，可挖一个贮存接穗的小地窖，用来临时贮藏接穗。

> 提示：异地或远距离嫁接，通常需要用塑料薄膜包严，最好进行低温、保湿运输，减少接穗水分的散失。

七十七、核桃嫁接方法有哪些?

传统的春季枝接，易使正处在休眠期向生长期过渡阶段的核桃幼苗，发生少量的伤流现象。而核桃枝叶中，含鞣质较多，在空气中极易氧化形成隔膜，影响伤口愈合，导致嫁接成活率降低；另外，枝接的砧穗形成层接触不严密，也会影响春季枝接的成活率。而夏季方块芽接，时间可从初夏开始，至雨季来临前结束，此时平均气温25～28℃，既避开了伤流期，又适宜愈伤组织的形成和芽体萌发，有利于当年成苗。同时，方块芽接的砧穗形成层，比枝接法接触更严密。

核桃芽接多采用方块芽接。因嫁接时，所取芽片为方块形，砧木上也相应取一方块树皮，故称方块芽接。方块芽接一般成活率高达90%以上，嫁接速度快、节省芽、成本低、接触面大、成活率高，对于枝接不易成活的核桃比较适宜，嫁接后容易萌发。方块芽接又可分为双开门芽接和单开门芽接。双开门芽接在嫁接时，将砧木切口两边的树皮撬开，好像打开两扇门一样，故称双开门芽接；单开门芽接只是撬开切口一边的树皮。二者其他嫁接处理方法相同。方块芽接适用于嫁接比较难成活的核桃品种，嫁接成活后，当年即可萌发。

> **提示**：核桃芽接前1天，进行灌水，增加树体组织内的水分，以便于嫁接时，能较容易地撕开砧木接口的树皮。无论哪种芽接方法，芽片均应取自当年生健壮的发育枝的中下部，以中等大的芽体最佳，砧木以2～3年生经平茬后的当年生新枝最为理想，要选砧木中下部平直光滑、节间稍长的部位作为嫁接接口处。

1. 双开门方块芽接

（1）砧木切削　将砧木在树皮平滑处，上下各横切1刀，宽度适当超过芽片的宽度；再在中央纵切1刀，使切口呈“工”字形；然后将树皮撬开，形成双开门。

（2）接穗切削　在接穗芽的上下各1～1.5厘米处，横切一刀，芽两侧各纵切1刀，使芽片长度和砧木切口长度大致相等，取出方块形状的芽片。

> **注意**：取芽和去除砧木上面的表皮时，不要触碰形成层，要防止损伤形成层。

（3）接合　将接穗芽片放入砧木切口中，使它上下左右都与砧木切口正好贴合；将砧木左右两边盖住接穗芽片，撕掉多余的皮层。如果接穗芽片小一些，没关系，应对齐一面，左右误差不超过2毫米；

如果接穗芽片大而放不进去，必须将它再削小，使它大小合适。

（4）包扎　用宽1～1.5厘米、长30～40厘米的塑料条，将接口芽片捆扎起来，露出接芽和叶柄；或用厚0.007毫米、宽5厘米的地膜，将芽片全部密封。密封时，芽上只能有一层地膜，然后将芽片绑扎紧密即可，绑扎时，地膜要平展，一般需绑扎5周（图7-4）。

图7-4　双开门方块芽接

2. 单开门方块芽接

核桃嫁接较难成活。近年来，芽接育苗技术逐渐成熟和普及，单开门方块芽接已经广泛地应用于生产中，该技术简便、经济、高效，已成为核桃嫁接育苗的主要方法，具有繁殖速度快、省工、省料、成本低、苗木质量高等特点。

单开门方块芽接可分为带叶柄双层膜法和不带叶柄单层膜法两种，为了防雨水进入，多用带叶柄双层膜法。

（1）带叶柄双层膜法

① 嫁接工具　用小钢锯条自制小刀或用芽接刀（图7-5）。

② 落腿　嫁接前先将砧木苗下部的4～5个叶片去掉。

③ 切取芽片　在采好的接穗上，选择充实、饱满的芽体，最好选择接穗中部接芽。先将接芽下面复叶叶片的叶柄在距离枝条约1厘米的

图7-5　用钢锯条自制的嫁接工具

图7-6　取下芽片，保证完整

基部削掉，在接穗接芽上部0.5厘米处和叶柄下0.5～1厘米处，各横切一刀，深达木质部，要求割断韧皮部，然后在叶柄及芽的两侧，距芽0.3厘米处，各纵切一刀，深达木质部，但不割断木质部，芽片纵向间距为3～4厘米，横向刀口宽约2厘米，用大拇指和食指捏住芽片，轻轻向一侧稍用力掰下，或逐渐向偏上方推动，即可很容易地取下芽片（图7-6）。

> **注意**：不可损伤接芽内的生长点，要保持完好。取芽时，要用叶芽或混合芽，不要用只有雄花芽的作接芽，否则不能萌发抽枝。

④ 砧木单开门切割　要求砧木选用生长健壮，未停止生长的二年生实生苗，表皮色泽光亮，青绿或半青绿色，揭开皮层有黏液。

> **注意**：严禁在二年生部位上进行嫁接，嫁接高度和部位不限，但在条件具备的情况下，尽量降低嫁接部位。

在砧木离地面10～15厘米的光滑处，上下各横切一刀，两刀口相距长度与所取芽片长度一致，宽度1.2～1.5厘米，再在外侧纵切一刀，割断韧皮部不伤木质部；随后用小刀从侧切口处将砧木的皮挑开，挑开后，用手撕去0.6～0.8厘米宽的砧皮，如同单开门形状。

⑤ 镶芽片　将芽片镶到砧木开口处，上面对齐，芽片镶到里面去，至少保证芽片3个边与砧木割口3个边贴紧，同时用拇指压紧叶柄基部，保证芽生长点与砧木吻合，将剩余的砧木皮层盖到接穗芽片外面。

> **注意**：嫁接时，绝不能将芽片盖到砧木皮层外，在镶芽片和绑缚的过程中，不要将芽片在砧木上来回摩擦，避免损伤形成层。

⑥ 绑缚　第一层膜用宽2.5厘米，厚0.014～0.02毫米的优质塑料薄膜条绑缚，捆绑时，用拇指压紧叶柄处，保证芽片生长点与砧木吻合；一般先绑缚接芽片的中部，以利于其固定在砧木上，再在上下各绑1圈，用力要适中，绑缚叶柄时注意力度，使接芽的护芽肉部分贴到砧木上，不要用力过大。

> **注意**：绑缚时，不要绑住接芽，也不用太紧密，第一层膜主要是用来固定接芽。

第二层膜用宽12厘米的地膜，将接芽全部包好，下部松一些，上部要绑死绑紧，防止雨水进入（图7-7）。

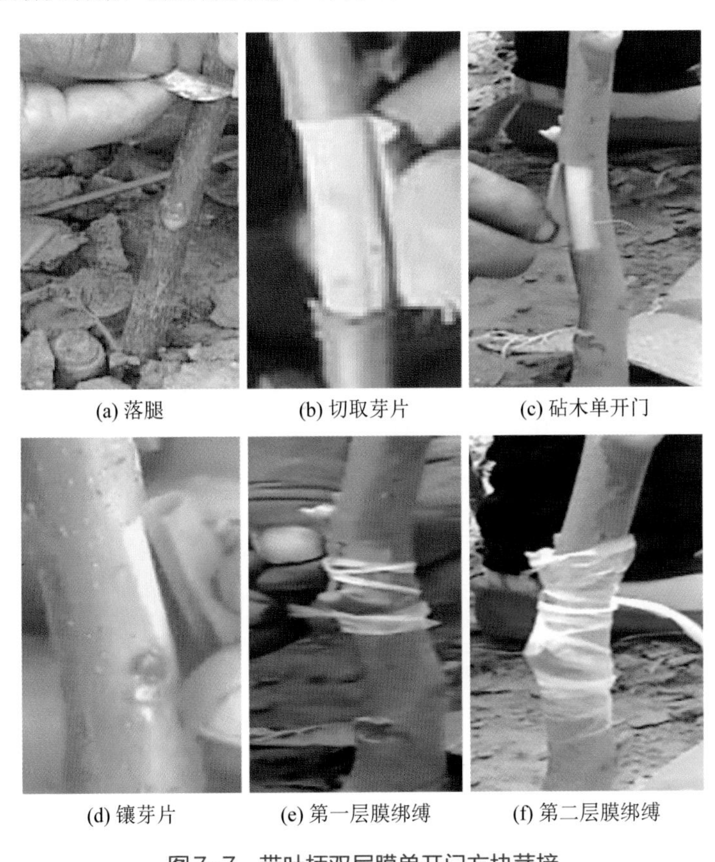

(a) 落腿　(b) 切取芽片　(c) 砧木单开门

(d) 镶芽片　(e) 第一层膜绑缚　(f) 第二层膜绑缚

图7-7　带叶柄双层膜单开门方块芽接

（2）不带叶柄单层膜法　取芽片操作时，将接芽的叶柄从基部削掉（不要叶柄），绑缚时，用宽2.5厘米，厚0.014～0.02毫米的塑料条一次性绑缚，自下而上，将芽片包严，但不要包住接芽。其他方法和步骤与带叶柄双层膜法相同。

> **提示**：核桃芽接嫁接技术关键是动作熟练、速度快、贴得紧、绑得严。取芽前，先将叶柄斜下剪除，仅留0.1～0.2厘米高的叶基，因核桃叶柄较粗，如果叶柄过长，很难严密地进行绑缚。

3. 嫁接工具的改进

为了使方块形芽接操作方便，提高效率，可用双刃芽接刀进行嫁接时取芽和处理砧木。

刀具可以自己制作，也可以直接购买。双刃芽接刀制作方法：先制成边长为5厘米的方木框，将两枚剃须刀片固定在木块的相对两侧，两刀片均高于木块0.3厘米，外面再用两块薄木板压紧刀片，对好后打孔，每一面用两个螺丝钉固定刀片即可。刀片两面都可使用，一个刀片一般可嫁接约500个芽片，用钝时可随时取下换上新刀片（图7-8）。

图7-8　双刃芽接刀的制作

七十八、核桃嫁接后怎样管理?

（1）剪砧　嫁接后，在接芽上留2～3片复叶剪砧，其余的部分连同新梢一起剪去，并将剩余部分叶腋内的新梢和冬芽全部抹去。如果温度特别高时，可以多留1～2组复叶，防止芽片被阳光晒干。

（2）检查成活状和补接　芽接10天后，进行检查，观察塑料膜内有无积水，如果水珠过多，要用牙签、尖细木棍等物，扎小眼，放出积水，并注意抹除接芽以外的新发嫩枝；同时观察叶柄变黑腐烂情况，若有变黑腐烂的，要及时将叶柄上的地膜挑破放风，防止腐烂到芽片，影响嫁接成活。

15 ～ 20天后，即可成活萌芽。成活的标志是：叶柄脱落或芽萌动。对于未成活的，应及时进行补接（图7-9）。

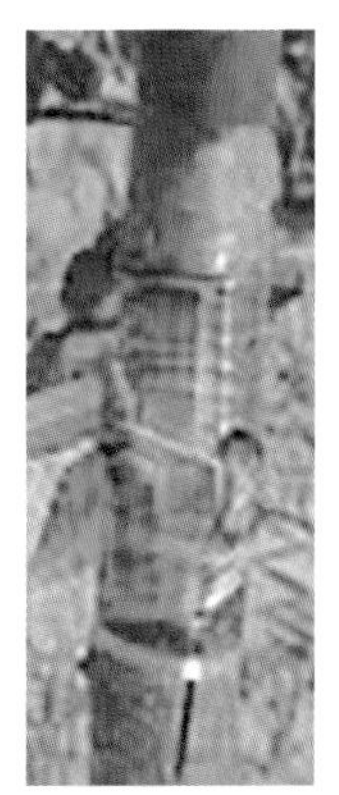

(a) 接芽绿色

(b) 叶柄脱落

(c) 接芽萌发

图7-9　嫁接成活状

（3）除萌　嫁接后约1周，砧木容易产生萌蘖，应在萌蘖幼小时，及时除去，促进接芽萌发生长，避免与接芽争夺养分，影响嫁接成活。

> **提示**：除萌时，应反复多次进行，一般约10天除1次，需要除萌2 ～ 3次。

（4）去膜及二次剪砧　带叶柄双膜法，在嫁接后10 ～ 15天，叶柄能够脱落后，少部分接芽萌动时，先浇1次水，等到接芽长到5 ～ 10厘米时，将地膜及塑料条去掉，防止其勒断新梢；将地膜去掉后2 ～ 3天（或去膜同时），再在接芽上1.5 ～ 3厘米处剪掉砧木，即二次剪砧（图7-10），可减少砧木水分散失对接芽的影响，有利于接芽的成活和快速生长。去除全部复叶，可刺激接芽生长，促使接芽萌发。或嫁接后2 ～ 3周，观察芽萌动情况，如果有50%的接芽萌动，即可将接穗上前面砧木所留的几片复叶，全部去除。

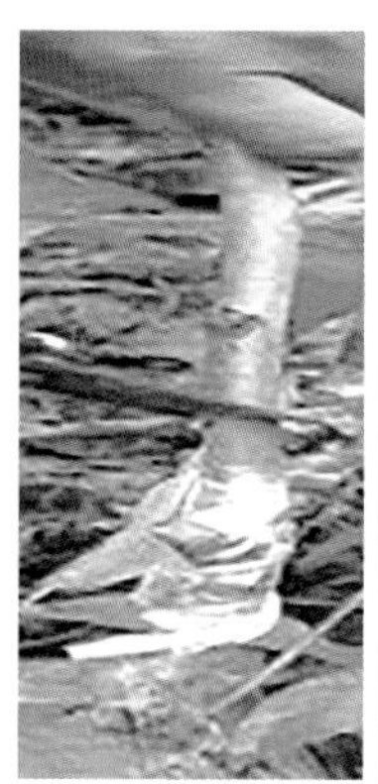
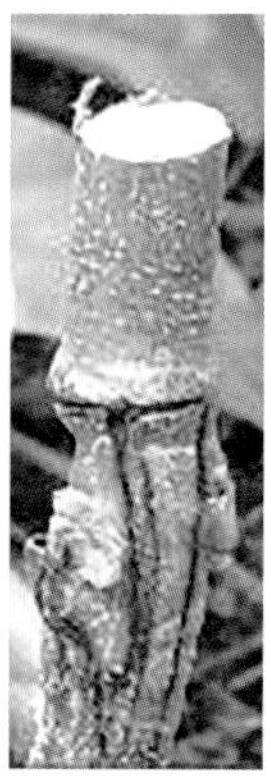

图7-10　二次剪砧

不带叶柄单层膜法，等到接芽长到5 ～ 10厘米时，可解开包扎。解缚过早或过晚，都会影响生长。去掉绑缚塑料条，解除绑缚物，防止其勒断新梢，在接芽上约3厘米处，剪掉砧木，促使接芽快速健壮生长。

> **提示**：在剪砧以后，应特别注意浇水，地面较干燥时，砧木容易发生灼烧现象，接芽容易抽干死掉，可根据具体情况，连续浇水2 ～ 3次。同时，要注意及时去除砧木上的萌芽。

（5）绑支柱　核桃枝条较粗、叶片较重，新梢生长较快，很容易风折，暴风雨天气更为严重。在风大的地区，在新梢30～40厘米时，应及时在苗旁立支柱引绑新梢。用绳将新梢和支柱按“∞”形绑紧，用来固定新梢和防止风折。

（6）加强土肥水管理　嫁接前1周和嫁接后1周，应根据降雨情况，及时浇水，以促进接芽成活和接芽萌发；当嫁接苗成活萌发后，根据降雨情况，灌水2～3次，浇水后，及时中耕除草；叶片长出，新梢长到10～15厘米以上时，应及时少量施肥、灌水，促进枝条加速生长；当新梢20～30厘米时，追施1～2次速效性氮肥，每次追施尿素10～20千克/亩，以促进新梢的生长；也可进行叶面施肥，前期以氮肥为主，后期增施磷钾肥，避免造成后期贪青徒长。从8月上中旬开始，控制肥水，8月中下旬追施磷钾肥，叶面喷施300倍多效唑和磷酸二氢钾2～3次，促进枝条生长充实健壮，枝条老熟，防止枝条徒长，以利于安全越冬。

（7）摘心　新梢长到80～90厘米时，剪去顶部新梢嫩尖，防止接芽弯倒或劈折；或到8月下旬—9月上旬，为了充实发育枝，对全部新梢及时进行摘心，促进木质化，促其成熟，贮存较多的养分，防止秋季后期贪青徒长，产生冻害和抽条。

（8）病虫防治　接芽萌发后，常有金龟子和食芽象甲为害嫩芽，应及早喷布25%的甲萘威600倍液，或75%的辛硫磷乳剂1500倍液。在生长期，要及时防治各种病虫害，虫害主要是木橑尺蠖、黄刺蛾和棉铃虫；黄刺蛾食叶，棉铃虫为害新嫁接芽片的嫩芽；以高效氯氰菊酯、高效氯氟氰菊酯（功夫）等杀虫剂为主，或氰戊菊酯2000倍液进行除治。9月下旬—10月上旬，及时防治茶小绿叶蝉在枝干上产卵为害。生长后期，易感染细菌性黑斑病，注意在7月中下旬开始，每隔约15天，喷1次农用链霉素，或其他防治细菌性病害的杀菌药，共喷3～4次。

（9）培土防寒　当年11月立冬至小雪，苗木达到要求的，可以出圃；达不到要求的苗木，越冬进行防寒，翌年秋季再出圃。冬季寒冷、干旱和风大的地区，为防止接芽受冻或抽条，核桃田间嫁接当年需要进行越冬防寒。在土壤封冻前，应在嫁接苗根际培土防寒，培土厚度应超过接芽6～10厘米。春季解冻后，当地杏树花开时，及时扒开防寒土，以免影响接芽的萌发。对于生长较高的苗木，可将苗木弯倒后，再进行培土防寒。

> 提示：苗木能压倒的，可进行埋土防寒；不能埋土防寒的苗木，可用报纸外加塑料薄膜进行包裹。翌年春季萌芽期，适时出土或解除包裹。

七十九、核桃如何进行室内嫁接？

核桃室内枝接，是利用出圃的实生苗作砧木，在室内进行嫁接的方法。在整个休眠期都可以进行，但以3—4月份为最适期。此法能有效地避免伤流液对嫁接成活的不良影响，并可人为地创造适宜于砧穗结合的有利条件，具有适宜嫁接期长，可实行机械化操作，成活率高且稳定等优点。室内嫁接因所用砧木不同，可分为苗砧嫁接和子苗砧嫁接2种。

1. 苗砧嫁接

优点是嫁接成活率高，尤其适用于室外嫁接较难成活的地区。经过多年摸索实践，采用双舌接培育核桃苗木技术获得成功，核桃嫁接苗木培育成活率可达90%以上。

（1）准备工作

① 材料准备　即铲刀、嫁接刀、棚膜、蜂蜡、熔蜡桶、竹竿以及土粪、复合肥等。

② 整地搭棚　对嫁接定植的大棚圃地，要精耕细耙，并开成深30厘米、宽40厘米的沟，底部铺5～10厘米厚的骡马粪或牛粪，沟距30～40厘米，依次进行，同时施入氮磷钾复合肥，施肥量50千克/亩。在已经整好的圃地上面，用竹竿搭建塑料大棚温室，面积大小根据定植的数量而定，为了便于管理，一般约为120平方米。

（2）接穗的采集与贮藏　接穗必须是发育充实的1年生枝条的春梢，要求髓心小，芽饱满，无病虫害，枝粗1厘米以上。接穗采集时间最好在秋季采果后至落叶期进行，也可在春季萌动期进行；采集的接穗必须用矿蜡或蜂蜡封严剪口，防止伤流和失水；接穗运输时，用麻袋或草袋包装，防止风干，影响嫁接成活。

贮藏采用沙藏法，挖成宽1～1.5米，深1～1.2米的水平沟，长根据接穗数量而定，然后在沟底铺5～8厘米厚的湿沙，在沙面上单排一层接穗，再用湿沙埋严接穗，依次进行，直至离坑面30厘米，用草帘覆盖坑面，并用木棍或秸秆插入其中，以便通风透气。同时，要经常检查，防止冻害、风干、霉烂，确保接穗质量。

春季可随采随嫁接。

（3）嫁接方法　采用室内双舌接、温室栽培的方法，在3月20日—4月10日嫁接。3月份以前嫁接，在嫁接前10～15天，要对砧木和冷藏的接穗进行“催醒”（时间一般3～5天，温度26～28℃）。

选用1～2年生、基部粗度1～2厘米的实生苗作为砧木，秋季出圃假植，随用随取。起苗后，运到室内嫁接，在根颈以上8～12厘米平滑顺直处剪断，对起苗受损伤的根系稍加修剪，要求当天砧木当日必须接完，做到有苗而不积压。然后选用与砧木粗细相当的接穗，并剪成长12～15厘米的小段，上端保留2个饱满芽，将砧木和接穗各削成5～8厘米长的大斜面，斜面必须光滑，并在削面由下往上1/3处，用嫁接刀削一舌状接口，深2～3厘米，接口要适当薄些，否则，接合面不平。

砧木和接穗削好后立即插合，使各自的舌片插入对方的切口，双方削面紧密镶嵌，形成层必须对齐、合严密接，砧穗粗度不一致时，要求对齐一边，用厚塑料条或细麻绳捆紧绑牢，紧接着将接穗顶部进行蜡封，在90℃的蜡液中，速蘸嫁接口以上部分，以防失水。（蜡液比例为蜂蜡：凡士林：猪油6：1：1，为了控制蜡温，要在蜡桶底部放5厘米深的水。）

坚持随嫁接随定植的原则，采用双行三角形方法，定植在塑料大棚内上足肥已开好的定植沟内，株距15～20厘米，行距30～35厘米，覆土后，浇透水，水渗后，用细土盖填裂缝。也可将接好的苗木成排斜放（呈35°～45°角）在温床中进行愈合，温度保持在25～30℃，经10～15天后，再置于0～2℃温度条件下保存，待春季4—5月份栽植；也可在温床愈合后，让苗木在床内萌芽展叶，逐步进行适应性锻炼，然后再移到田间进行栽植。

2. 子苗砧嫁接

此法的优点是嫁接效率高，育苗周期短，成本低。

（1）培育砧木　选个大、成熟饱满的坚果为种子，根据嫁接期的需要，分批进行催芽和育苗床播种，当胚芽长到5～10厘米时，即可嫁接。

（2）准备接穗　从优良品种母树上，采集充实健壮、无病虫害的1年生发育枝作接穗。要求细而充实，髓心小，节间较短，直径以1～1.5厘米为宜，超过2厘米，则不能使用。将接穗剪成约12厘米的枝段（上留1～2个饱满芽），并进行蜡封处理。

（3）嫁接时期及方法　3月上中旬最佳。多采用劈接。

（4）愈合和栽植　先做好苗床，并在底层铺25～30厘米厚的疏松肥沃土壤。苗床上面搭成拱形塑料棚（中间高约1.5米），然后将嫁接苗按一定距离埋植起来，接口以上覆盖湿润蛭石（含水率为40%～50%），愈合温度为24～30℃，棚内空气相对湿度保持在85%以上，并注意放风，通气。约经15天，接穗芽就可萌发，此时白天要揭棚放风，逐步增加日照和降低室温，使苗木得到适当锻炼。约30天后，当有2～3片复叶展开，室外日平均气温升到10～15℃时，即可移栽到室外圃地。

3. 接后管理

棚内嫁接苗，要适时通风炼苗，根据棚内田地墒情，适时浇水。生长期喷2～3次浓度为0.3%～0.5%的尿素，进行根外追肥，并及时抹去砧木萌发的嫩芽；当气温高于28℃时，应撤除大棚，8月份，喷1～2次浓度为0.2%的磷酸二氢钾，提高苗木木质化程度。

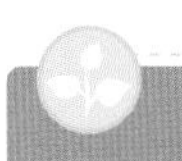

第三节　苗木出圃

八十、核桃怎样起苗？

1. 起苗前的准备

核桃是深根性树种，主根发达，起苗时，根系容易受到损伤，且受伤之后，愈合能力较差。因此，起苗时，根系保存的好坏，对栽植成活率影响很大。为了减少伤根和容易起苗，要求在起苗前1周灌1次透水，使苗木吸足水分，对于较干燥的土壤，更为重要。

2. 起苗时期

由于北方核桃幼苗，在圃内具有严重的越冬"抽条"现象，所以起苗时期多在秋季落叶后至土壤结冻前进行。根据当地的气候条件，一般在10月底至11月初开始起苗；对于较大的苗木或"抽条"较轻的地区，也可在春季土壤解冻后至萌芽前，进行起苗，或随起苗随栽植。

3. 起苗方法

核桃起苗方法有人工起苗和机械起苗两种。人工起苗要从苗旁开沟、深挖，防止断根多、伤口大，力求多带侧根和细根。在起苗时，根未切断时不要用手硬拔，以防根系劈裂。苗木不能及时运走时，必须临时假植。对少量的苗木，也可带土起苗，并包扎好泥团，最大限度地减少根系的损伤，防止根系损失水分。

提示：机械起苗和人工起苗都要注意苗木根系保持完整，主根的长度要掌握在约25厘米。要避免在大风或下雨天起苗。

八十一、核桃苗木如何分级？

苗木起出后，首先要进行分级，分级场地要进行遮阴保护；同时，还应避风，减少水分损失。分级一般采用人工挑选法，根据标准进行苗木分级。

核桃苗木的分级，要根据苗木类型而定。对于核桃嫁接苗，要求品种纯正，正确合理选择砧木；地上部枝条健壮、充实，具有一定的高度和粗度，芽体饱满；根系发达，须根多，断根少，主根长度在20厘米以上，侧根约15条；无检疫对象、无严重病虫害和机械损伤；嫁接苗接合部愈合良好。在此基础上，依据嫁接口以上的高度和接口以上5厘米处的直径两个指标，将核桃嫁接苗分为以下等级（表7-1）。

五级苗以外的其他苗，为等外苗。

表7-1　核桃嫁接苗分级标准

指标	等级					
	特级苗	一级苗	二级苗	三级苗	四级苗	五级苗
苗高/米	＞1.2	0.8～1.2	0.6～0.8	0.4～0.6	0.2～0.4	≤0.2
直径/厘米	≥1.2	1.0～1.2	0.8～1.0	0.7～0.8	0.7～0.8	≤0.7

八十二、核桃苗木如何假植？

起苗后不能及时外运或栽植时，必须进行假植。根据假植的时间长短，分为短期假植和长期（越冬）假植。短期假植时间一般不超过10天，可挖浅沟，用湿土将根系埋严即可，干燥时可及时适当地洒水。

越冬长时间假植，假植地应选择地势平坦、避风、排水良好、交通方便的沙地或沙土地，地块不要太分散，要便于管理看护。在挖沟前1～3天，将假植苗木的地块浇1次水，水要大，要注意根据进度浇水，不要一次将所有的假植地块都浇完。假植沟方向应与主风方向垂直，一般为南北方向。沟深0.8～1米、宽1.2～1.5米，沟长视苗木数量而定，一般小于50米。假植时，在沟的一侧先垫一些松土，将苗木向南呈30°～45°角倾斜放入，向沟内填入湿沙土，然后再放第二批苗，依次排放，使各排苗呈覆瓦状排列，树苗不许重叠，根部要用碎土埋，尽量用土将根缝灌满，培土深度应达苗高的3/4，当假植沟内土壤干燥时，应及时洒水，假植完毕后，用土埋住苗顶。土壤结冻前，将苗顶上层加厚到20～40厘米，并使假植沟土面高出地面10～15厘米以上，并整平，以利于排水。春季天气转暖后，要及时检查，以防霉烂（图7-11）。

> **注意**：苗木假植时，不能用干土埋树苗。

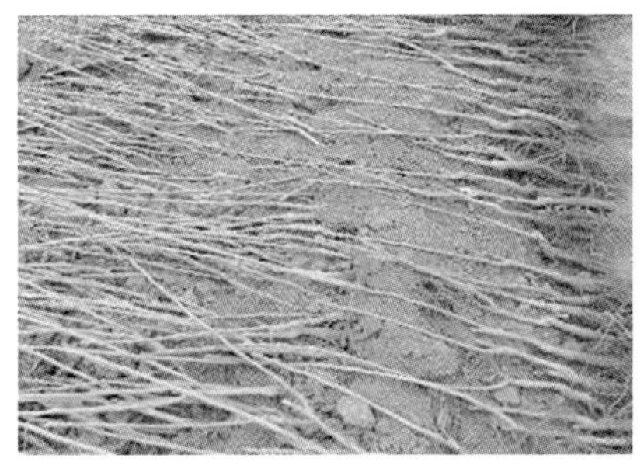

图7-11　苗木假植

八十三、核桃苗木如何包装和运输？

1. 包装

根据苗木运输的要求，苗木的包装，应按照不同的品种和等级进行包装。包装前，宜将过长根系和枝条进行适当剪截，一般每20或50株打成1捆，数量要点清，绑捆要牢固。挂好标签，最好将根部蘸泥浆保湿。包装材料应就地取材，可用稻草、蒲包、塑料薄膜等。可先将捆好的苗木放入湿蒲包内，喷上水，外面用塑料薄膜包严。然后，写好标签，挂在包装外面明显处，标签上要注明品种、等级、苗龄、数量和起苗日期等。

数量大，长途运输的，要先用保湿剂（保水剂＋生根粉＋杀菌剂）蘸根，再用塑料袋将根系包好。邮寄或托运的，先将苗木整理好，标明数量、规格，装到塑料筒内，加上湿锯末或蛭石保湿，然后放到包装箱内，外套蛇皮袋，用打包机装好（图7-12～图7-15）。

2. 苗木运输

核桃苗运输过程中，根系容易失水受损，应注意保护。必须用篷布将车包好。苗木外运最好在晚秋或早春气温较低时进行，同时，要做好检疫工作。长途运输加盖苫布，并及时喷水，防止苗木干燥、发热和发霉；严寒季节运输，注意防冻，到达目的地后，应立即进行栽植或假植。

图7-12　蘸保湿剂

图7-13　准备装袋

图7-14　包装好的苗木

图7-15　准备托运的苗木

第四节　核桃高接换优

我国现有实生核桃树约1亿株，大部分是产量低、品质差、结果晚，甚至不结果的低产树。高接换优可利用优良品种早果、高产、优质的遗传特性，对现有核桃资源中适龄不结果或坚果品质低劣的树进行嫁接改造，改正实生树结果晚、产量低、品质差的缺点。随着核桃优良新品种的不断涌现和市场需求的变化，很多旧园和低产园需要更新换代，以适应市场变化。成树高接换优是低产园改造和改换优良品种的有效、便捷途径，可以缩短恢复树势和产量的时间。核桃大树改接新品种，是快速更新换代提高效益的主要方法，但核桃不像别的果树，改接成活率较低。

提示：核桃高接换优的方法以插皮舌接、嫩枝嫁接和大方块芽接等方法为好。

八十四、核桃高接换优怎样选择砧木？

1. 树体条件

（1）选择性改接　对20年生以上的低产树和夹仁（核桃内隔壁呈骨质，仁不易取出）核桃树，进行改接换优。

（2）逐年改接　对10～20年生的初结果树，进行逐年改接。

（3）隔株改接　对于过密的核桃园，可以进行隔株改接，未高接的树，待高接树成活后，逐渐进行间伐。利用早实品种改接，每亩最终保留20～40株为宜，晚实品种每亩保留15～20株较好。

（4）一次性改接　对10年生以下的幼树，应全部改接；对于60年生以上的核桃老树大树，没有必要再进行改接，只要加强管理，维持和延长结果寿命即可。

2. 立地条件

对低产树、幼龄树进行改接换优时，砧木应选择土层深厚、光照充足地方的低产劣质树；树势要求生长旺盛、无病虫为害，树龄为5～15年生。对立地条件好，但由于长期粗放管理，土壤板结，营养不良所形成的小老树，应先进行土壤改良，采取深翻扩穴、土壤施肥等措施；对于立地条件较差，树势弱的低产树，应先扩穴改土，加厚土层，促使树势由弱转强后，再进行高接换优改造。否则改接后，由于产量提高较快，树体得不到必要的营养补充，会造成早衰或死亡。

八十五、核桃高接如何选择优良品种？

选择优良品种是高接核桃树丰产优质的基础。因此，必须严格选择好优良品种，达到品种纯正、来源清楚、质量可靠的标准。无论早实品种和晚实品种，都应具备丰产性强、坚果品质好、抗逆性强的特点。嫁接品种必须是经过选优和育种过程，正式通过省级以上技术鉴定定名，且经当地引种试验表现最佳的优良品种或无性系。在嫁接品种的选择上，根据适地适树的原则，各地应根据当地的立地条件及各品种对自然条件的具体要求，有重点地选用。

> ▶ **注意**：北方应选择抗寒和抗晚霜品种，干旱地区要选择耐旱性强的晚熟优良品种。

经过多年的引种试验观察，适宜河北北部发展的目前推广的优良品种有辽核1号、辽核3号、辽核5号、辽核7号、清香、石门早硕、鲁光、香玲、中林5号、元丰等优良品种。每个高接核桃园的高接换优品种不宜太多太杂，以1～3个优良品种为宜；同一品种要相对集中，避免给后期管理和接穗采集带来诸多不便。

如果是在新发展区或周围无核桃树的情况下，高接时，还应注意考虑授粉树的搭配问题，要选择一个与花粉相匹配的品种作为授粉品种，核桃高接园需要按3∶1或5∶1配置授粉树，至少按照8∶1的比例，呈带状或交叉状高接配置，以提高授粉受精能力；否则，会因授粉树不足，而造成授粉受精不良，影响产量。

八十六、核桃嫁接成活率低的原因是什么？有哪些提高措施？

1. 原因

核桃嫁接成活率很低，导致核桃大树嫁接成活率低的因素很多，主要是：

① 采穗时间过长，穗条太细小或太粗，穗条含水量过重或失水，穗条芽眼饱满度不够。

② 接穗和砧木组织液中含有鞣质，核桃树体、枝和芽内的鞣质含量都很高，嫁接时，断面组织液接触空气，遇空气迅速氧化生成黑褐色隔离层，使断面细胞活性降低，阻碍接穗和砧木间的细胞物质交流，导致砧木与接穗愈合变慢，影响嫁接成活。

③ 核桃树根压和叶面蒸腾拉力大，枝干一旦受损，伤口会发生伤流。春季枝接，砧木含水量过重，伤流旺盛，接口不易融合；如果接口处有伤流液，就会阻碍砧木和接穗双方的物质交换，抑制接口处细胞的生理活性，降低嫁接成活率。

④ 枝条粗壮弯曲，髓心较大，叶痕突出，取芽困难。

⑤ 嫁接技术水平低，影响嫁接成活。

⑥ 嫁接时间过早或过晚等因素，也影响成活。主要是气温不合适，不利于形成愈伤组织。在20 ～ 25℃时伤口愈合加快，25 ～ 30℃时愈合速度最快，低于20℃或高于30℃时伤口不易愈合。

⑦ 枝条结构特殊性。一是枝条形成层细胞少，通过解剖发现，其形成层细胞为5 ～ 8层；二是茎韧皮纤维细胞团多，在1年生枝基部的切片中，可达3 ～ 4层，且其排列近似闭合的环状；三是核桃愈伤组织形成的速度、质量和存活率都低，且愈伤组织粗糙，并有断续现象；砧木伤口愈伤组织出现的时间较晚，1周内愈伤组织形成的数量极少；芽接后只有1/2的芽片能产生愈伤组织，且产生的愈伤组织较为疏松。

2. 提高嫁接成活率的主要措施

（1）选用生长健壮的接穗　选择粗壮而髓心小的枝条作接穗，以保证旺盛的生理机能，促进鞣质的分解还原。

（2）选择适宜的嫁接时期　枝接多在春季，以砧木萌动后到展叶期为最好；芽接多在新梢旺盛生长期。这两个时期砧木和形成层的活动旺盛，易于离皮，无伤流，嫁接成活率较高。

（3）提高嫁接速度　核桃嫁接时，加快操作速度，要动作迅速，刀具锋利，削面光滑；运用快削、快接、快绑扎的方法，尽量减少削面在空气中暴露的时间，减少鞣质的氧化，提高嫁接成活率。

（4）砧木开口放水　伤流不太严重的情况下，可随剪砧随接；如果伤流较多，枝接前几天，可将砧木剪断造伤“放水”，减少伤流对成活率的影响，伤流流出后再进行嫁接。也可在嫁接部位砧木基部适当位置下开放水口，刻2 ～ 3刀，深达木质部，使伤流液从伤口处流出来，截断伤流液上升路径，以减少嫁接时伤流的发生；也可在嫁接时，在接口处纵撕一条3毫米宽的砧木皮层放水。高接换优时，在嫁接部位以上，留一枝条剪截，导出伤流。嫁接后，进行适当控水，接后两周内，要经常检查接口处是否积水，如果出现积水，还应及时造伤放水。

> 提示：让砧木开槽放水，时间上延后嫁接，简称“开槽放水、延时嫁接法”，嫁接成活率一般可达90%以上。

（5）接穗削面适当加长　枝接时，一般为10～12厘米。

（6）灵活选用嫁接方法　枝接包括插皮舌接、插皮接、劈接、腹接、双舌接等，以插皮舌接最好；芽接多用方块芽接；生长季还可采用嫩枝嫁接。

（7）芽接时，对接芽进行处理　在芽接前，先将接芽在3%～5%的蔗糖溶液中，浸泡数小时，因糖液浓度较高，接芽内含物不易外渗；同时，糖液内氧气较少，隔离尽可能减少了鞣质的氧化，可提高嫁接成活率。

> 注意：芽接要选好接芽方向。据观察，接芽在北向和东北向的，成活率可达80%以上；接芽在南向和西南向的，成活率一般只有50%。

（8）抹除萌蘖　嫁接后，应及时抹除萌蘖，防止养分消耗，有利于嫁接部位及早愈合。

3. 提高核桃嫁接成活率的具体技术要领

（1）蘸　在嫁接前20天，采集接穗，然后将其放入95℃的蜡液中迅速浸蘸，使其表面覆盖一层厚薄均匀的石蜡，蜡封后，可埋在地沟内保存，嫁接前2～3天取出，放在常温下催醒，促其能够离皮。

（2）放　接前1～2天，用刀将砧木在距地面60厘米处环割一圈，低位放水；或枝接后3～5天内断根1～2条，使伤流发生在根部，确保上部嫁接部位愈合。

（3）快　刀削接穗和砧木的速度要快。

（4）平　接穗削面要平。

（5）准　砧木形成层与接穗形成层要对准。

（6）紧　用塑料条捆严捆紧，接穗与砧木接合部位贴合紧密。

（7）裹　将接合部位绕紧固定后，随即用废报纸卷成纸筒套在接口上，内装细土保湿。

（8）套　最后用合适的塑料袋套好。

八十七、核桃接穗如何采集？砧木如何处理？

1. 接穗采集

高接用的接穗应从专用的采穗圃，优良树或品种可靠的丰产园中采集；采穗时间从核桃落叶后到翌春树液流动萌芽前20天内，均可进行。对于北方核桃抽条严重或枝条易受冻害的地区，以秋末冬初（11月上旬—12月上旬）采集为宜，此时采集的接穗要妥善保存，关键要防止贮藏过程中接穗水分损失；冬季抽条和寒害较轻的地区，最好在春季接穗萌动之前采集，以萌芽前20～30天内，采集接穗为宜，或随采随接。这样，接穗贮藏时间短，养分和水分损失较少，能显著提高嫁接成活率。

采集接穗的质量好坏，直接关系到嫁接成活率的高低，采穗条时，应选择树冠中上部外围长度在0.5～1米、粗1.0～1.5厘米，生长健壮，发育充实，枝条通直，芽体饱满，髓心较小（髓心直径为枝条的50%以下），充分木质化，无病虫害的一年生的成熟发育枝作接穗。一般选取枝条中下部发育充实的枝段。接穗剪下后，按照质量要求，剔除过粗枝，纯雄花枝和病虫枝，每50或100根扎成1捆，按品种归类，挂上塑料标签，标明品种名称。早采的接穗不剪截、不蜡封，采后剪口一定要用油漆及时封严，防止伤流；晚采的及时蜡封剪口。

> **注意**：冬季采集的接穗不要剪截，也不要进行蜡封，否则会因水分损失而影响嫁接成活。

2. 接穗贮运

核桃枝接一般在4月中下旬以后，接穗的保存期较长，芽容易霉烂或萌发，接穗贮藏非常关键，接穗越冬贮藏时，可进行沙藏。在背阴处，挖宽1.5～2米、深80厘米的贮藏沟，长度依接穗的多少而定；地面铲平，底部先铺放5～10厘米的湿河沙或湿锯末，将标明品种的成捆接穗平放在沟内；或接穗捆呈45°角倾斜放置，每放一层，中间要加约10厘米厚的湿沙或湿土，最多摆放3层，堆放不宜太厚；同时每隔1.5米，竖1束草把，以利于通风透气；最上一层接穗上面，要覆盖20厘米的湿沙或湿土，再盖一层秸秆，以利于保湿；为了保持土壤或沙子的湿度，接穗放好15～20天后，需要在上面洒水，以防失水。土壤结冻后，将上面的土层加厚到约40厘米。

接穗也可埋藏在阴凉、通风的地下窖或3～5米深的薯窖中，用高锰酸钾溶液消毒后，铺一层5～10厘米的湿沙，按层积法堆放，以3层为宜，每隔约15天，检查1次接穗湿度，管理至砧木离皮，约至4月上旬。或用塑料膜包装，藏于冷库中。贮藏接穗的最适宜温度为0～5℃，最高不超过8℃，相对湿度80%以上。同时，做好消毒工作，防止霉菌感染。

接穗如果长途调运，应在冬初或早春温度较低时进行。同时，应注意做好保湿包装和严格的病虫检疫。可将接穗用塑料薄膜包严，膜内放入湿锯末或苔藓进行保湿。嫁接前，检查接穗的沙藏情况，保证接穗不发生霉变或失水。

3. 接穗处理

嫁接前，要对接穗进行剪截与蜡封处理。剪截长度一般约为16厘米，有2～3个饱满芽。剪截时，要特别注意顶部第一芽的质量，一定要保证完整、饱满、无病虫害，顶端第一芽距离剪口约1.5厘米；枝梢段一般不充实，木质疏松、髓心大，剪截接穗时，应去掉不用。

蜡封能有效地防止接穗失水，提高枝接成活率。蜡封时，要求比其他树种蜡封接穗的温度要适当高些，温度控制在90～105℃，这样蜡封的接穗，在嫁接过程中，蜡皮不易脱落，为了使蜡液温度易于控制，可在蘸蜡容器内加入约50%的水。

在实际操作中，应注意调节温度，蜡温不能过低，接穗表面也不能有水。蜡温低（90℃以下）时，接穗表面蜡膜层变厚，牢固程度变差，易于脱落；蜡温过高，会烫伤接穗，影响成活；接穗表面有水，蜡封不牢固，蜡膜层发白，容易脱落。

蜡封好的接穗，打捆、标明品种后，放在湿凉环境（如地窖、窑洞、冷库等）备用；也可放置于背阴处沙藏，或装入内有湿锯末的麻袋中，放入冷库中贮藏。

> 提示：蜡封最好在嫁接前约15天进行，不宜太早。嫁接前2～3天，将接穗放在常温下催醒，使其萌动离皮后，再进行嫁接。如果接穗封蜡，嫁接后，用塑料袋罩住接穗，成活率会更有保证。

4. 砧木的选择及处理

（1）砧木选择　高接树选择得好，是嫁接成活的基础。应选择立地条件较好、易于管理、树龄在20～30年生以下、树体生长健壮（上一年秋季施足底肥）的核桃树作砧木。最适宜嫁接的树体树龄为5～10年生，此年龄段的树生命力旺盛，树体不是太高，嫁接较容易操作，成活率较高。选择5～10年生只开花不结果的主干或主枝，嫁接部位光滑。接口粗度应选择直径3～8厘米以下的枝段，过粗不利于接口愈合，也不方便绑缚。

> 提示：实践证明，高龄树、衰老树、小老树嫁接成活率较低。嫁接前，清除砧木周围的杂灌、杂草及遮阴树木，同时，要留出可嫁接操作的地方。

（2）砧木放水，控制伤流　核桃树嫁接时，常在嫁接口处有伤流液流出，伤流是严重影响高接成活率高低的关键因素之一。高接时，为防止伤流从伤口流出，影响成活率，一般可采取不同措施进行处理。

① 推迟嫁接时期　因为核桃树在休眠期伤流量大，而在萌芽展叶后，逐渐减少；所以，可以推迟到萌芽后至展叶期，进行嫁接。

② 提前断砧　嫁接前一周，或提前3～5天，从预嫁接部位以上20厘米处，截断砧木上部的顶梢，提前断砧的目的在于提前放水，可以使伤流液提前从梢部伤口处溢出，从而保证伤流对嫁接成活没有太大的影响；放水完成后，再进行嫁接。幼龄树可直接锯断主干，大树要进行多头高接。

③ 锯伤引流放水　在高接伤流过多时，为了防止伤流处理不彻底，影响成活率，树体在高接前2～3天，或嫁接时，在树干基部距

地面15～20厘米处，或主枝分枝基部5～10厘米处，用手锯锯2～4个锯口，倾斜45°，对砧木造伤放水，减少伤流对成活率的影响。锯口要上下错开，螺旋状交错排列，深达木质部约1厘米，或为树干或主枝直径的1/5～1/4，让伤流液流出，变上流为下流。这种方法可在嫁接时同时进行，程序简化、实用，效果较好。

> **提示**：锯口需深达木质部一部分，切忌只锯破树皮，否则放水效果不佳。

④ 断根处理　在嫁接前3～5天，刨开树体根部，每株树可截断1～2条1～2厘米粗的细树根，使伤流发生在根部，可以使伤流液提前从根部溢出，从而保证伤流对嫁接成活没有太大的影响，变上流为下流。

> **提示**：为了避免大量伤流的发生，嫁接前后20天内，注意不要灌水。

⑤ 抽水枝法　在嫁接部位以下留一侧枝，树体水分将主要供给这一侧枝，从而达到放水的目的；嫁接成活后，需将这一侧枝再锯掉。

控制好伤流是核桃高接的一项关键性技术。削面伤流的变化受立地条件、气温变化和树体本身的特性所影响；有时嫁接时，砧木并无伤流，但天气突变（寒流、低温、降水等）时，伤流会重新溢出。因此，处理伤流一定要认真，高度重视，不能粗心大意，最好上述几项措施综合配合使用，效果更佳。

（3）核桃树免除放水技术　伤流积水是影响核桃嫁接成活率的重要因素。提前锯干放水后，改接时，虽然伤流较轻，但接后接口仍有可能再积水，需经常检查，造伤放水，费时费工，否则成活率降低。通过多年的摸索实践，核桃树留枝可免除放水。

主要采用嫁接骨干枝，保留一部分不影响嫁接主枝的辅养枝不嫁接的方法，待翌年修剪时，再疏除辅养枝，或分两年完成全树嫁接，留一定的枝量，就能免除放水。

> **注意**：砧木剪取的部位，应根据砧木原树冠从属关系进行截取，垂直于树枝锯好接口。高接主要采取插皮舌接法。

八十八、核桃高接时期如何选择？

最适宜时期为砧木萌芽后至展叶期（北方为4月中下旬—5月上中旬），此期为20～25天；最佳时期为砧木顶芽萌发3厘米至展叶期。各地可根据当地的物候期等具体情况，灵活确定，一般接穗贮存良好，接穗芽未萌动，就可以进行嫁接。具体时间以树皮能顺利剥离为标准。

嫁接时间过早，砧木伤流量大，接穗不能紧贴，加之砧木和接穗不易离皮，难于插合，不便操作，温度过低也不易产生愈伤组织；嫁接时间过晚（到幼果期），树体营养消耗过大，组织分生能力下降，同时，还会影响当年新梢的生长量，冬季不利于安全越冬。

> **提示**：嫁接应选择晴朗无风的天气进行，低温、大风、阴雨天，影响成活率，不要进行嫁接。

八十九、核桃高接方法有哪些？

目前各地在核桃高接方面做了大量的研究，探索出了多种嫁接方法。如装土保温插皮舌接法、地膜保湿插皮舌接法、美国加州改良嫁接法、嫩梢劈接法、带木质部芽接法等，由于我国幅员辽阔，气候和立地条件变化复杂，每种嫁接方法，都具有一定的适用范围；并且各地掌握的技术程度不同，所以不能生搬硬套外地的嫁接经验。

核桃春季硬枝嫁接相对于夏季芽接，成活后新梢生长量大，发育充实，当年冬季不用防寒，适合较大核桃树的改接。在成龄树硬枝嫁接中，有多种嫁接方法，主要有插皮舌接、舌接、劈接、插皮接（皮下接）等。选择适宜的嫁接方法是嫁接成活很重要的条件，即便同一株树，也不能千篇一律采用同一种嫁接方法，因为每个砧木枝条的生长情况并不完全相同，甚至差异很大；另外，嫁接的接穗粗细也不均匀，也同样需要根据嫁接不同材料情况，选择互相匹配的不同的嫁接方法。

无论采用哪种嫁接方法，为了提高嫁接成活率，都应做到以下4点：嫁接时间要适时，接穗采集要及时，嫁接手法要贴实，接后管理要务实。在生产实践中，以插皮舌接法成活率最高，生产中最常用，此法简单易行，容易操作。如果砧木比较粗，皮层较厚，接穗比较细，可以采用插皮舌接，形成层接触面积大，成活率高。总之，具体情况具体分析，嫁接方法灵活掌握，简单、实用、成活率高，才是选择最好方法的标准。

1. 插皮舌接

因为核桃树在休眠期嫁接，有伤流现象，因此，嫁接时间过早，会降低核桃的嫁接成活率；嫁接时间过晚，接穗不易保存。嫁接时间以砧木萌芽，露出3～5片叶为最好。

（1）材料准备　准备好40厘米高、25厘米高的塑料袋；1米、2米长，3厘米宽的塑料条；成卷的宽8～10厘米的地膜、报纸等；嫁接刀、剪枝剪、手锯、贮水罐等。

（2）砧木截削　适合直径为1厘米以上的砧木，在砧木伤流较少，且接穗和砧木都易离皮时进行。砧木放水后，选择预留高接的光滑部位，用手锯去上部，锯出新茬，小幼树干高1～1.3米，以便于操作。在锯口下部10厘米处无分枝、无突起的砧木光滑处，横着锯断；对较大的核桃树，可在较高部位进行多头高接，方法相同。先将砧木接头用刀将锯口削平光滑；然后在接口光滑的部位，用刀沿45°方向斜削一刀，削2～4厘米的月牙形切口；再在砧木侧面由下而上至月牙形切口，轻轻削去或刮去一层长7～10厘米、宽1厘米的砧木老粗皮，露出绿色嫩皮，厚2～3毫米，其削面长宽应略大于接穗削面1～2厘米，必须保证光滑平整；并在砧木前面上端月牙形切口的中央，垂直向下纵切一个1～2厘米的小切口，深达木质部，以便于插入接穗（图7-16）。

> **注意**：砧木截干时，要边截边接，防止锯口风干，一定要先处理好砧木，再削接穗。

（3）接穗削取　选取贮藏良好的充分木质化的接穗，浸泡在清水中，将接穗剪成长15 ～ 20厘米的枝段，上端保留2 ～ 3个饱满芽（副芽完好的也可留副芽），用锋利的电工刀或切接刀，下端削成长7 ～ 10厘米的薄舌状平滑斜削面，呈长马耳形。削面的斜度先急后缓，刀口一开始要向下切凹，并超过髓心，然后斜削，使削面圆滑，不出棱角；然后将接穗削面前端皮层用手指捏开，使皮层和木质部分离。

图7-16　砧木月牙形切口处理

> **提示**：贮藏的接穗在嫁接前2 ～ 3天内取出，进行“催醒”，放置在背光、背风阴凉潮湿，离嫁接地点最近的地方。接穗削成上端弧形、下端马耳形的长削面，削取部分占整个接穗断面的2/3，削面要求光滑、无毛刺。

（4）接合　将削好的马耳形接穗的木质部慢慢插入已经削好的砧木月牙形切口的木质部与韧皮部皮层（即形成层）之间，使接穗捏开的外皮层正好敷贴覆盖在砧木削面的嫩皮上，插入的深度以接穗上部斜面与砧木月牙形切面紧贴为宜，以保证结合牢固和少露接穗切口为宜，接穗留白0.3 ～ 0.5厘米。

每株树接穗数量的多少依砧木的大小、粗细而定。砧木接口直径3 ～ 4厘米时，可接单头单穗；直径5 ～ 8厘米时，可单头插入2 ～ 3个接穗；过粗砧木（7厘米以上），应适当增加接穗的数量；具体数量应因树而定，一般6年生以下的，进行单头高接；7 ～ 15年的树，每株以2 ～ 4个接头为宜；10年生以上的树，应根据砧木原来的从属关系，进行多头高接，高接头数不能少于3 ～ 5个。

（5）绑缚

① 包塑膜，免封蜡　因核桃接穗髓心较大，用蜡封有时封不严，

采用超薄塑膜将接穗由下向上缠严，接穗上的芽不能重复缠绕，以便于接穗发芽后，芽能够自动破膜而出。

② 接穗先固定再套袋　当接穗插入木质部后，及时用2米长的塑料条，先在接口处缠2～3圈，然后将接穗绑紧，两根接穗的缠成“○”形，三根接穗的缠成“△”形，最后由上至下缠绕5～8圈，绑紧、绑实，塑料条间距1～2厘米。插好接穗，固定好后，先用25厘米的塑料袋由上至下套入到砧木截面，然后用地膜由上至下将塑料袋、接穗缠严缠紧，注意接穗上的芽不能重复缠绕；再用报纸卷成纸筒，套在接穗外面，报纸上端折叠合拢，向下折严，并高出接穗3～5厘米，最后用40厘米的塑料袋，套在报纸外面，用1米的塑料条绑紧报纸及塑料袋的下端。另外，也可以将塑料袋套在里面，报纸包在外面。

③ 接穗先包扎再装土　用弹性较好的塑料条，将接口绑缚严紧即可。遇到稍粗的接口，可取一块宽度稍大于接口直径的塑料块，贴敷在接口顶部，再进行绑缚，以利于绑严绑紧，雨水不能流入。

④ 用塑料条将接口包严绑紧　用巴掌大的塑料片盖住砧木断面，用塑料条由下而上叠压绑缚；并在接穗上方套一直径15厘米、高度30厘米的塑料袋，下口扎紧即可，以提温保湿（图7-17，图7-18）。

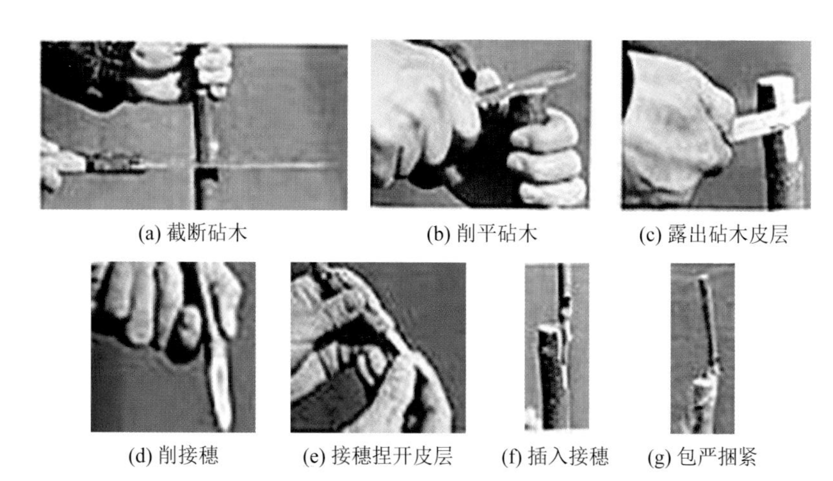

(a) 截断砧木　(b) 削平砧木　(c) 露出砧木皮层

(d) 削接穗　(e) 接穗捏开皮层　(f) 插入接穗　(g) 包严捆紧

图7-17　插皮舌接方法图解

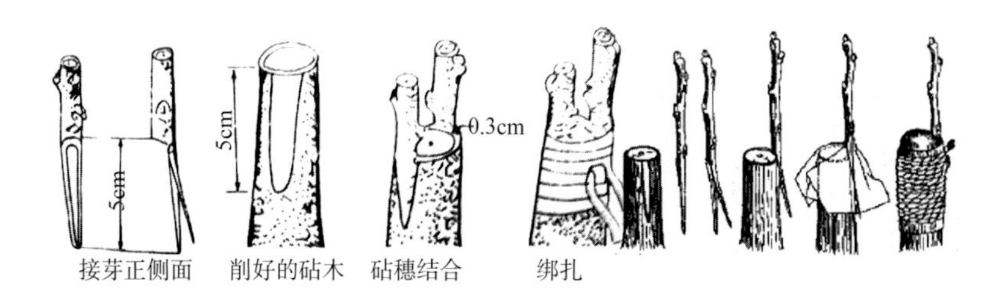

图7-18 插皮舌接

（6）接口保温、保湿 以装土保湿插皮舌接法和地膜（塑料薄膜）保湿插皮舌接法较为理想。

① 装土保湿插皮舌接法 接穗插入后，用两开报纸卷在砧木接口部位，呈筒状（筒直径8～10厘米，长25～30厘米）套在接口上，先扎紧下端，然后往筒内装入湿细土（手握成团，松之即散），轻轻振动捣实，严防损伤接穗上的芽，至湿土埋住接穗上的芽1～3厘米为宜，要保留一定空间；然后在纸筒外由上至下套上塑料袋，下部扎紧，筒上要留一定空间；最后用麻皮或嫁接绳扎紧砧木接口部位，也可用丙烯胶带或乙烯带由下至上螺旋状绑扎。这样，每个接头犹如一个小型温室，可满足砧穗愈合对温、湿度的要求，达到遮光、保温、保湿的效果，能够提高嫁接成活率。

② 地膜保湿插皮舌接法 对于较细小的砧木不用填土，只遮光和套塑料袋，但要用地膜包住或蜡封接穗。接口保湿时，采用8厘米宽的地膜带，由下至上缠绑砧穗插皮部位及接穗，代替了装土保湿；最后，用报纸遮阴，外套塑料袋。这种方法的好处是便于放风和提高嫁接速度，在不便取湿土的地方采用，效果更为理想。

➢ **提示**：用地膜绑接穗时，将芽体一并包扎。但是在有芽处，只能缠绕一层地膜，以利于萌发。

（7）接后管理 高接完成后，后期管理很重要，对于提高核桃嫁接成活率，具有极其重要的作用。因此，必须认真做好嫁接后的管理工作。接后管理尽管没有太复杂的技术，但却需要长期地、细致地观察和应对出现的一些意外情况，进行及时地妥善处理。嫁接未成活的核桃中，有85%的死亡原因，是接后管理不善，而成活后保存不下来或生长不良的，都与接后管理不善密切相关。

① 及时检查伤流情况，未成活的及时补接　春季雨水一般不会影响伤流，接后1个月内，严禁树下浇灌。接后1周，检查接口伤流情况，对伤流严重、断面接口有很多水的，从树干基部用锯造伤，深达木质部，达到放水的目的，接头更换报纸重新绑扎；断面处有少量伤流的，用牙签挑破塑料膜放出水分即可；断面处无伤流的，不需要进行处理。

在接后20天，就可确定是否嫁接成活，对于不成活的，如有接穗，可锯掉原接头，重新嫁接，也可在5月下旬—6月上中旬，在砧木萌发的新梢上进行芽接，当年生长可达50厘米以上。通过两次嫁接，可保证当年全部实现嫁接优种化改造。

② 抹芽除萌　嫁接成活后，及时除去砧木上的萌蘖，以免影响接穗的生长。应分期有计划地进行，接后15天内，砧木上的萌蘖适当疏除，可以保留1～2个；接后20～30天，视接穗成活情况，接穗萌发的，抹除接口以下的萌蘖；接穗新鲜而未萌动的，在其下部保留1个萌蘖，并控制其生长；接穗枯死的，保留一个萌蘖；嫁接30天后，接穗虽然成活，但长势极弱，其叶面积不到正常值的1/10时，萌蘖也应保留；接穗全部死亡的，砧木上可在不同方位保留2～3个萌蘖，以便恢复树冠，待下次芽接或下一年后继续改接，否则会导致砧木死亡。保留的萌蘖，应尽量在接口附近部位的较高位置，以保护树干或生长季改接。

> **提示**：抹芽工作要做到“勤、早、了”。“勤”就是多仔细观察，多次抹芽，“早”就是及早抹除，“了”就是抹干净，不留尾巴。一般每周抹芽1次，连抹4周。

③ 放风　嫁接后15～20天，接穗即可萌动发芽，抽枝展叶，每隔2～3天，观察1次，对展叶的接包（接芽外面包裹的塑料薄膜等保湿材料）要及时放风。为保证成活率，可进行3步放风：一是在接后约20天，接芽长到0.5厘米时，对展叶的接包，及时放风，用剪子将

塑料袋剪一铅笔粗的小口（或用香烟头速烧1个小洞），让嫩芽逐步适应环境，但注意不可过早去掉塑料袋，如果接芽没有萌芽或萌芽较短，暂时不能放风；二是接后约30天，新梢长至4厘米时，将保湿膜撕去一小口，让嫩梢尖端伸出，将枝梢引出膜外；三是新梢长到6厘米以上时，将保湿膜撕开，反卷向下至接口外。

> **提示**：防风要适时，避免过早或过晚。放风早了，接穗上的嫩芽易干枯死亡；放风晚了，抽生的嫩芽易发生日灼现象，影响成活率。

> **注意**：放风口要由小到大，慢慢放完，切不可贪图省事，一次性撕开，更不能过早将塑料袋去掉。

④ 设立支柱、防风折　新梢长至30～40厘米时，及时在接口处，设立绑缚的支柱，选用直径大于3厘米、长1.5米以上的直木棍，大的一头用两道绳固定在砧木上，上端与接穗相对，在接穗长20厘米处，用绳子从外围拢住，将新梢轻轻绑缚在支柱上，不要太紧，以免影响接穗生长；随着新梢的加长生长，一年内要再绑缚2～3次，每次间隔约30厘米，以防被风折断（图7-19）。

图7-19　绑缚新梢

> **提示**：新梢轻轻绑缚在支柱上，是为了刮大风的天气，核桃嫁接树不从嫁接部位被吹折。

⑤ 松绑、解绑　一般在6月上旬—7月上旬，要将捆绑的塑料条松1次绑，否则，会形成环缢痕，影响接口接穗的加粗生长，影响苗木的正常生长发育。

高接后2～3个月，约在8月中下旬，接穗新梢长到40～50厘米时，接口生长牢固，可根据具体情况，将绑缚物、塑料袋、填土一次性全部去掉；要及时解除接口处的乙烯绑扎带和接穗上的地膜。

> **提示**：绑缚物、塑料袋、填土最晚可以到生长停止后去掉，但在第二年发芽前，必须全部清理掉。如果不松绑，接口部绑缚物就会勒进木质部中去，填土也成为病虫害藏身的地方，不利于核桃树的进一步健壮生长。

⑥ 土肥水管理　核桃高接换优嫁接成活后，土肥水管理是基础性工作。进行科学的肥水管理，以利于增加树体营养，提高嫁接成活率。8月以后，应适当控制浇水频率，适当增施磷钾肥，以促进新梢木质化。高接后1～3年内，树势生长旺盛，产量上升较快，除合理修剪、减少果枝量外，同时还要加强土肥水管理，才能保证改接树的正常生长发育，树冠的形成和产量的继续稳定提高，达到“当年嫁接见果、三年达到丰产”的理想目标。

扩盘改土。扩树盘有利于清除核桃树四周的杂草，聚集雨水，提高嫁接成活率。具体做法：以树干为圆心，向外扩展半径1米的圆盘，里低外高，松土深20～30厘米。坡度大的地方，可修筑梯田、鱼鳞坑等水土保持工程。

对生长在地势平缓、长期荒芜、杂草丛生地方的高接核桃树，每年春末或秋末，在树冠下翻耕1～2次，深度15～30厘米；对立地条件较差，坡度较大的地方，要通过挖水平阶、挖鱼鳞坑、修筑树盘、筑埂等工程措施，达到蓄水保墒，消灭虫卵、杂草的目的；对地处土壤黏重地方的核桃树，秋末在树冠外围挖宽80厘米、深30～50厘米的环状沟，将炉渣、秸秆与土混合填入，以改善土壤理化性质。

合理间作及中耕。能够间作的高接核桃园，可适当进行间作，但树冠下树盘范围内，不应种植间作物，每次耕作时，一定要将树盘耕作，以保持土壤疏松。间作物以豆类、薯类、浅根性中药材及绿肥为主，这样在对间作物耕作的同时，也对高接树进行了管理。

增施肥料。秋末结合深翻，在树冠下挖环状或辐射状沟，沟深25厘米，施入农家肥作基肥，然后覆盖。盛果期的树，每株每年施圈肥

100千克或人粪尿50千克，花前、花后追施尿素1～1.5千克，磷酸氢二铵1千克；幼树、衰老期的树可根据其树势生长情况，酌情增减，还可根据实际情况，在树下间作绿肥，在花蕾期全园深翻，埋入土中。

⑦ 病虫害防治　核桃接芽萌发后，易受金龟子、大灰象甲、象鼻虫等食芽害虫的啃食为害，应及时防治。啃食严重的树，可人工捕杀或地面喷8%氯氰菊酯微囊悬浮剂（绿色威雷）300～400倍液，喷后及时浅耙。食叶害虫主要有叶甲、刺蛾等，可及时喷施高效、低毒的杀虫剂；蛀干害虫主要有云斑天牛、芳香木蠹蛾；还应注意叶蝉等产卵为害。防治时，及时捕捉云斑天牛成虫，或用铁丝清理虫孔，然后用药棉球堵塞虫道，最后用泥巴封口或塑料纸将虫口包严；同时，用1000～1500倍的敌敌畏，或菊酯类农药，喷布叶面2～3次，防治食叶和枝干害虫。

⑧ 摘心、摘花、摘果　当新梢生长到80～100厘米时，要及时摘心，以增加分枝，促进木质化。为了充实发育枝，8月底，可对全部新梢进行摘心，促进木质化，以利于安全越冬。

由于高接改造的是良种核桃，良种就要有良法，所以在嫁接后第一、二年内，要摘花、摘果，不能让它挂果，第三年就可以达到丰产，核桃树冠也完全恢复；如果不摘果，听任其自然生长，几年过去后，树冠不发展，产量上不去，这就失去了嫁接的意义。

⑨ 防冻害　有冻害的地方，冬季还应用草包裹新枝，或用石灰水对枝干涂白，以防冬季冻害。

⑩ 高接后的整形修剪　是促进改接树尽快恢复树冠，提高产量的重要措施。改接树当年，由于树体营养集中消耗，发枝量较多且较长，如果不进行合理的修剪，就会促使枝条侧芽大量萌发，常造成枝条紊乱，同时形成大量果枝，结果后下部枝条枯死，难以形成主次分明的合理的树体结构。早实品种比晚实品种，在主干上高接的比主枝多头高接的，表现更为突出。因此，在高接后2～4年，要注意选留侧枝，培养为新的树体骨架。树形如果培养成主干疏层形，可分2～3层，5～7个主枝。

整形宜早不宜晚，要在5年内完成。早实品种成花率高，结果早，易早衰，为防止大量结果，引起树势衰弱和产量下降，应加大枝条修

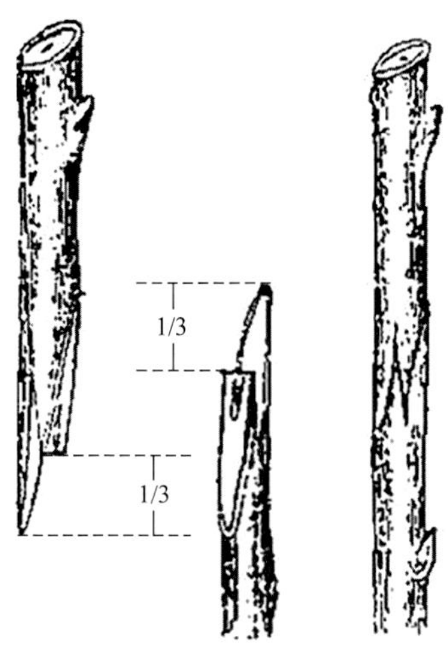

图7-20　双舌接

剪量。幼树、初果树修剪，主要任务是培养各级骨干枝，使其形成良好的树冠骨架，要及时控制顶端优势和背后枝，调节各级骨干枝长势，更新复壮结果枝组，调节生长与结果的矛盾，改善通风透光条件，克服大小年现象，保证树体丰产稳产。

2. 舌接

在砧木和接穗的粗度相近或砧木的粗度略大于接穗的粗度时应用。一般采用双舌接（图7-20）。

双舌接优点是贴合度好、木质嵌合、枝条通直、抗风折能力强，愈合后生长正常。只要砧、穗粗度相当，条件具备，双舌接是成活率高的一种很稳妥的嫁接方法。通过嫁接实验，取得了较好的效果。

（1）嫁接前的准备　嫁接适宜在砧木树液开始流动到砧木新梢生长10厘米以下时进行，只要接穗没有萌发，都可进行嫁接。准备改接换头的核桃幼树，对预嫁接的主枝进行剪截，将树干呈螺旋状断续割放水口，进行放水，避免嫁接时伤流过多（图7-21）。

(a) 砧木萌动

(b) 准备嫁接的核桃幼树，主枝进行剪截　(c) 树干割放水口

图7-21　核桃树嫁接前的准备

（2）削砧木、削接穗　要求砧、穗粗度相当，削面平整、长度一致。嫁接时，将砧木和接穗分别削成长6～8厘米的大斜面，并分别在接穗和砧木削面的1/3处，向下切削2～3厘米，削面前后端，可适度延长削面，深度接近形成层，能够极大程度地提高嫁接成活率（图7-22）。

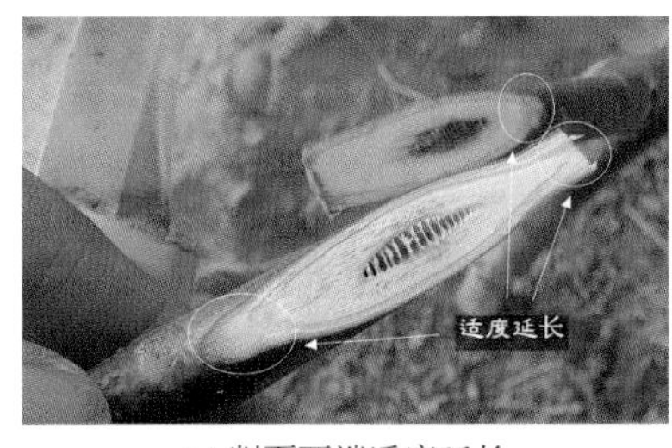

(a) 削面两端适度延长

(b) 砧木削成舌状

(c) 接穗削成舌状

图7-22　砧木和接穗的切削

（3）接合　将砧、穗插合在一起，使双方削面紧密镶嵌，形成层对齐。如果砧木和接穗的粗度不一致，保证要使一面的形成层对齐（图7-23）。

图7-23　砧穗形成层对齐

（4）包扎绑缚　主要是两个目的：一是使砧穗紧密牢固，防止风折；二是包合接穗，防止接口风干（图7-24）。

（5）挂标签　嫁接完成后，挂标签，注明品种、嫁接时期等信息（图7-25）。

(a) 包扎绑缚，防止风折和风干

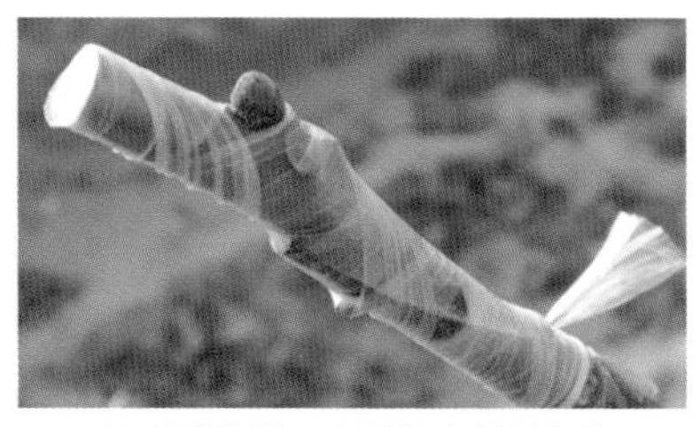

(b) 只露芽眼，余下的全封闭包扎

图7-24　包扎绑缚

(a) 嫁接后的效果

(b) 嫁接后悬挂品种标签

图7-25　嫁接完成

3. 插皮接（皮下接）

在砧木较粗、接穗较细的情况下，双舌接就不宜应用，采用插皮接更为合适。插皮接比较容易操作，也容易成活，但要求砧木树液流通，形成层与木质部比较润滑，必须在砧木离皮时，才能采用。

采集接穗宜在秋季落叶后（北方小雪节气后）至2月底前（春节前后）进行。选取优良母树上的1～2年生成熟枝条，分品种保存，在背风阴凉处，挖宽100厘米、深60厘米的坑，长度根据贮存数量多少而定。沟底铺5厘米厚的湿河沙，将接穗均匀摆放一层，上铺5厘米厚的湿河沙，再放一层接穗，如此反复放置，到与地面齐平为止；上边用土封好、培土堆呈馒头状，防止雪水浸入，导致穗条腐烂。嫁接自4月上旬（清明节后）开始，可持续嫁接到5月中旬，要保证接穗不坏。嫁接顺序为先阳坡树，再半阳坡树，最后阴坡树。

（1）砧木处理　要改接的大树，一般在主枝基部留约10厘米剪截，截去上部，截口削平，砧木光滑处连带木质部削一月牙状小斜面，可以极大地提高砧穗贴合度，增大接触面积，进而提高成活率。从砧木嫁接部位断面处纵切皮层一刀，长约3厘米，深达木质部，可略撬开断面皮层，准备顺利插入接穗。同时，在主干基部用锯绕主干螺旋状锯出2～3道锯口，进行放水，锯口长约10厘米，深达木质部（图7-26）。

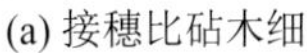

(a) 接穗比砧木细　　(b) 砧木削平，削一小斜面　　(c) 皮层纵切一个小口

图7-26　砧木处理方法

（2）削接穗　最好用蜡封接穗。接穗长削面，可以削成上端急凹形的凹斜面，也可削成长斜面形。削面尽量拉长，增加接触面积，提高嫁接成活率，一般长7～8厘米。接穗两侧、顶端背面、侧面轻削，削至形成层边缘，接近形成层，将其背面削成长0.5厘米以上，增加接穗与砧木形成层的接触面积（图7-27）。

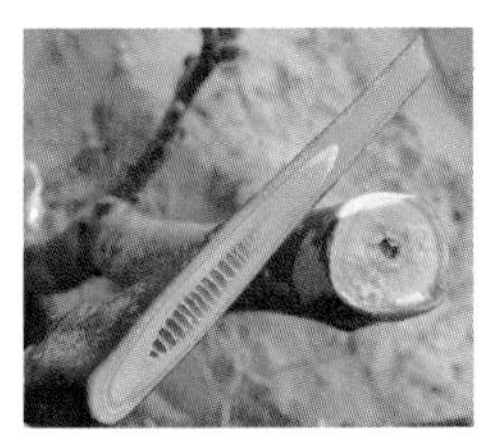

图7-27　削接穗，两侧、背面轻削，增加接触面积

> 提示：接穗削面上端要陡、中间平直、下端削尖且薄，整个削面要光滑。削好后放入贮水罐中备用。

（3）接合　将接穗长削面向里插入木质部与皮层之间，接穗削面与砧木木质部紧密接合。留白约2毫米，绑紧包严（图7-28）。

图7-28　插入接穗，留白

嫁接时，应根据树形确定每株树嫁接头数量：胸径约3厘米，留1个接头；约5厘米，留2个接头；约10厘米，留4～6个接头；约15厘米，要留10个以上的接头。

> 提示：要尽可能留较多的接头，以便于迅速恢复树冠。

按照砧木直径确定每个接口接穗数量，砧木直径在3厘米以下，插1个接穗；3～7厘米插2个接穗；7～8厘米插3个接穗；8厘米以上，插4个接穗；接穗在砧木上尽量等距离分布。

图7-29　包扎绑缚

（4）绑缚　不蜡封的枝条接穗，要在嫁接后，用塑膜包严接穗（图7-29，图7-30）。

嫁接后及时除萌。待新梢长20厘米时，进行摘心，以控制旺长，促进分枝，加快树体成形。

4. 劈接

适用于砧木较粗（直径3厘米以上）、

接穗细的情况下，或砧木不离皮时，进行嫁接，嫁接愈合好，生长健壮，但成活率稍低些。在砧木表皮光滑的部位剪砧，削平剪口，用刀从剪口中心垂直向下劈开，将接穗的下端两侧削成长5～8厘米的马耳形削面，一侧稍厚，厚面向外，插入劈口内，对准形成层，用塑料薄膜包紧接口（蜡封接穗）。此法也可用于中幼龄树和大树多头高接，改劣换优（图7-31）。

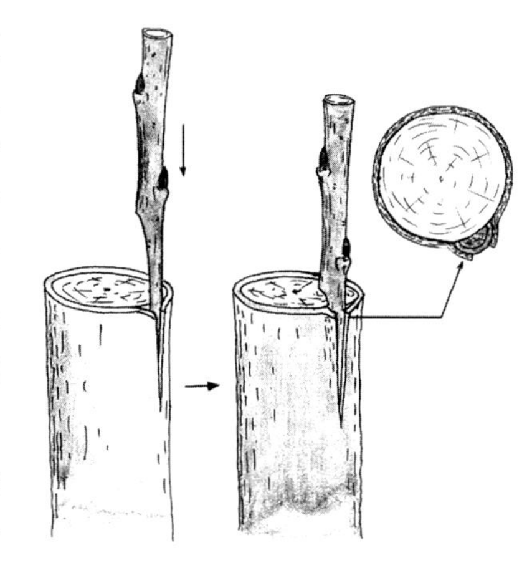

图7-30　插皮接及愈合情况

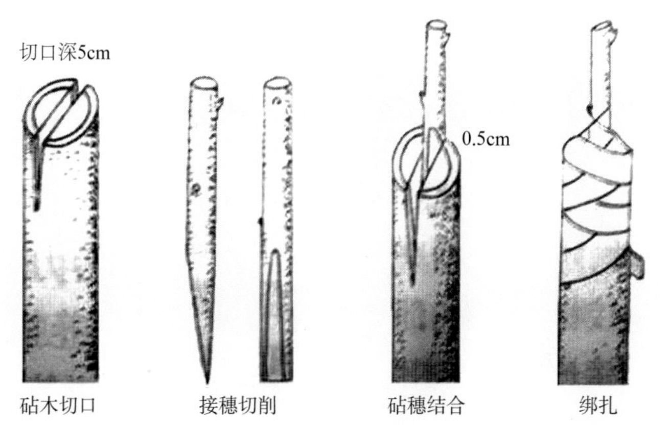

图7-31　劈接

5. 切接

剪断砧木后，从断面的一侧在皮层内略带木质部垂直向下劈入，使切口长度与接穗削面长度一致，削接穗时，先在一侧削一大斜面，长5～6厘米，再在另一侧削一长约1厘米的小斜面，接穗留2～3个芽，将大斜面朝里，插入砧木劈口，对准形成层，削面需留白约0.5厘米，然后用塑料条包严扎紧（图7-32）。

6. 皮下腹接

嫁接方法与板栗皮下腹接方法相同（图7-33）。

图7-32　切接成活的核桃树

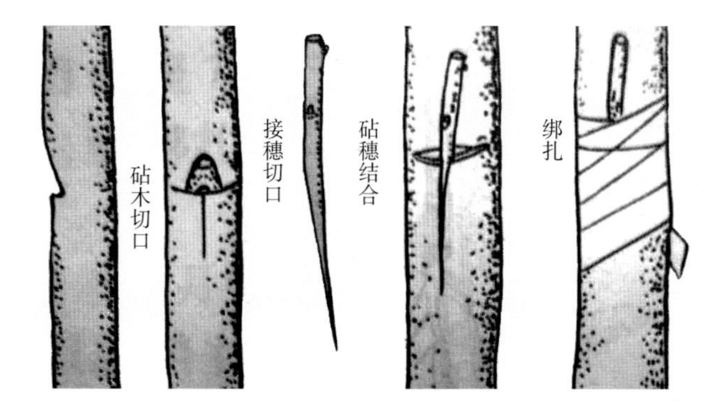

图7-33　皮下腹接

> 提示：砧木较粗时，接穗可倾斜插入砧木的切口中。

大树高接时，常进行多头（多个接穗）、多位（多个部位）嫁接，使其尽快恢复树冠，提高产量。嫁接一般也应将几种方法综合运用，灵活运用。硬枝嫁接在接后50～60天，检查成活；嫩枝嫁接在接后15～30天，检查成活。春季枝接没有成活的，还可在夏季用嫩枝嫁接和方块芽接等嫁接方法，进行补接，尽量在一年内，将砧树全部进行嫁接改造，保证全树当年嫁接成功（图7-34）。

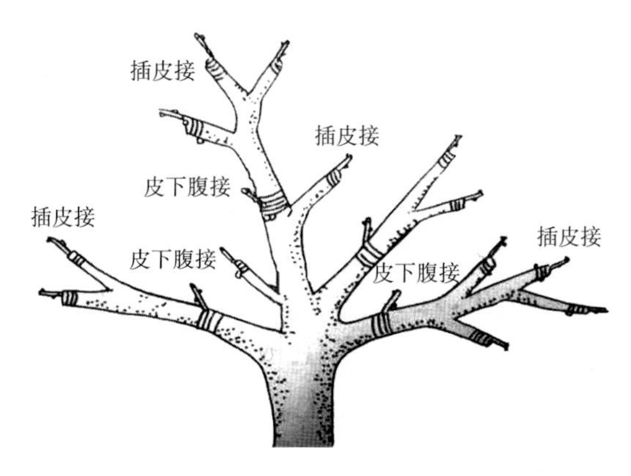

图7-34　大树多头多位高接

九十、核桃高接后如何管理？

（1）除萌　接后要抹去砧木上的萌蘖，以免与接穗争夺养分，影响嫁接成活。如果接口接穗未成活，应留下1～2个位置合适的萌蘖枝，以备当年进行补接；补接可在当年7—8月份，采用方块芽接，也可在下一年春季，采用枝接。

（2）绑支柱　接后20～25天，接穗陆续萌芽抽梢，待新梢长到20～30厘米时，应绑支柱固定新梢，以防止风折。

图7-35　改接后接口包裹防寒

（3）解缚　接后2个月，当接口愈伤组织生长良好后，及时解除绑缚塑料条，以免造成缢痕，阻碍接穗的加粗生长。

（4）防寒　嫁接口处伤口愈合较差，冬季应注意防寒，进行包裹。待愈合好后，抗冻能力增强，可不用再防寒（图7-35）。

高接后形成的新树冠，由于

嫁接部位发枝较多，比较密集，任其自然生长，树冠比较紊乱，难以形成主从分明的树体结构，早实核桃比晚实核桃表现更为严重。因此，在高接后的3～5年内，要注意主侧枝的选留，培养好新的骨架。如果接口附近发枝太多，应按照去弱留强的原则，在早期对弱枝和过密枝等进行疏除和短截，然后按整形修剪的方法培养树形。

早实核桃高接后1年，晚实核桃高接后3年，便开始结果，并很快进入大量结果阶段。必须加强对高接树的土肥水管理，才能保证树势健壮，高产优质，尤其是高接后的早实核桃品种，更应加强土肥水管理，并采取适当的疏果措施，以保持树体的合理负载，防止因结果过多，引起树势早衰，甚至枯枝、死树现象的发生。

九十一、核桃如何进行嫩枝嫁接？

（1）接穗采集与处理　采集树冠外围生长健壮的木质化或半木质化新梢。在生长季随接随采；采下后，立即去掉复叶，保留0.5～1.0厘米长的叶柄。需要运输或短期贮藏时，应进行包地膜保湿，低温处理，防止水分散失，但一般不超过4～5天，贮藏时间越长，成活率越低。

（2）嫁接时期　在5～7月新梢旺盛生长期进行，要求接穗达到半木质化程度。嫁接过早，接穗木质化程度较低，不易成活；嫁接过晚，接穗成活后生长期相对较短，生长量和生长势较差，越冬存活率较低。

图7-36　嫩枝劈接

（3）嫁接方法　主要采取插皮舌接、劈接和舌接等方法。具体操作与硬枝嫁接方法基本相同。嫁接后，在接穗上套塑料袋或包裹塑料薄膜，进行保湿，还应在外面包纸，进行遮阴，促进成活（图7-36）。

> 提示：核桃嫩枝嫁接，不能采用封蜡方法防止接穗水分损失，常通过套塑料袋或包裹塑料薄膜的方法进行保湿，提高成活率。

① 嫩枝皮下接　是一种过去较少采用的夏季嫁接方法，但在实际操作中，具有嫁接后生长速度快的优点，一般接后约10天，即可发芽，生长速度较芽接快，时期在5—7月，具体操作方法如下：

选生长健壮，粗度适宜的一年生嫩枝（一般要求接穗粗度与砧木差距较大，为砧木粗度的1/5～1/4，较为适宜）为接穗。削接穗时，削面要求长、平、薄，正面（大削面）长3～3.5厘米，背面削面长0.5～0.7厘米的一个或两个小削面，呈短箭头状；将砧木平茬后，自上部向下竖切一刀，用刀轻轻拨开砧木皮层，将接穗正面（大削面）朝向砧木木质部，小削面朝向韧皮部，沿竖切口轻轻插入，插至接穗离砧木削面0.5厘米时停止（留白，以利于愈合），然后用塑料薄膜（厚度为0.06毫米）将嫁接口包扎紧、严。最后，将嫩枝从接口处至顶端全部包扎（图7-37）。

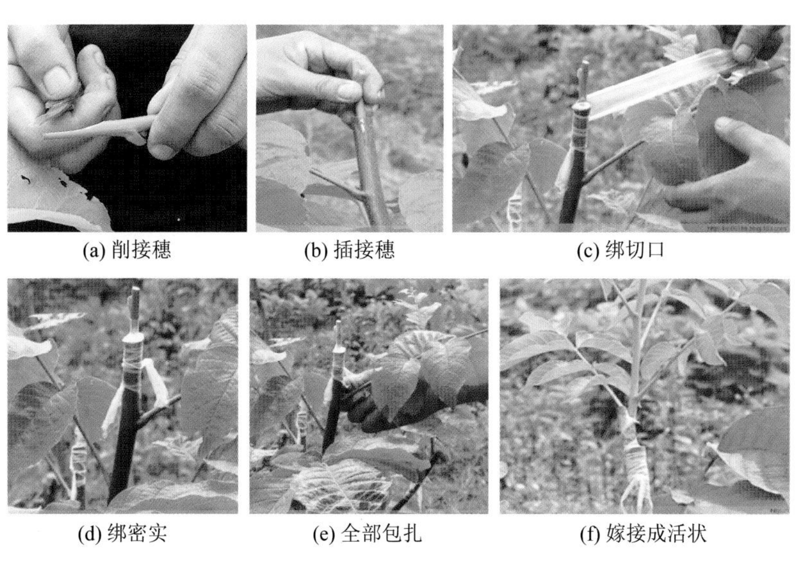

(a) 削接穗　(b) 插接穗　(c) 绑切口

(d) 绑密实　(e) 全部包扎　(f) 嫁接成活状

图7-37　嫩枝皮下接

> 提示：接芽处只包一层薄膜，这样接芽萌发时，会自行突破，不需要解除绑缚；翌年春季，将绑缚的塑料薄膜条，用刀片割开即可。

② 改良切接法　在夏至到大暑节气之间，只要不是艳阳高照的中午，都可进行嫁接。

砧木处理。剪砧，平削一刀，然后在直径的1/5～1/4处，纵切2.4～3.4厘米长的平滑削面，背面再平削1.5～1.9厘米长的小削面。

削接穗。选择当年生健壮砧木的枝条，直径在1～2.5厘米，嫁接前3～5天，对枝条摘心促壮，接穗选优质健壮、高产、抗病的当年生枝条，直径与砧木相仿；剪去接穗的叶片，留0.5～1.5厘米长的叶柄，在叶柄的对面向下斜切2.5～3.5厘米长的平滑大削面，再在叶柄一面的最下方切出1.5～2厘米的小切面。

> 提示：接穗切削出来的角度，要比砧木的角度大5°～10°。

接合。迅速将接穗插入砧木，最好对准两边的形成层，如果接穗与砧木的切削面有差距，注意应保证对准一边的形成层。

绑缚。尽快用薄膜缠紧（图7-38）。

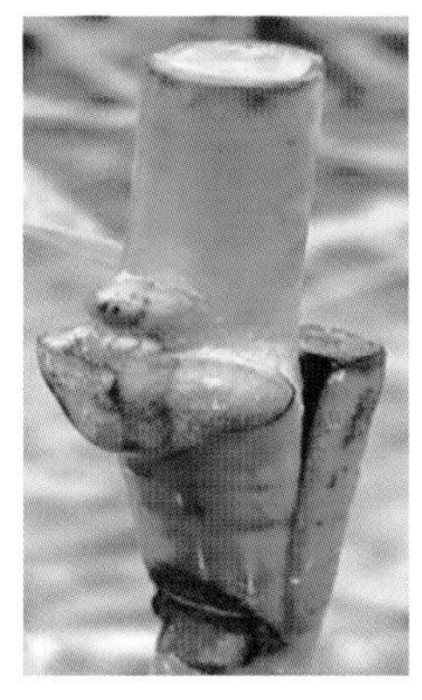

图7-38　改良切接法

> 提示：接穗叶柄以下，用薄膜条从下向上略紧缠扎，叶柄及芽眼以上部位，从上向下轻轻包扎。

接后管理。接后7～15天，即可观察出是否成活，若叶柄自动脱落，嫩芽自己会从薄膜中钻出来，可不用解薄膜；新芽长出15～20厘米时，摘心促壮；除萌蘖、水肥管理、病虫防治，按常规管理。

> 提示：嫁接刀要锋利轻快，每用一下，须在干净略潮的棉布上擦拭一下，以防产生黑色的氧化物，影响成活。

九十二、核桃如何进行方块芽接?

嫁接时期和方法与核桃育苗基本相同。在保证有接穗的情况下，嫁接时期越早越好，早接可以剪断接芽前的砧木，当年萌发的枝条能够安全越冬；7月以后嫁接的接芽，当年不要剪断砧木，否则冬季易产生冻害，到翌年春季再剪砧。

九十三、核桃如何进行嫩枝凹芽接?

选1～2年生的核桃砧木，基部直径0.7～1.5厘米为宜；2年生实生苗，在春季萌芽前，在地面上平茬，促发新梢，保留1个健壮的新梢，用于当年嫁接。接穗为当年生尚未木质化或半木质化的幼嫩新梢，直径约1厘米，接穗最好随采随用。

嫁接时间最好在5月中旬—6月中旬，6月上中旬嫁接成活率最高，可达90%以上。在砧木与接穗均半木质化前，是凹芽接的最佳时期。这个时期，北方雨水少，伤流较少，枝条内鞣质含量低，幼嫩组织生理功能活跃，砧木和接穗同步分生能力强，容易形成愈伤组织，成活率高。

1. 削去砧木芽

在砧木上，选取距地面约20厘米处光滑部位为嫁接部位，嫁接口以下的叶片全部除去，接口芽以上，保留2～3片叶剪断；在砧木嫁接部位芽的两侧，各纵切一刀，深达木质部，长3～4厘米，然后在芽上下方0.5厘米处，各横切一刀，深达木质部，取下砧木芽。

> **注意**：横切口在纵切口以内，即纵切口略长一些，上部及底部稍留一小段砧木皮层。

2. 削取接芽

选取接穗上的饱满芽，在其两侧各纵切一刀，深达木质部，长3～4厘米，上下刮除青皮至韧皮部，长0.5～1厘米，横切刀位在刮除青皮的外缘，取下带有维管束的接芽。

3. 插入接芽

将削好的接芽，对准砧木切口插入，要求对准维管束，皮断面对齐，用砧木皮压住接芽两端的表皮部分。

4. 绑缚

用塑料条绑牢接芽，要求接芽外露。

5. 接后管理

及时去掉砧木萌芽，接芽开始萌发的时间，一般为10～15天，在接芽以上1厘米处，剪断砧木；等到接芽萌动，抽枝5厘米以上时，要及时除去塑料条，以免绑缚过紧，影响生长；当嫁接成活后，枝条长到10厘米时，应用支架绑缚，支撑保护嫩枝，防止风折。

> **提示**：核桃田间嫁接如果采用嫩枝接穗，最好是就近采穗，随采随接，若需调运或短时期贮存接穗，一定要做好保湿工作；嫁接部位应选在3年生以下枝条上，嫁接部位过粗，皮层太厚，影响成活率；较大砧木的嫁接，要先整形后嫁接，并要将芽片接在枝条两侧，以利于开张角度，通风透光；接芽须选用较饱满的叶芽或混合芽，雄花芽不能作接芽；使用瘪芽作接穗一般当年不能萌发；嫁接操作要迅速，包扎要严紧；注意收听天气预报，尽量避免接后遇雨，以免影响成活。

九十四、核桃如何进行净干芽接?

核桃种植是我国广大山区人民脱贫致富的特色优势产业，长期以来，因为缺乏高效栽培技术，核桃生产管理比较粗放，品质良莠不齐，所以，很难实现增收致富。我国北方有很多产量较低，品质较差，表现低产劣质的核桃树，需要进行高接换优改造。净干芽接就是核桃嫁接改劣换优的一项新的实用技术。

多年生核桃的高接换优，原来一直沿用插皮舌接的方法。方块芽接成功地应用于苗圃嫁接后，也广泛用于低产大树的改造，但方块芽接也存在一些问题：一是嫁接部位枝条较粗或粗细不均匀，接芽和嫁接部位皮层厚度不相匹配，不易操作，影响嫁接成活率；二是嫁接成活后，枝条生长很不整齐，园貌杂乱，不便于整形；三是当年新梢生长量小，易造成冻害；四是如果从嫁接易于操作和保持高成活率考虑时，嫁接部位多在当年生枝梢部位，易造成枝条基部光秃，人为地造成结果部位外移，极不利于当前小冠密植核桃园的丰产、稳产、优质、高效。

针对存在的这些问题，河北省赞皇县林业局农业技术推广研究员褚新房经过多年研究和实践，先对多年生大树进行净干处理后，再进行方块芽接的尝试，即净干芽接法，效果极佳，现已广泛应用于生产中，实现了核桃大树改劣换优。

核桃净干芽接与传统的芽接、劈接、插皮舌接等高接改造技术相比，表现出突出的技术优势。一是不用进行砧木放水处理，避免了因放水过度而削弱树势；二是方法简单，技术操作方便，省时、省工、省力、省接穗，成本低；三是当年新梢生长量小，不用进行新梢绑缚；四是净干嫁接成活后，接芽萌发能力强，新发枝条生长快，枝量大，枝龄整齐一致，枝条生长特别整齐，角度好，接后基本没有光秃带，便于控制树高，枝条分布均匀，有利于整形，树形容易控制，形成标准、规范的树形；五是芽接成活率高，一般在95%以上；六是接芽数量多，树冠恢复快、结果早、效果好，效益也更加明显，一般在嫁接后，翌年就能够少量挂果，再经过4～5年的生长，就能够进入丰产期了。

对于我国北方的核桃树，只要是产量比较低，品种品质差，树相不整，分枝粗细不均匀、分布不合理，需要嫁接改造的，树干地径在6～25厘米之间的核桃树，都可以采用净干芽接的方法。以地径6～10厘米，效果最好。山区有野生核桃楸种质资源的，在主干直径12厘米以上、分枝较粗（5厘米以上）而少的砧木上，采用净干芽接，也可收到令人满意的效果。

地径是衡量树干粗度的一个专业术语，指的是树干距离地表以上10厘米处的直径（图7-39）。

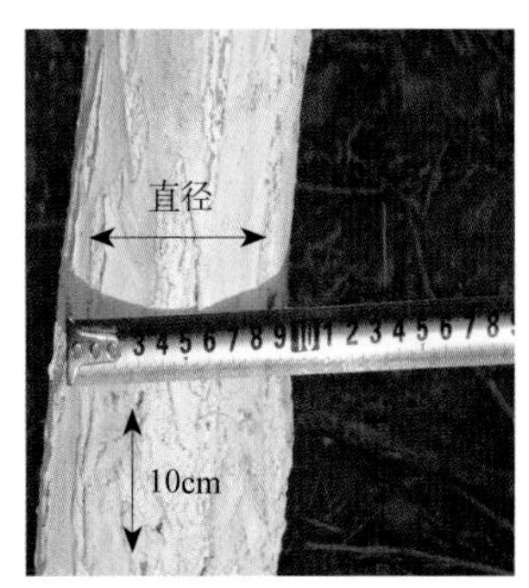

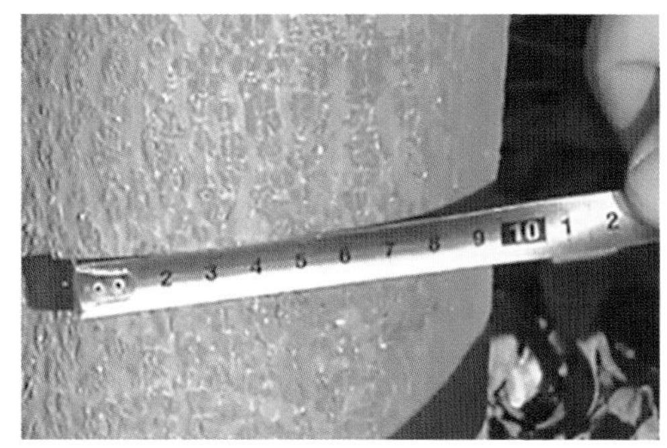

图7-39　测地径

核桃净干芽接一般要经过四个步骤：一是对低产劣质的核桃树进行净干处理；二是培养好预接新梢；三是方块芽接；四是芽接后的除萌、解绑、剪砧、防寒等后期管理。

九十五、核桃树怎样净干?

净干（图7-40）就是去掉核桃树的枝杈，将主干修理干净。依据核桃砧木的主干粗细、树体长势、肥水条件等，确定净干高度和预接新梢的数量。

（1）核桃树伤流及发生规律　伤流是指从伤口处溢出液体的现象。与其他果树树种相比，核桃树伤流严重，这是核桃树本身的生理特性

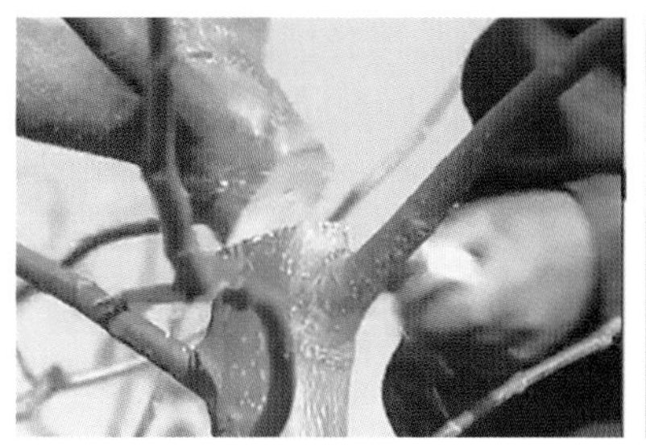

图7-40　净干

所决定的，核桃根系吸收水分能力特别强，根压特别高，因为根压高，体液可以随着木质部，通过伤口流出来（图7-41）。

(a) 伤口部位干燥

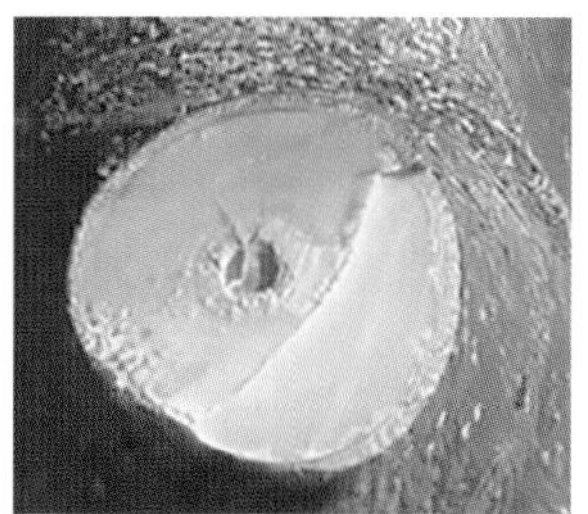

(b) 伤口部位湿润，伤流大

图7-41　核桃伤流现象

伤流液流出过多，常常会导致营养、水分大量流失，最终导致伤口处韧皮部组织坏死，甚至导致整株树死亡（图7-42）。

图7-42　伤流过多，伤口处坏死

实验结果表明：核桃伤流程度的轻重，与树势状况、天气状况、季节等有关。一般树势旺盛，伤流程度重，树势弱，伤流程度轻；雨雪天或阴天，基本无伤流，晴天伤流发生比较重；在晴朗的天气条件下，上午较轻，下午较重。

在不同的季节，伤流发生程度也不相同。以河北为例，核桃树落叶后，到11月初，核桃树基本没有伤流；从11月初开始，随着浇越冬水，至11月中下旬，伤流量达到高峰；然后，又开始下降，到12月下旬至翌年3月上旬这个阶段，基本没有伤流；而第二年3月上旬，伤流又开始发生，并逐渐增多，到3月底—4月中旬前后，达到第二个高峰；从4月中旬后，随着核桃萌芽生长，伤流逐渐减少。

（2）净干时间　为了避免伤流现象严重发生，对树势造成不良的影响，要科学地选择净干时间，以河北为例，净干时间一般选在核桃树落叶后至11月初，或12月下旬至翌年3月上旬这两个时期（图7-43），在这两个时间段内净干，不仅能够避免伤流对树干的不良影响，同时还有利于树干积累养分，促使春季新芽早萌发。

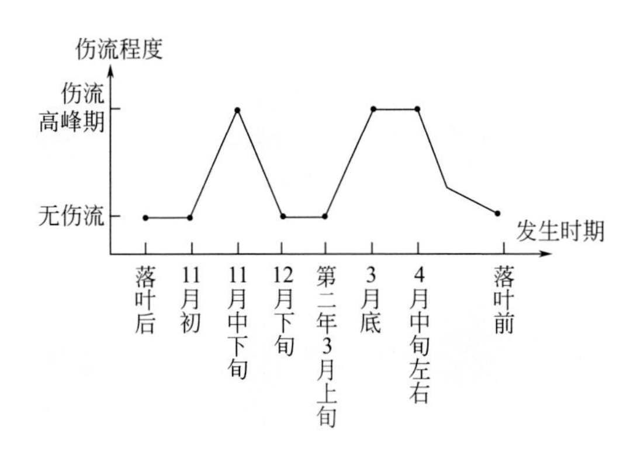

图7-43　核桃一年中不同季节伤流规律及净干的两个关键时期

> 提示：核桃净干多在冬季寒冷天气进行。

（3）净干方法　净干原则是主干越粗，树势越强，肥水条件越好，净干后树干保留的高度越高，预接枝也应多保留；树干高度确定后，在春季核桃萌芽前，从预留高度处剪截，主干上的所有分枝，全部从基部疏除，只剩一个光杆。

核桃树的树形是多种多样的，有一个主干的，有分成两个树干的，还有三个，甚至更多的，虽然形态多样，但净干嫁接后，要求以后将核桃树培养成易管理、又丰产的自由纺锤形。在实际生产中，要具体问题具体分析。

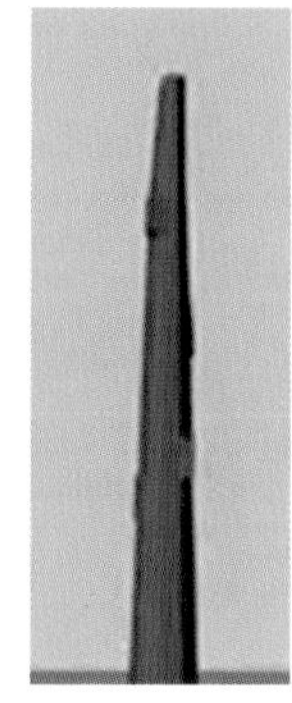

图7-44　一个主干的净干方法

① 一个主干的核桃树　去掉顶端和枝杈，只保留一个主干（图7-44）。

② 两个或三个以上多个主干的　要从两个或几个主干当中，选择保留一个粗壮的、直立形态比较好的、长势比较旺盛的树干，净干时，其余的也要全部去掉（图7-45）。

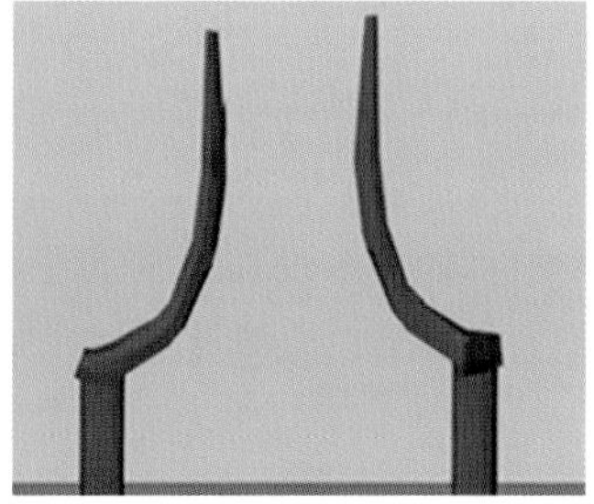

图7-45　两个或三个主干的净干方法

③ 净干高度　树干需要保留的高度，要根据树干的地径来确定。如果树干地径为6厘米，树干净干高度保留1.4米即可，在这个基础上，树干地径每增加1厘米，净干后所留的高度，就要增加20厘米（实际生产中一般保留的高度灵活掌握在15～25厘米范围内），例如：地径为7厘米，净干后高度保留1.6米；地径为8厘米，净干后高度保留1.8米；以此类推，地径为14厘米，净干后高度保留3米；但对于

地径为14厘米至25厘米的核桃树，净干后的高度都要控制在3米。也就是说，地径14厘米以上的核桃树，净干后的树干高度不要超过3米（图7-46）。

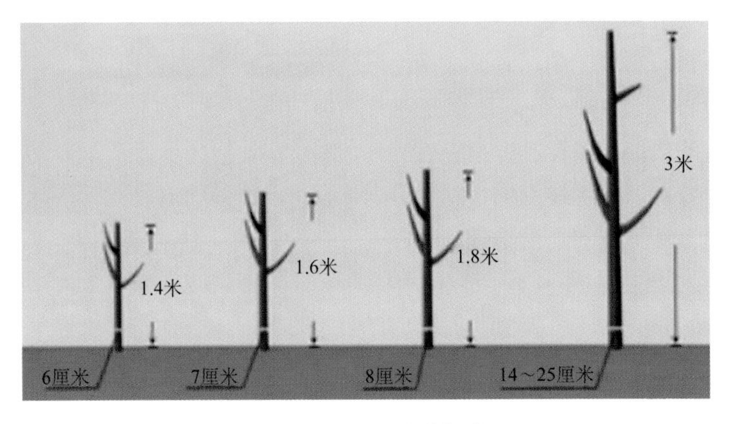

图7-46 净干高度标准

净干时，要从树干着生枝的基部部位，即紧贴树干的部位，将枝杈全部去掉（图7-47），超过预留枝干高度的主干部分，也要锯掉（图7-48）；净干时，锯下的枝杈落地后，要及时带出核桃园，从而保持园内清洁。那些低产劣质的核桃树，经过净干以后，根系并没有受到影

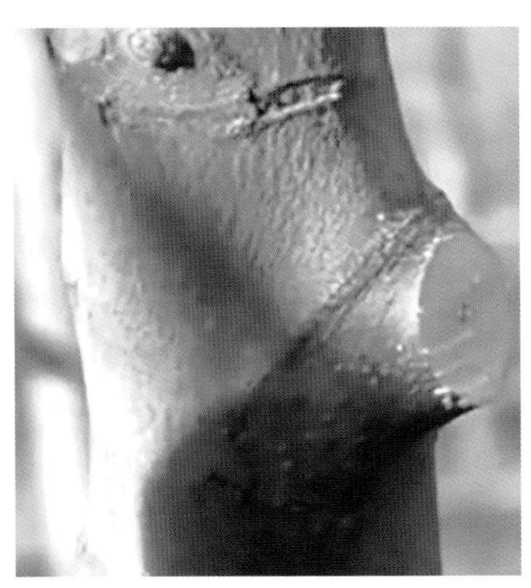

图7-47 紧贴树干，去掉全部枝杈

图7-48 锯掉过高的树干

响，由于只剩一个主干，营养水分会非常集中地向上供应，从而促使树干快速长出新芽，形成新梢，长成枝杈，有利于嫁接成活，并迅速恢复树冠。通过净干，还可以人为改变原有的核桃树的高度，有利于塑造整齐、标准、紧凑的树形，并方便于以后喷药、果实采摘等一系列的管理工作。

九十六、核桃净干后如何培养预接新梢？

净干后的核桃树，由于根系没有受到影响，春季会冒出大量的新芽（图7-49），为了避免养分供给不集中，应对这些小芽和新梢进行适当去除，预留后的新梢，可以生长得更加健壮，也能为嫁接后，建立规范整齐的树形，打下良好的基础。

图7-49　净干后，春季冒出大量的新芽

（1）抹芽、除梢时期　在4月中旬—5月中旬，春季核桃萌芽时，进行有目的、有计划地筛减，从中选择培养出合理的预接新梢，作为芽接砧木使用。这些新梢哪些要留下，哪些应去掉，也是有选择标准的。

（2）预接新梢的选留　一般从主干距地面80厘米处的部位，开始留芽，作预接新梢培养；80厘米以下萌发的新芽，全部抹掉；主干距地面80厘米以上萌发的新芽，也不能全部留下，要进行筛选去留。筛选方法：以主干上80厘米处的枝芽为基点，垂直向上，高度每增加20厘米（所留芽间隔掌握在20～25厘米），就要保留一个枝芽，枝芽的方向、排列形态要以主干为中心，呈螺旋状上升的方位，错位排列，培养充足的预接新梢。除留作预接新梢的芽保留外，其他多余萌发的枝芽，要全部及时抹除（图7-50）。

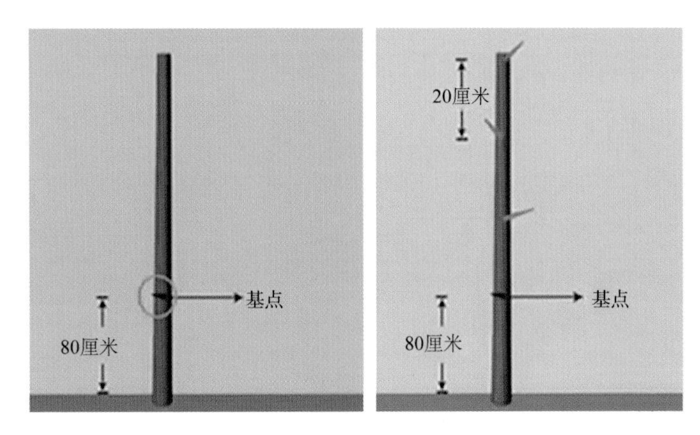

图7-50　预接新梢的选留基点

如果树干地径为6厘米，一般留4个预接新梢，呈螺旋上升排列，每个相邻新梢之间的角度最好呈90°；地径为7厘米的主干，保留5个预接新梢，每个相邻新梢之间的角度最好呈72°；地径为8厘米的主干，保留6个预接新梢，每个相邻新梢之间的角度最好呈60°；以此类推，对于地径14～25厘米的主干，保留14个预接新梢就可以了。至于两个相邻新梢之间的角度，最好用360°除以预留新梢数量来计算（图7-51）。

树干下部的萌芽、新梢，可用手直接掰除，树干上部较高部位的，用竹竿或木杆绑铁钩，直接钩除（图7-52）。

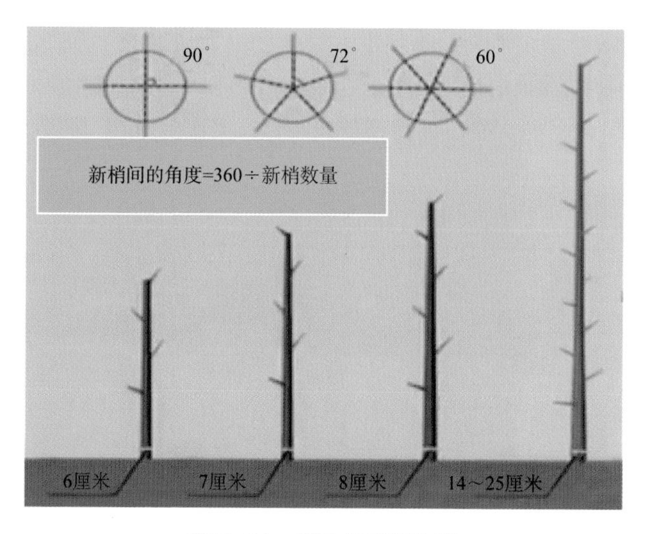

图7-51　预接新梢的选留

图7-52　抹芽、除梢方法

合理选择预留新梢，不仅能够使主干根系吸收的营养、水分集中供给，促使预留新梢快速、健壮生长，还可以为塑造整齐美观、枝杈间距均匀、通风透光良好的树形结构，打下坚实的基础（图7-53）。

图7-53　留下的预接新梢生长快速、健壮，分布均匀

（3）对预接新梢进行摘心　待预接新梢长到30～40厘米时，及时对预接新梢进行摘心，促进木质化和加粗生长（图7-54）。每个新梢上，只保留4片复叶就可以了。通过摘心，一方面可以控制预留新梢的长度，有利于塑造紧凑的树形；另一方面也有利于养分集中供应，促使预留新梢长得粗壮，能够提早进行嫁接。

如果摘心后再次萌芽，顶芽留1～2片叶再进行摘心，顶芽外的

图7-54　新梢掐尖摘心

其他芽，也应及时抹除；摘心后的预接新梢，经过一段时间的生长，当预接新梢直径达到1.2厘米以上时，枝条刚好半木质化，为芽接最佳时期，可以准备进行芽接了。

九十七、怎样进行核桃芽接换优？

（1）芽接前准备　土壤墒情不足时，嫁接前3～5天，要对砧木浇水1次。

（2）接穗选择　选择连续丰产性强，坚果品质好，达到国家核桃标准中优级或一级指标以上，抗逆性强，病虫害少，适合当地发展的优良品种，以河北为例，可以选择辽核1号、辽核7号、清香、石门核桃的优良品种等（图7-55）。

（3）接穗采集和贮藏　选择生长健壮、没有病虫害的枝条，在优种采穗圃或优种母树上，选择树冠外围当年生长健壮、芽体饱满、无

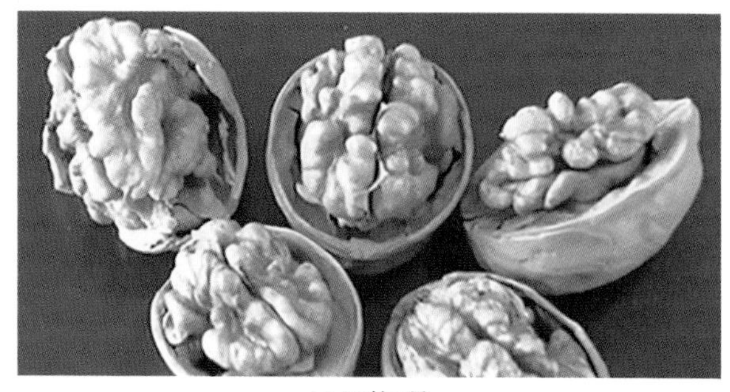

(a) 辽核1号

(b) 清香

(c) 石门核桃

图7-55　核桃优良品种

病虫害的新梢（发育枝或果前梢），或一年生的半木质化新梢。

从基部剪下接穗，然后立即剪去枝条上所有复叶，将新梢上的叶片留1.5～2厘米长的叶柄，剪去前端叶柄及叶片，立刻用准备好的湿麻袋包严，以防水分蒸发失水（图7-56）。最好是现采现用，随采随接，以保持芽的活性，提高芽接成活率；否则要妥善保存，一般多保存在地窖内。保存时，在地面上铺10厘米厚的锯末，在锯末上泼水，使水饱和，将接穗基部朝下，竖放于锯末上，接穗上用湿麻袋盖好，每天换1次水，窖口昼盖夜揭，但最多只能存放3天。或将接穗捆好后，竖立放到盛有清水的容器内，浸水深度约10厘米，接穗上半部用湿麻袋盖好，然后放于阴凉处，如果存放时间长，每天必须换水2～3次，最多可存放3～4天。

（4）芽接时期　为了保证芽接后的成活率，又能保证接芽在落叶

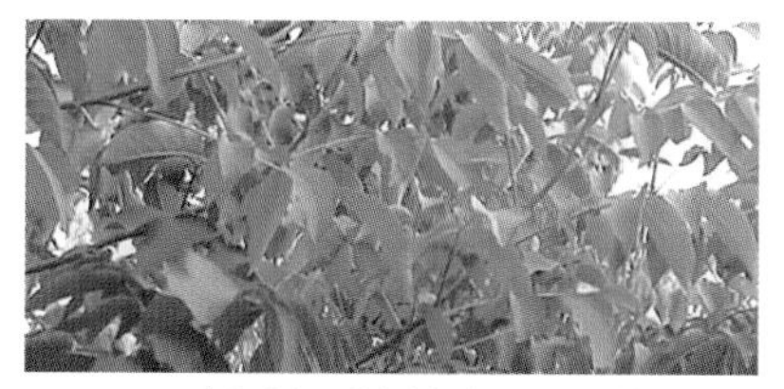

(a) 选择树冠外围半木质化新梢

(b) 留1.5～2厘米长的叶柄

(c) 剪去叶片

图7-56　接穗的采集

前充分的生长时间，保证冬季能够安全越冬，芽接时间一般在6月中下旬，接穗充足，也可在5月下旬—6月下旬之间进行。条件允许，越早越好，最晚不能超过7月10日。

> **提示**：应选择晴天上午或无雨的阴天，进行嫁接。

（5）方块芽接方法　方块芽接法要求嫁接人员技术熟练、动作要快，在接穗上取下的芽要完整，将芽片迅速地镶嵌到预接新梢接口处，接口对齐后，快速地捆绑上，要让芽片和砧木紧密地贴合在一起。

① 选芽　芽接时，从接穗上选取饱满的叶芽或复合芽。

> **注意**：不能选用只有雄花芽的芽片作接芽，否则不能抽枝。

② 取芽　在芽上方1.5～2厘米处，芽下方2～2.5厘米处，各横切一刀，要深达木质部，但不伤木质部，这样较嫩的芽片很容易取下；在芽两侧各纵切一刀，两刀间隔以1.2～1.5厘米为宜，用手捏住叶柄，向一侧用力一掰，取下芽片；取下的芽片要完整，一定要带上维管束（图7-57）。

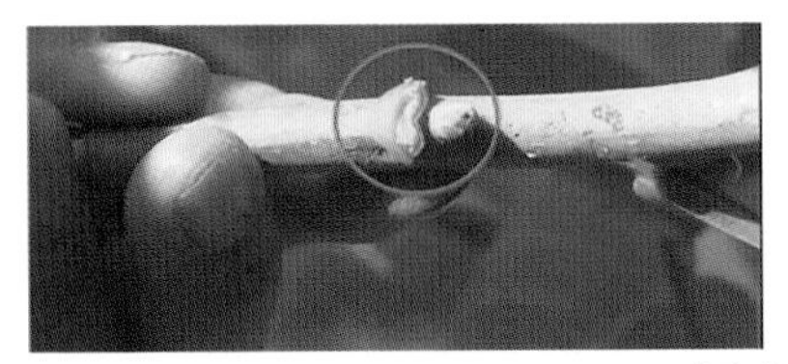
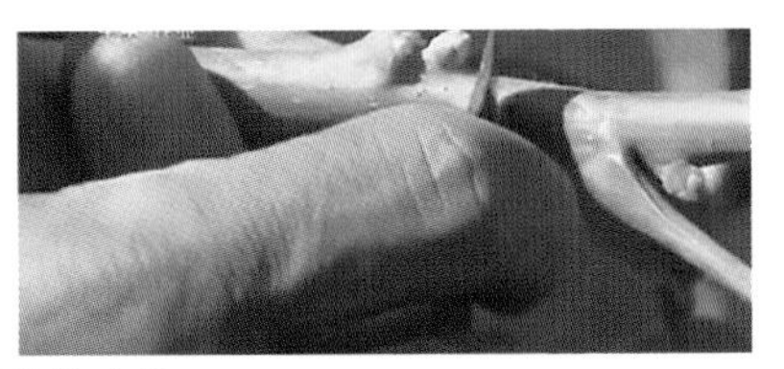

(a) 选取饱满的叶芽

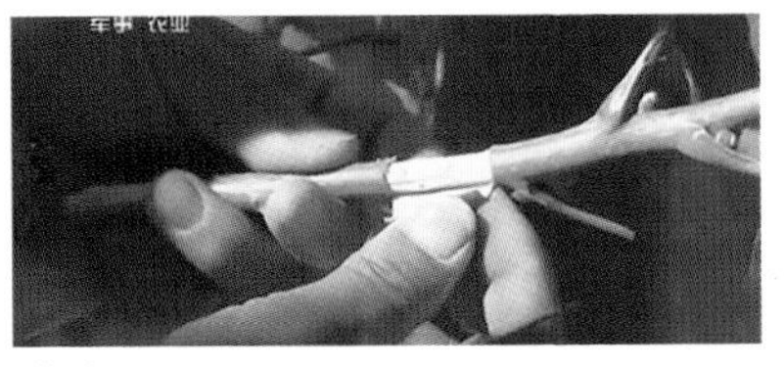

(b) 取下芽片

图7-57 取芽

> **提示**：取芽时，一定要避免撕去芽片内侧的维管束及芽内的生长点，否则不能成活（图7-58）。

③ 砧木开门处理 比对接芽片，在预接新梢基部距离主干约10厘米处背上方，选择光滑无疤痕的位置，上下各横切一刀，两侧各纵切一刀，刀口深度要割断韧皮部，但不伤木质部；刀口间距离和接芽芽片长相同，或比芽片短0.2厘米（包括0.2厘米）；在外侧纵切一刀，随后用芽接刀在开口一侧，将预接新梢皮层挑开，撕去同接芽芽片同样宽的皮（图7-59）。

④ 镶贴芽片 将接穗上取下的芽片，迅速镶嵌到预接新梢开口处，注意不要将芽片在砧木上来回摩擦，避免形成层损伤。芽片皮层的四周横切面与新梢切口处的四面（或保证三面）应紧贴对齐，将芽

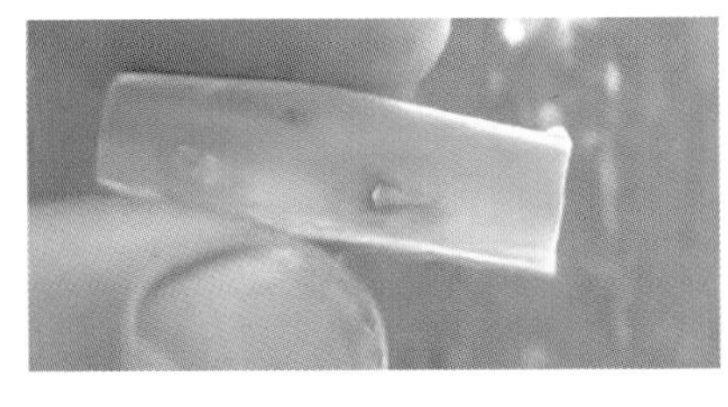

图7-58 芽内维管束及生长点要完整

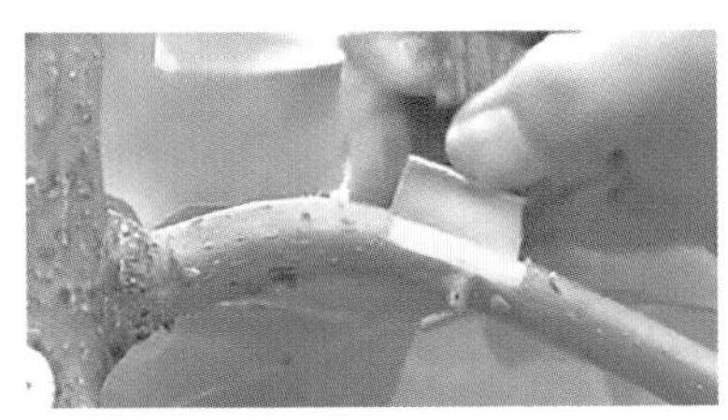

图7-59 预接新梢砧木开门处理

片压紧，防止芽片翘空。每个预接新梢嫁接1个芽片即可（图7-60）。

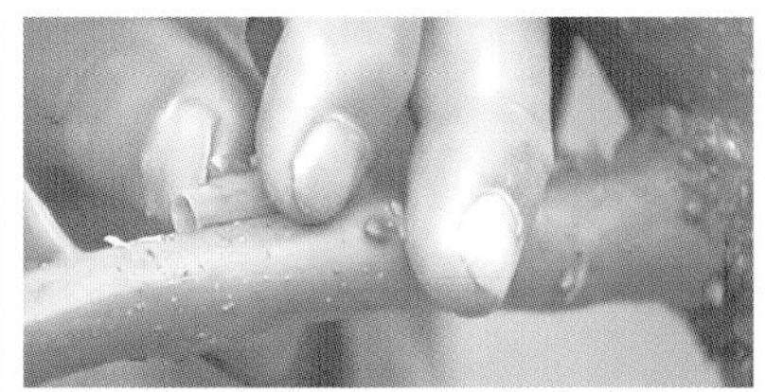
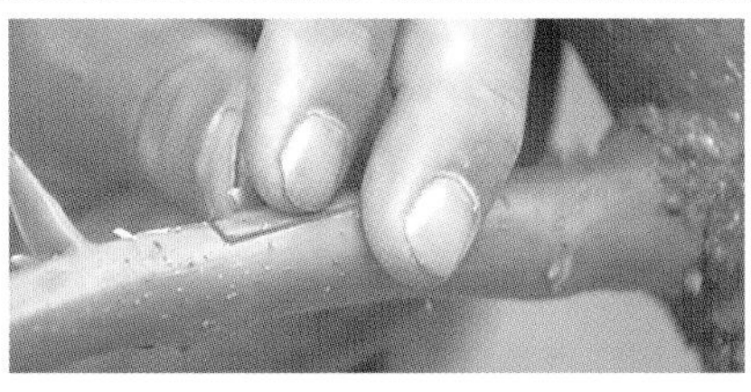

图7-60　镶贴芽片

⑤ 绑缚　用塑料条自下而上进行叠压绑缚（图7-61），绑缚要严密，用力要适中，捆绑的力度应稍紧一些，从而使芽片与砧木紧密接触，防止芽片翘空，要露出接芽（图7-62）。

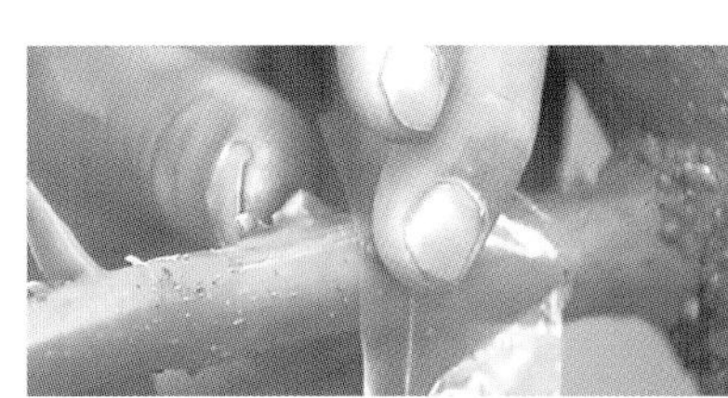
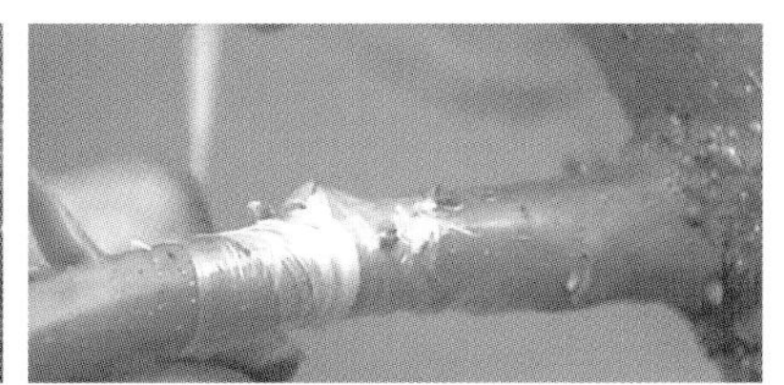
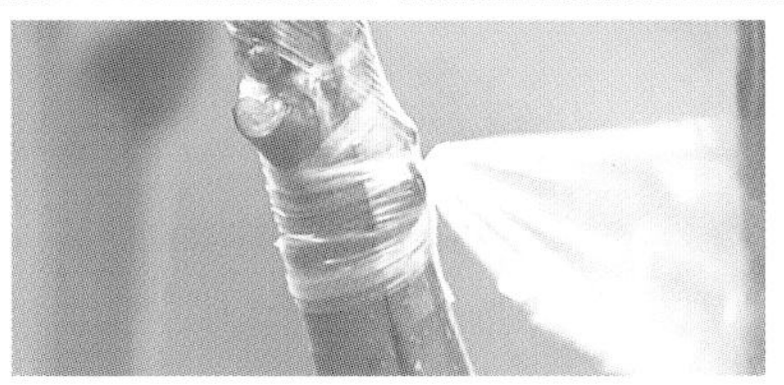

图7-61　塑料条自下而上进行叠压绑缚

> 提示：最好采用双层绑扎，与核桃嫁接育苗方法相同。

图7-62　接芽露出

> 提示：嫁接时，要技术熟练、动作迅速、刀具锋利，做到快割、快接、快绑，以保持芽的活性，提高嫁接成活率。

⑥ 剪截新梢　接好后，在接芽上留3～4片复叶，进行剪砧。

方块芽接后核桃的嫁接状况如图7-63所示。

图7-63　方块芽接接后状况

九十八、核桃改接后如何管理？

虽然核桃嫁接成功了，但后续管理跟不上，也会前功尽弃。应加强嫁接后的管理工作，保证嫁接后的新梢健壮生长，安全越冬。

（1）除萌　嫁接后，在接芽慢慢愈合阶段，树干上及预接新梢基部，会有新芽陆续萌发，如果不及时地除掉，就会影响接芽和砧木的愈合，也容易和接芽争夺养分，要及时、认真、仔细地查看，要及时抹去砧木上萌发的所有嫩芽，随发现随去除。

> 提示：一般砧木萌芽在黄豆粒大小时，就应除去。

芽接后，一般在第5～10天内，开始形成愈伤组织。到了第15～20天，接芽与砧木间的愈伤组织开始逐渐连接，并逐渐愈合。芽接后第35～45天，接芽才能逐渐萌发，并表现为成活。在这个阶段内，为了保证芽接部位伤口的愈合，首先，在芽接后，接芽萌芽前，对砧木的萌芽应及时抹除，同时，将新梢上每个复叶叶腋内的芽，也应全部去除。在随后的一个阶段内，新梢或者树干常常有新芽萌发，这些新芽如果不及时除掉，一方面，不利于接芽与砧木的愈合，另一方面，还会与接芽争夺养分，从而影响接芽的成活和生长，所以，一定要经常检查，见到萌芽及时除掉，越早越好，做到露头就除。通过除萌，能够保证养分的集中供应，从而有利于接芽部位伤口的愈合，促进生长，提高接芽的成活率（图7-64）。

图7-64　去除新梢复叶叶腋上的芽和新梢基部萌发的新芽

（2）防治虫害　接芽萌芽时，注意防治金龟子和刺蛾等食叶害虫，防止萌发的嫩芽被害。

（3）剪砧　一般要从嫁接口以上部位，分期进行两次剪砧。

① 第一次剪砧　当嫁接后约15天，嫁接新芽成活后，接芽开始萌动，长到约2厘米时，在接芽上方5～6厘米处，不要超过10厘米，进行第一次剪砧。让所有的养分都供应给接芽生长发育，使芽生长迅速，同时应注意观察，对于嫁接没有成活的，还要及时进行补接（图

7-65，图7-66）。

图7-65　第一次剪砧

图7-66　在接芽上方5 ~ 6厘米处剪砧

② 第二次剪砧　当嫁接新芽长到15厘米以上时，芽接伤口已经愈合，进行第二次剪砧，要紧贴新枝的基部，将前面的砧木橛齐平接芽上侧全部剪掉，不要留橛，促进伤口愈合（图7-67）。

> **注意**：留橛易干枯，不利于伤口愈合，还易滋生病虫害（图7-68）。

（4）解开绑缚条　第二次剪砧后，随着嫁接新梢的不断增长变粗，伤口部位就会慢慢地愈合，并与砧木融为一体；这时，要解开绑缚的塑料条，可用利刀在接芽背面将塑料条纵划，割开一刀，割后除去塑料条（图7-69）。

> **提示**：解绑条，最好与剪砧同时进行，节省用工。

图7-67　第二次剪砧

图7-68　留橛干枯，愈合不良

图7-69　在接芽背面将塑料条纵划，除去塑料条

（5）肥水管理　接芽长到15厘米时，及时追肥浇水。

（6）绑缚　接芽长到30厘米以上时，及时绑缚枝条；拿枝开角后，绑缚支架，支撑保护，以防风折。

（7）摘心　进入9月后，要控制过多的水分，以防止贪青徒长；可进行摘心，促进枝条充实，以利于安全越冬。

（8）越冬保护　净干芽接后，接芽萌发，当年枝梢生长量小，不充实，容易遭受冻害，要进行越冬保护。可用聚乙烯醇涂抹或喷布；或用废棉等物品在接口处包裹；或内层用报纸缠裹，外面再用塑料条螺旋形缠裹；也可用稻草绑扎；最好用专用的内层为泡沫，外层为薄布的防冻材料进行包裹。这些措施都有利于安全越冬（图7-70～图7-74）。

(a) 聚乙烯醇

(b) 聚乙烯醇涂抹

(c) 聚乙烯醇喷布

图7-70　用药剂进行越冬保护

图7-71　用废棉等物品在接口处包裹

图7-72　报纸外缠膜，螺旋固定

图7-73　稻草绑扎

图7-74　用专用的防冻材料进行包裹防寒

第八章

枣树嫁接繁殖

嫁接繁殖是目前枣树育苗中常用的方法，优点是苗木繁殖量大，速度快，整齐一致，结果早，能保持母本品种的优良性状，根系发达，栽植成活率高。大树改造也通过嫁接来实现。枣树是嫁接成活率相对较低的树种，目前生产上嫁接枣树一般多采用插皮接、劈接、腹接和芽接。

九十九、枣嫁接前应做好哪些准备工作?

嫁接前要做好品种枣嫁接育苗的接穗采集和贮藏处理工作，如下：

（1）接穗的采集和贮藏　选择正规苗木企业培育并通过省级以上审定的优良品系作接穗，在所繁育的优良品种专用采穗圃的生长健壮的枣树上采集。枝接选用生长健壮的1～3年生枣头一次枝，或粗壮优良的2～4年生二次枝作接穗，接穗剪留长度，以保留2个主芽为宜。采集时间以枣树萌芽前的10～20天最好，此时接穗含水量和养分均较高，嫁接成活率也高。

> **提示**：枣树枝接接穗，在春季枣树发芽前，均可采集，但以树液开始流动到萌芽前这一段时间，采集的接穗最好。

用于芽接的接穗，要随采随用，采下后，剪去二次枝和叶片，减少水分蒸发；外地调运接穗，要用草包或湿麻袋包装，运输途中，要注意喷水保湿、保温。

（2）接穗保存　接穗采集、修剪好后，可将干净的河沙用水喷湿，与接穗混合放入温度1℃、湿度90%的冷库内，或冷凉的背阴房间内，用湿沙土埋好，待枣树芽萌动前后，即可进行嫁接。此种方法处理的接穗，嫁接时要采用薄地膜，将整个接穗和接口缠好，接穗主芽用一层薄膜缠好，避免接穗因蒸腾作用失水，而影响成活率。因为用的是一层薄地膜，故芽萌发时，能顶破薄膜，不影响幼芽的生长。

（3）蜡封　将休眠期采集的接穗，剪截成枝段，最好用工业石蜡进行蜡封处理。接穗封蜡，可减少水分散失，嫁接简便，成活率高，有利于接穗萌芽生长。

封蜡方法：用炉火将蜡熔化，温度应控制在约100℃，一般掌握在90～105℃（最好用水浴的方法加热，即将石蜡切成碎块，放入铁制容器内，将盛蜡容器放入沸腾的水盆中，加热使石蜡熔化，水浴能保证蜡液不超过100℃）。蜡温过高，易烫伤接穗；蜡温过低，蜡层太厚，易剥落。随即将整个接穗速蘸蜡液，如处理接穗量大，可将接穗放如铁笊篱中，在蜡液中速蘸，然后在干净的水泥地面上撒散，使接穗互不粘连，并迅速冷却。

> **提示**：蜡封好的接穗剪口鲜绿，接穗光亮透明；如果接穗发白，说明蜡温偏低，蜡皮较厚，易使蜡皮脱落；如接穗变色，说明蜡温过高烫伤接穗。

蜡封后的接穗，可放入纸箱或塑料袋中，在冷藏库、冰柜或冷凉室内贮藏，贮藏温度以0～5℃为宜。春季嫁接前，取出来，便可用于嫁接。

> **提示**：蜡封的接穗，嫁接时，只需用塑料条将接口缠严即可。

一〇〇、嫁接前枣的砧木如何培养和处理？需要准备好哪些工具？

生产中，常用砧木是酸枣苗，酸枣苗可直接播种，或从外地调运。酸枣播种前，苗圃要选土壤肥沃的沙壤土，作好苗床，施肥、浇水后播种，多采用条播，播幅10厘米，沟深3厘米，播后镇压。播种后，应立即在苗床上铺一薄层稻草之类的覆盖物，洒水后，铺盖地膜以保持床面湿润和提高土温，大约经过7天，幼芽相继破土而出，此时揭开覆草、地膜，及时灌溉、中耕、追肥和防治病虫害。为促进加粗生长，当苗高25厘米时，进行摘心，并抹除距地面10厘米以下的萌蘖，保持枝干光滑，以便以后进行嫁接。

在嫁接前一周，砧木苗圃地，要施肥、灌水1次；同时将砧木基部的二次枝及多余的根蘖去掉；这样有利于促进形成层活动，提高嫁接速度和成活率。

嫁接工具的准备。常用的嫁接工具有剪枝剪、手锯、芽接刀、劈接刀等；另外，要备足不易拉断，韧性好的塑料条或塑料薄膜。

一〇一、枣树如何选择适宜的嫁接时期？

枣树的嫁接时期一年中主要有2次。第一次是在枣树萌芽前后各2～3周，即4月上旬—5月中旬；嫁接在春季气温达13～15℃时开始即可，即4月15日—5月10日最佳，此期适宜劈接、腹接或插皮接。第二次是在6月下旬—9月上旬，此期主要适宜利用当年生半木质化和木质化枣头为接穗，采用嫩梢芽接和普通芽接。

一〇二、枣树嫁接方法有哪些？

枣树嫁接以枝接为主，枝接又分插皮接、劈接、切接、腹接等；其中应用较多的是插皮接和腹接。枝接对接穗和砧木的要求是：用于嫁接的接穗必须是生长健壮、成熟度高，粗度最好在0.4～0.8厘米的一次枝，符合上述条件的二次枝也可以；对砧木的要求是嫁接口粗度最好达到0.5～1.2厘米，为了预防冻害的发生，砧木的高度（嫁接口）最好在50～60厘米。

1. 插皮接

插皮接也叫皮下接，是枝接最常用的一种，宜在枣树萌芽后，树液流动旺盛、树皮易剥离的时期采用。适用于较粗的砧木，即砧木的直径在2厘米以上为宜。嫁接方法简单，速度快，成活率要高于其他嫁接方法。

（1）切砧木　选砧木表皮光滑处剪断砧木，修平截面，在横断面一侧树皮光滑处，用刀由上而下切一约0.5厘米的小口，深达木质部，顺势将上方皮层与木质部分开，剥开皮层，呈三角形裂口。

（2）削接穗　取已经蜡封好的接穗，在接穗下端距下横断面3～5厘米处，用刀向下斜切，切面呈马耳形，在削面两侧背面轻轻削一下，露出形成层，再在长削面下端背面，再削一长5毫米的小短斜面，短箭头状，便于插入砧木皮层内。

（3）接合　将削好的接穗长削面顺贴木质部，从已切好的砧木三角裂口处，对着切缝向下慢慢插入皮层内（接穗长削面与砧木的木质部密接），削面上面留1毫米的切面，俗称“留白”，以利于生长愈伤组织。

（4）绑缚　用塑料薄膜将砧木的切口及接穗的接合部分全部缠严，不能透气，嫁接完成。

> **提示**：如果接穗未进行蜡封处理，要用薄地膜将接穗缠严，以防止失水。

2. 劈接

劈接是枝接的一种，也称大接，嫁接时间可早于插皮接，在树皮尚不易剥离，但树液已开始流动时进行；适用于较粗的砧木。苗圃小苗嫁接或大树改接均可使用。苗圃小苗嫁接，先将小苗周围的杂草、无用的根蘖苗清除干净。

（1）劈砧木　将砧木苗贴地面剪去，然后向下挖出深约10厘米的土，露出根颈较粗的光滑部位，用剪刀将砧木横断面剪截，并沿砧木横断面的中心，将砧木纵向劈一长5～7厘米的切口。大树高接时，剪去砧木上部，剪口修整平滑。

（2）削接穗　取已经蜡封好的接穗，将接穗从下端向下削成双面楔形的两个等长平滑削面，斜面长3～5厘米，上厚下薄，如果接穗比砧木细，切面的一侧略薄于另侧，主芽在薄侧。

（3）接合　将削好的接穗迅速插入砧木的劈口内，接穗削面的上端留1～2毫米的切面，俗称“留白”，使接穗较厚一侧的形成层与砧木的形成层对齐即可；如果砧木与接穗粗细相同，可使砧木和接穗两边皮层的形成层都对齐。

（4）绑缚　用塑料薄膜将砧木劈口及接穗的接合部均匀缠严，以利于保湿（图8-1）。

> 提示：如果接穗未经蜡封处理，用薄地膜将整个接穗全部缠严，以防失水。

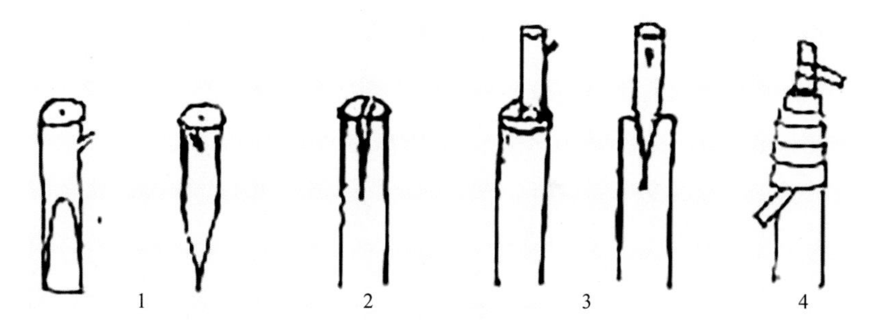

图8-1　劈接

1—削接穗；2—劈砧木；3—插接穗；4—绑缚

3. 改进劈接

枣树是嫁接成活率相对较低的树种，通过改进劈接，使劈接的成活率达到95%以上。

（1）选取接穗　3月中下旬枣树临近萌芽前，在嫁接品种树上，选一年生健壮枝条，剪去二次分枝，取其中部和上部，每两芽截成一段，每段上端芽上方枝条留约1厘米，使下端有足够的节间长度进行切削。

（2）接穗处理　将剪好的接穗，放入洗净的饮料瓶或其他容器中，倒入1%～2%的蔗糖水，放在阴凉处，浸泡5～7天，然后用清水将接穗反复冲洗干净，用塑料袋包严，放在冰箱冷藏室内贮存；嫁接前，再用糖水泡1～2天，冲洗干净后，保湿备用。

（3）嫁接　4月中旬以后，树体活动活跃，此时可进行嫁接，先将接穗用3厘米宽的薄膜带包扎起来，只留出芽眼和下端2～3厘米的枝段。如果在嫁接时，插上接穗后再包扎，不但效率低，而且在包扎接穗上部时，容易使接穗在接口内移位，降低成活率。然后将接穗下端切成楔形削面，切好后，用洗净的湿毛巾包裹起来，防止风干。

> **注意**：枣树枝条木质部较为坚硬，所用刀具一定要锋利，保证切面光滑。

嫁接育苗时，在砧木地面以上5厘米处，将砧木剪断，枣树高接换优的，应选取具有1～3年枝龄、枝势上扬、生长活跃的枝条，在其下部进行嫁接，在砧木上不留其他生长枝。按常规进行嫁接操作，注意对齐形成层，接口处包严后，将薄膜带圈成绳状，在砧木切口处用力多扎几道，尽量减少砧木与接穗形成层间的缝隙。

（4）接后管理　嫁接后，应注意及时抹除砧木上的萌芽，待新梢长至约20厘米时，解除包扎物，如果接口尚未愈合完好，可以再包上，一个月后，再解除。接穗成活后，生长旺盛，枝叶生长量大，遇到风雨天气，容易在接口处折断，应及时在接口处，绑缚一个结实的小木棍作支架，进行加固，秋后解除。其他方面按常规进行管理即可。

4. 腹接

腹接也是枝接的一种，嫁接的适宜时间同劈接；砧木粗度以0.7～2厘米为宜；操作简便，嫁接成活率高。

（1）切砧木　嫁接时，剪断砧木，选平滑一面，沿砧木断面用剪枝剪向下斜剪砧木，形成一个切口，切口与砧木垂直轴的角度约为15°，切口长度与接穗削面相当，约为3厘米；斜切口深达木质部，深度超过砧木直径的一半，但不能超过2/3，否则易风折。

（2）削接穗　取已经蜡封的接穗，削法基本同劈接，不同之处是接穗削面要削成一面稍长，一面稍短，长削面约3厘米，短削面约2厘米。

（3）接合　嫁接时，将削好的接穗插入砧木的斜切口中，长削面朝里，短削面朝外，使接穗和砧木皮层的形成层对齐；然后在接口上方，距离接口约0.8厘米处剪砧。

（4）绑缚　将接口和砧木顶端的剪口面绑紧绑严，防止接穗松动和失水。

5. 根接

枣树根接一般在3—5月进行。以根系作砧木，在其上嫁接接穗。根接主要采取劈接法，也可以采取切接、腹接和舌接。用作砧木的根可以是完整的根系，也可以是1个根段。如果是露地嫁接，可选生长粗壮的根在平滑处剪断，用劈接、插皮接等方法；也可将粗度0.5厘米以上的根系，截成8～10厘米长的根段，移入室内，在冬闲时，用劈接、切接、插皮接、腹接等方法，进行嫁接。

如果砧根比接穗粗，可将接穗削好后，直接插入砧根内；如果砧根比接穗细，可将砧根插入接穗中。接好绑缚后，用湿沙分层沟藏，早春植于苗圃中（图8-2）。

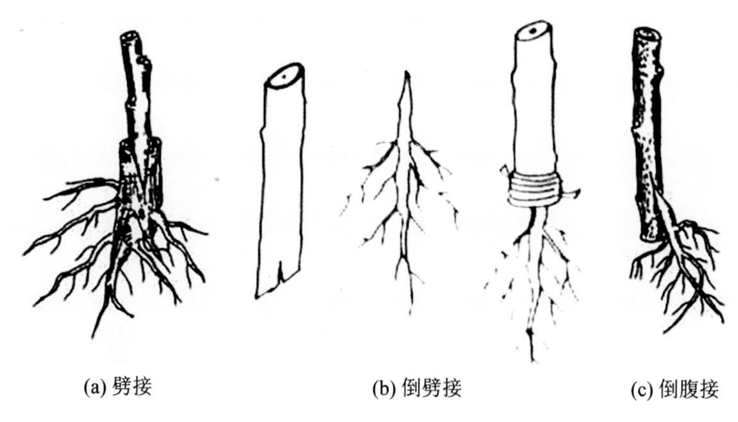

(a) 劈接　　(b) 倒劈接　　(c) 倒腹接

图8-2　根接

6. 芽接

芽接一般指在生长季节主芽形成后，用当年主芽嫁接的方法，也称“T”字形芽接。

如果用上一年的接穗，也可在春季枣树萌芽后进行芽接，因取芽片难以带全维管束，因此，枣树芽接一般都采用带木质芽接，也称嵌芽接。7月份以前嫁接成活的砧木，可在接芽上方剪去本砧，当年即能长成成熟的嫁接苗。良种选定后，于7月中旬进行嫁接，此期进行嫁接，气温高，正值生长季节，嫁接后，伤口容易愈合，嫁接成活率高。接穗随接随取，接芽采用发育枝上的二次枝基部的主芽，以接穗中部发育充实的芽最好。8月份以后嫁接成活的砧木，当年不剪砧，否则嫁接苗因木质化程度低，难以越冬；待翌年春季发芽前，再进行剪砧。

（1）“T”字形芽接

① 种苗采集　一般用当年生枣头，将主芽上的二次枝及主芽上的叶片剪去，保留叶柄，然后用湿布裹好，保湿备用，取下的种苗在常温下不宜久放，应随采随用，如需较长时间贮藏，应放在约5℃的冷藏容器内。

② 切砧木　在砧木的光滑部位，用芽接刀横割一刀，深达木质部，然后自横切口中间，向下切一纵向小口，形成“T”字形切口。

③ 取芽　用锋利的芽接刀，在接穗主芽上方约3毫米处，横切一刀，深达接穗直径近1/3～1/2处，然后在芽下方，距芽约1厘米处，由下向上挑切，与上方横切口相连，用手捏紧芽片轻轻一掰，取出接芽。

④ 接合　迅速将接芽插入砧木的切口内，使接芽横切口与砧木的横切口对齐。

⑤ 绑缚　用塑料薄膜缠严，露出主芽和叶柄，芽接即完成。

⑥ 接后管理　嫁接7天后，如果叶柄仍保持绿色或轻轻一碰叶柄即脱落，说明嫁接芽已成活；否则，应再重新补接。

（2）带木质芽接　也叫嵌芽接。在春季砧木树液流动后进行，其方法是：

① 切砧木　在砧木基部选定的高度上，取背阴面光滑处，用芽

接刀在砧木上从上向下横切一刀，深达木质部，深度约为砧木直径的1/3，在距切口下方约1厘米处，用刀削切一盾形片，与切口相连，取下木质片。

② 取芽　最好选用与砧木粗细相仿的接穗，接穗倒拿，切削操作方便。在主芽上方3毫米处，用刀横切一刀，长度与砧木的横切口相同，然后在芽的下方用刀削切一盾形芽片，大小与砧木盾形片相同。

③ 接合　将芽片嵌入砧木盾形切口内，使芽片的形成层与砧木盾形切口的形成层对齐。

④ 绑缚　用塑料薄膜条缠严，中间露出接穗的主芽，带木质芽接即完成（图8-3）。

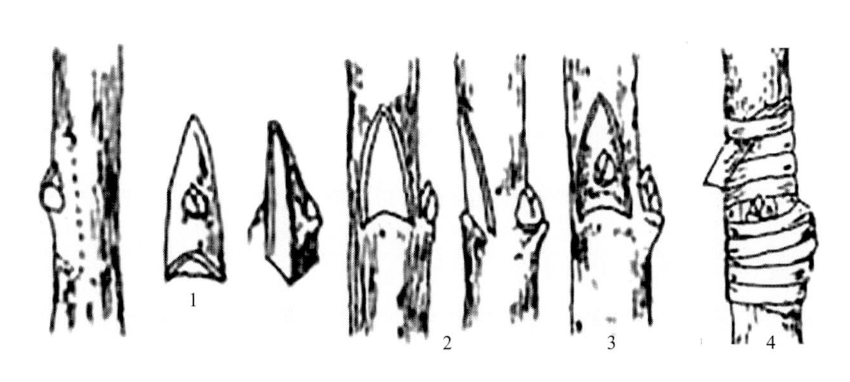

图8-3　嵌芽接

1—削接芽；2—切砧木；3—嵌芽片；4—绑缚

> **注意**：如果接穗芽片小于砧木盾形切片，应使接穗的上切口及一侧的形成层与砧木的上切口及一侧的形成层对齐，然后用塑料薄膜条缠严，露出主芽。

一〇三、嫁接后的枣苗如何管理？

为保证枣树苗壮且优质，嫁接后的管理非常重要。影响嫁接成活的关键因素是保持伤口湿度和接穗的生活力，因此在嫁接后15天内，必须保持土壤湿润。

1. 检查成活及补接

枝接主要看是否萌芽，以及接穗的皮色是否鲜亮，如果接穗有明显的失水皱皮或萌芽后幼梢立刻萎蔫，说明嫁接失败，应重新补接。如果嫁接15天后，发现接芽未萌发，可留砧木萌芽，待翌年再进行补接。

2. 除萌蘖

从苗木嫁接后到接穗萌芽，约需半个月的时间，由于养分相对集中，在砧木基部会萌发出幼芽，对于砧木发生的大量萌蘖，应及时清除，使养分集中供应接芽生长，以利于接穗的萌芽和生长。

3. 剪除枣吊

用二次枝作接穗的，先长出枣吊。为了刺激主芽生成枣头，要从枣吊基部约0.5厘米处，将枣吊剪去。

4. 绑缚支架，立柱缚苗

采用插皮接和芽接方法嫁接的枣苗，生长较快，遇到大风，易从接口处折断；当嫁接苗长到15～30厘米时，应及时用木棍或细竹竿绑缚，绑缚时，木棍与新梢不能绑得太紧，要有约6厘米的活动范围，以防风折。风大的地区，劈接或腹接的苗木，也需要进行绑缚。

5. 解除绑缚物

当嫁接苗木与砧木愈合牢固后，一般嫁接1个月后，新梢达到30厘米，接口即可完全愈合，应用小刀纵向割断缠绕的塑料薄膜，以防苗木加粗生长出现缢痕，影响苗木健壮生长。

6. 土肥水管理

中耕除草，加强肥水管理，6—7月份应及时追肥，每亩追施尿素15～20千克，追肥后，及时浇水。

7. 病虫害防治

嫁接苗萌芽后，可能出现食芽象甲、绿盲蝽、枣瘿蚊、刺蛾类等食叶害虫，红蜘蛛，及枣锈病等病虫为害，应及时进行防治，以保证苗木正常生长，提高苗木质量。

第九章

山杏改良嫁接大扁杏

一〇四、大扁杏优良品种有哪些？

1. 传统优良品种

龙王帽（图9-1）、一窝蜂（图9-2）、白玉扁。

图9-1 龙王帽

图9-2 一窝蜂

2. 新品种

优一、三杆旗、超仁、油仁、丰仁、国仁、新4号、薄壳1号等。

3. 优良品系

历时10余年，成功选育出9018、9037、9063、9076、90106五个优良品系。

这些品种抗逆性强，丰产、稳产，杏仁整齐，有杏仁香味，品质极佳。

选择适应性强、丰产性状好、杏仁品质优良、商品价值和综合利用价值高的龙王帽和一窝蜂等优良品种。主栽品种与授粉树的配置比例应为（10 ∶ 1）～（10 ∶ 2）。即主栽品种10行或5行栽植1行授粉树，也可在行内按上述比例配置授粉树。龙王帽、一窝蜂可选择白玉扁为授粉品种，优一宜选三杆旗为授粉品种，白玉扁与龙王帽可互作授粉品种。

一〇五、如何进行大扁杏接穗的采集、贮藏、蜡封与运输?

1. 接穗的采集与贮藏

枝接接穗在冬季或翌年春季结合修剪采集，一般在当年3月中下旬开始，在品种优良纯正、树体健壮、无病虫害、生长充实、芽体饱满的结果母树上剪取一年生枝条；选取表皮不抽皮、光亮、新鲜，用手摸光滑，剥开皮层韧皮部呈淡绿色，生长健壮，芽饱满，无病虫害的枝条作接穗。

采集好后，捆成50枝的小捆，挂上标签，斜插于半湿（相对湿度60%）的沙中，低温贮藏备用，注意随时检查沙子的湿度。贮藏在阴凉、潮湿的地窖或山洞中，将接穗下部埋入湿沙中，定期喷水保湿，在0 ～ 5℃条件下保湿贮存。在贮藏期间，要注意通风和降温，尤其是4月中旬以后，夜间要打开窖门和通气孔，进行通风换气；白天要关闭窖门和通气孔，防止外面的热空气进入。接穗在贮藏期间要防止失水风干或因高温、高湿而发生霉烂。

2. 蜡封接穗

嫁接前，将接穗从地窖内或地下库取出，用清水冲净晾干，剪成长10～12厘米、留有3～4个饱满芽的枝段；将接穗的一头在90～105℃的蜡液中速蘸一下，甩掉表面多余蜡液；再蘸另一头，使整个接穗表面包被一层薄而透明的蜡膜。蜡封好的接穗，应当蜡膜层薄，表面着蜡均匀且无遗漏，能透过蜡膜看到接穗的正常颜色。

3. 接穗的运输

从外地调运接穗，远途运输必须注意妥善包装，每包以500～1000枝为宜。接穗剪口最好采用蜡封，可延长保存期和提高嫁接成活率。用草袋包装，内填湿草，并附品种标签，注明产地，迅速运回，途中要进行洒水保湿，严防接穗失水干枯或发热霉烂。

一〇六、大扁杏的嫁接时期如何选择？品种怎样合理布局？

1. 嫁接时期要适宜

嫁接过早或过晚都不同程度地影响嫁接效果。嫁接过早，气温较低，树枝不易离皮，并且砧穗生理活动微弱，愈伤组织产生慢，愈合时间长，接穗易抽干而死亡，嫁接成活率低；嫁接过晚，砧木因开花、结果或抽枝而消耗了大部分营养物质，接穗也已萌动离皮，嫁接成活率低，嫁接成活后，新梢生长量小，容易遭受冻害。

高接从杏树花芽萌动一直到花期都可以进行，以4月中下旬山杏刚展叶时最佳。一般在4月10日—5月10日，这时的空气温度和土壤温度，适宜愈伤组织的形成。

2. 品种选择与布局要合理

根据当地的气候、地形、土壤等自然条件，来确定选择优良品种。在水肥条件较好，不易受早春霜害的杏园，主栽品种可选龙王帽、一窝蜂、白玉扁、国仁、油仁、丰仁、超仁等丰产性强、经济价值高的品种；在易受晚霜为害的园地，可选择优一、新4号、三杆旗、薄壳1号等抗寒品种。在高接时要配置好授粉品种，目前白玉扁是大扁杏较好的授粉品种，嫁接时，主栽品种与授粉品种的比例适宜为（4～6）∶1。

一〇七、大扁杏嫁接如何实施？

1. 嫁接部位

根据树龄的大小，选择不同的嫁接部位，对3～4年生的杏树，树体结构正在形成，可在主干距地面40～60厘米处嫁接；对5年生以上的大树，要进行多头高接，嫁接前，按照原树冠的从属关系，在枝干平滑无疤处，锯好接头，锯口应距原枝基部20～30厘米。

2. 嫁接方法

在同一株树上，可以根据枝条锯口粗细的不同，采取不同的嫁接方法，以达到树体早成形、早结果的目的，在大扁杏高接换优中常用的嫁接方法有插皮接、劈接、切接和腹接。

（1）插皮接　一般在砧木较粗，芽已经萌动，离皮并易剥皮的情况下，采用插皮接。嫁接方法同第三章第二十二问的硬枝皮下接。

（2）劈接　对于较细的砧木，常采用劈接，适合于果树高接。

① 劈砧木　将砧木在嫁接部位剪断或锯断。截口的位置很重要，要使留下的树桩表面光滑，纹理通直，至少在上下6厘米内无伤疤，否则劈缝不直，木质部裂向一面；待嫁接部位选好剪断后，用劈刀在砧木中心纵劈1刀，使劈口深3～5厘米。

② 削接穗　接穗削成楔形，有2个对称削面，长3～5厘米；接穗的外侧应稍厚于内侧；如果砧木过粗，夹力太大的，可以内外厚度一致或内侧稍厚，以防止夹伤接合面。接穗的削面要求平直光滑，粗糙不平的削面不易紧密结合。削接穗时，应用左手握稳接穗，右手推刀斜切入接穗。推刀用力要均匀，前后一致，推刀的方向要保持与下刀的方向一致。如果用力不均匀，前后用力不一致，会使削面不平滑；如果中途方向向上偏，会使削面不顺直；1刀削不平，可再补1～2刀，使削面达到嫁接要求。

③ 插接穗　用劈刀的楔部将砧木劈口撬开，将接穗轻轻地插入砧木内，使接穗厚侧面在外，薄侧面在里，然后轻轻撤去劈刀。插接穗时，要特别注意使砧木形成层和接穗形成层对准。一般砧木的皮层常

较接穗的皮层厚，所以接穗的外表面要比砧木的外表面稍微靠里点，这样形成层能互相对齐；也可以木质部为标准，使砧木与接穗木质部表面对齐，形成层也就对上了。插接穗时，不要将削面全部插进去，削面要留白约0.5厘米，这样接穗和砧木的形成层接触面较大，有利于分生组织的形成和愈合。较粗的砧木可以插2个接穗，一边一个。

④ 绑缚　用塑料条叠压绑紧即可。

（3）切接　适用于直径1～2厘米的砧木。

① 砧木处理　在离地面5～8厘米处剪断砧木。选砧木皮厚、光滑、纹理顺的地方，将砧木切面削平，然后在木质部的边缘，稍带一部分木质部垂直向下直切，切口宽度与接穗直径相等，深度一般为3～4厘米。

② 削接穗　接穗通常长5～8厘米，以2～3个饱满芽为宜。将接穗下部削成一长一短两个削面，长面在侧芽的同侧，削掉1／3以上的木质部，长2～3厘米，在长削面的对面，削一马蹄形小斜面，长度约1厘米。

③ 接合　将接穗大削面向里，插入砧木切口，使接穗与砧木的形成层对准靠齐。如果接穗较细，砧木和接穗间不能两边都对齐时，应至少保证有一侧的形成层紧密接合。

④ 绑缚　用塑料条叠压缠紧，将劈缝和截口全都包严实（图9-3）。

> **注意**：绑扎时，不要碰动接穗，避免移位，影响成活。

（4）腹接　将接穗下端削成不对称的楔形，在砧木上向下斜切约30°的切口，切口长度与接穗削口长度相等，3～5厘米；将接穗斜面长的一侧向内，插入砧木切口中，形成层对齐，然后用塑料条绑紧。

3. 注意事项

（1）嫁接技术要熟练　嫁接操作时，要迅速，刀要快，削面要平滑，尽量缩短削面在空气中的暴露时间；嫁接时，要先处理砧木，后削接穗，严防接穗失水而影响嫁接成活。

（2）嫁接部位要低　无论采取哪种嫁接方法，嫁接部位都要尽量

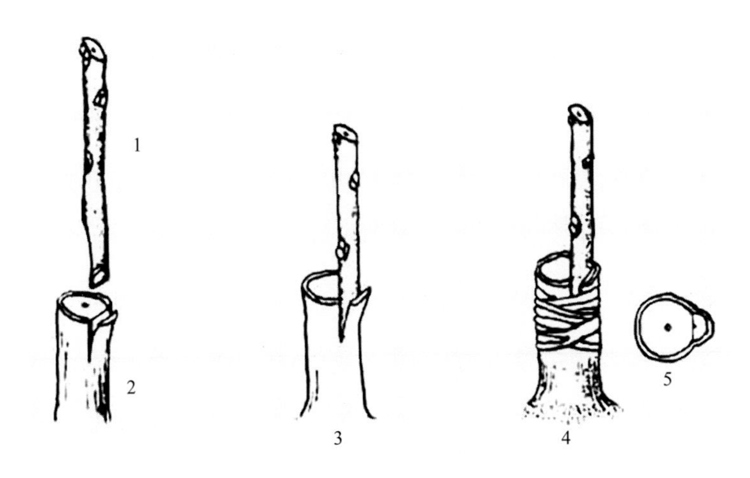

图9-3　切接

1—接穗；2—砧木；3—插接穗；4—绑缚；5—砧穗形成层对齐

降低。

（3）注意接合部位的保湿　一般接后约半个月，接穗和砧木的愈伤组织可基本连接起来。在接穗和砧木还没连接起来之前的这段时期内，接穗是“无本之木”，所以在这个时期内要十分注意接合部位和接穗的保湿。

（4）及时补接　春季嫁接要准备一部分多余的接穗，留补接用。嫁接后，隔一定的时期，要进行一次认真的全面检查，对嫁接未成活的，及时进行补接。

一〇八、大扁杏嫁接后如何进行管理？

1. 修筑树盘

改接后，要将树干基部土壤上切下垫，修成树盘。也可结合施肥，扩大树穴，并进行树盘覆草保墒，减少水土流水和杂草滋生，增加有机质含量，以促进树体生长。

2. 除萌抹芽

嫁接后，砧木上的潜伏芽萌发，产生大量的萌蘖。为了集中养分和水分供给嫁接成活后的新枝迅速生长，防止萌蘖对养分和水分的无效消耗，接穗成活萌芽后，应及时抹除砧木上的萌蘖，并疏除过密的萌芽。

3. 绑防风支柱

接芽萌发后，生长迅速，枝叶量增加很快，接口新形成的愈伤组织承受不了新枝的重量，极易被风折断；因此，必须在每个接头上绑1根支棍，绑棍要牢固，不可松动；支棍在接口以上的长度应大于70厘米。

4. 解除绑扎物

嫁接成活后，待新枝梢长到约50厘米时，解除绑扎物，否则会在接合处勒出缢痕，影响生长，甚至被风折断。

5. 拢枝

5月底—6月初，当新梢长到40～50厘米时，进行第一次拢枝（绑缚新梢），以减少和避免风折；长到约90厘米时，进行第二次拢枝。

6. 修剪

嫁接后，每个接穗上的3～4个芽都可萌发，需要在生长季节进行两次剪枝。第一次可在接芽长到10～20厘米时进行，留下的枝长到50～70厘米时进行第二次剪枝。经过两次剪枝后，树形及枝条组成结构就基本形成了。

7. 加强抚育管理

嫁接后的接口愈合，新枝的旺盛生长，都要消耗养分和水分。所以嫁接后要及时进行松土锄草、施肥灌水，促进新枝迅速生长。嫁接苗生长旺盛期，结合浇水，追施速效氮肥和叶面喷施磷酸二氢钾。

8. 病虫害防治

嫁接成活后，及时预防流胶病、细菌性穿孔病等病害的发生，防止病菌侵染树体；新梢嫩叶易受天幕毛虫、金龟子等食叶害虫的为害，夏季易受红蜘蛛和蚜虫为害；发现后，要及时进行综合防治，并适时做好中耕除草和施肥等工作，保证树体及早成形结果。

参考文献

[1] 王家民，姜喜娟．果树嫁接18法［M］．北京：中国农业出版社，1996．

[2] 高新一，王玉英．林木嫁接技术图解［M］．北京：金盾出版社，2009．

[3] 高新一，荣子其．果树嫁接新技术［M］．2版．北京：金盾出版社，2009．

[4] 孙岩，张毅．果树嫁接新技术图谱［M］．济南：山东科学技术出版社，2009．

[5] 张耀芳．北方果树苗木生产技术［M］．北京：化学工业出版社，2012．